Die Variabilität niederer Organismen.

Die Variabilität niederer Organismen.

Eine deszendenztheoretische Studie

von

Hans Pringsheim.

Berlin.
Verlag von Julius Springer.
1910.

ISBN-13: 978-3-642-90267-3 e-ISBN-13: 978-3-642-92124-7
DOI: 10.1007/ 978-3-642-92124-7

Vorwort.

Die vorliegende Studie entstand aus einem sich beim experimentellen Arbeiten ergebenden Bedürfnis, genaueren Einblick, als das bisher möglich war, in die Variabilität niederer Organismen zu gewinnen. Beim Anwachsen der in dieses Gebiet fallenden Literaturangaben stellte sich der Wunsch ein, die gesichteten Ergebnisse der Literaturzusammenstellung auch in theoretische Beziehung zur Deszendenzforschung zu setzen. Wie weit mir das gelungen ist, wird nur die Kritik der Fachgenossen zeigen können.

Ein großer Teil der über die Variabilität der Mikroorganismen gemachten Beobachtungen findet sich in zahlreichen Zeitschriften und Büchern zerstreut, und häufig ist aus dem Titel der Arbeiten kein Anzeichen dafür zu entnehmen, daß sie Angaben über diese Variabilität enthalten. Ich glaube, daß ich ein gutes Teil dieser Angaben ausgegraben habe; doch mögen mir zahlreiche entgangen sein.

Die Lösung meiner Aufgabe war auf verschiedene Weise möglich. Einmal konnten alle Details der Literaturangaben im Text mitverarbeitet werden. Auf diese Weise wäre eine ziemlich umfangreiche Abhandlung zustande gekommen, deren Lektüre durch die Angabe vieler Einzelheiten für alle Nichtspezialforscher ermüdend gewesen wäre. Weiterhin hätte auf die Angabe dieser Details mit dem Hinweis auf die Literatur ganz verzichtet werden können; aber selbst dieser Hinweis würde das Auffinden der in Frage stehenden Angaben nicht immer leicht gemacht haben. Ich hielt es daher für besser, die zur Nachprüfung nötigen Einzelheiten in systematischer Weise gesammelt und chronologisch geordnet zusammen mit dem Literaturnachweis hinter dem Text der Studie abzudrucken, wodurch einerseits eine Erschwerung der Lektüre vermieden, andererseits ein Nachlesen meiner Beweise erleichtert wird. Die wenigen unter dem Text aufgenommenen Zitate beziehen sich nicht auf die Variabilität, sondern auf allgemeine Beobachtungen.

In der Verarbeitung des Stoffes bin ich möglichst kritisch vorgegangen. Vor allem habe ich meine theoretischen Schlüsse nur auf Beobachtungen gegründet, von deren völliger Richtigkeit ich überzeugt war, und ich habe mich bemüht, in der Deutung meiner Ergebnisse möglichste Objektivität zu wahren und lieber manches als fraglich und unklar denn als nur einseitig deutbar hinzustellen.

Vor allem muß betont werden, daß es sich in meiner Studie um einen ersten Versuch einer Einbeziehung der niederen Organismen in das Gebäude der evolutionellen Forschung handelt, um ein Programm, von dem aus neue Forschung einsetzen kann, die ich dann in Jahren von neuem zu verarbeiten hoffe.

Beim Heraussuchen der Literatur hat mich mein Bruder Ernst in Halle a. S. in dankenswerter Weise unterstützt. Durch gesprächsweisen Gedankenaustausch mit ihm über die zur Diskussion stehenden Probleme ist trotz einzelner Meinungsverschiedenheiten manches zu größerer Klarheit erweckt worden. Auch dafür bin ich ihm zu Dank verpflichtet.

Berlin-Charlottenburg, Ende Oktober 1909.

H. P.

Inhaltsverzeichnis.

Einleitung.

A. Die Bedeutung der Variabilität.

Die Variabilität der niederen Organismen wird uns in dieser Abhandlung beschäftigen.

Bei aller Uneinigkeit, die heutzutage über die „Kernfragen der Entwicklungslehre“ herrscht, trotz aller Abweichungen in der Meinung über die theoretischen Grundlagen einer „Vererbungslehre“ und im Gegensatz zu den sich vielseitig widersprechenden experimentellen Forschungsergebnissen auf diesem Gebiete, hat sich doch im Laufe der, der Erkenntnis dieser Probleme gewidmeten, Dezennien die Anschauung erhalten und befestigt, daß die „Variabilität“ der Organismen der Grundpfeiler ihrer Evolution ist. Von der Variabilität ausgehend, kommen Veränderungen der Organismenspezies, kommen neue Artcharaktere zustande. Aber der Ursprung der Variabilität und die erbliche Übertragung variabler Eigenschaften sind noch immer Streitprobleme, Probleme, auf deren endlicher Lösung der Fortschritt unserer deszendenztheoretischen Erkenntnis vor allem ruht.

Zahlreich sind die Forscher, welche in zusammenfassender Weise ihre Anschauungen über diese Fragen niedergelegt haben. In keiner dieser Darstellungen aber wird den niederen, sich durch Teilung fortpflanzenden Organismen, die Berücksichtigung zuteil, welche ihnen als den Trägern des Stammbaumes der Organismenwelt, dessen Wurzel sie bilden, gebührt. Die Wichtigkeit der Aufgabe, dieses Glied in die Kette unseres Forschungsgebietes einzufügen, wird von niemandem bestritten werden. Vielleicht könnte uns eine gewisse Scheu hindern, schon jetzt die Lösung dieser Aufgabe zu versuchen, wo nur verhältnismäßig wenige Arbeiten vorliegen, welche die Variabilität niederer Organismen in besonderer Berücksichtigung deszendenztheoretischer Fragen zum Ziele haben; wir glauben aber, daß dieser Einwand unwesentlich ist, und daß es uns vielmehr gelingen kann, durch unsere Einbeziehung der bekannten Tatsachen über die Variabilität niederer Organismen in die Deszendentheorie eine theoretische Grundlage dieser Erscheinungen zu gewinnen, auf der sich fortarbeiten und neues experimentelles Material heranschaffen läßt. Vielleicht vermögen wir zu zeigen, daß unsere Kenntnis dieser Variabilitätserscheinungen schon ausgedehnter ist, als wohl im allgemeinen erwartet wird. Die Verlockung ist groß, vom Standpunkte der Mikroorganismenforschung aus einige der an höheren Organismen gewonnenen deszendenztheoretischen Anschauungen zu beleuchten und etwas neues Licht auf sie zu werfen. In diesem Bestreben müssen wir hier ein paar Hauptpunkte der an höheren Organismen gewonnenen Theorien kurz skizzieren, ohne daß wir uns dabei vermessen wollen, irgendwie kritisierend in dieses Gebiet einzugreifen.

B. Die Ursache der Variabilität.

Darwin (1) hat die niederen Organismen nicht in den Kreis seiner Untersuchungen gezogen; zu seiner Zeit war ihre Erforschung erst im Aufblühen begriffen. Seine Entwicklungstheorie, welche der Variabilität und den durch sie für den Kampf ums Dasein ausgezeichneten Organismen eine so wichtige Rolle zuschreibt, versucht keine Erklärung dieser Erscheinung selbst. Die Gründe der Variabilität sind Darwin noch unerforschlich. Die Variationen erfolgen richtungslos, und erst durch das Überleben der Passendsten werden die wertvollen Varianten begünstigt und erhalten. Neben diesen aus innerer Ursache heraus auftretenden Abweichungen vom Artcharakter spielt bei Darwin die durch den Gebrauch und Nichtgebrauch im Lamarckschen Sinne ausgelöste Veränderung der Arten eine mehr untergeordnete Rolle.

Weismann (2) läßt hier, auf der Darwinschen Grundlage weiterbauend, eine scharfe Scheidung eintreten. Er stellt den Satz auf, daß Gebrauch und Nichtgebrauch für die Artentwicklung insofern bedeutungslos sind, als es keine Vererbung erworbener Eigenschaften gibt. Theoretisch erklärt er diese durch zahlreiche Experimente und Kritiken gestützte Behauptung durch seine Keimplasmatheorie, welche die Vererbungssubstanz in die von den Eltern überkommenen Keimzellen verlegt. Die Keimzellen und speziell ihre Chromosomen schließen die Anlagen der im neuen

Organismus auftretenden Eigenschaften ein, während die somatischen Zellen des Elternorganismus keine auf die Keimzelle rückwirkenden Eigenschaften besitzen. Äußere Einflüsse, die sie treffen, sind daher ohne Wirkung auf die Keimzellen, und somit gibt es keine Vererbung der Veränderungen, welche die äußeren, nur auf die somatischen Zellen wirkenden, Einflüsse hervorrufen. Die Beeinflussung der Keimzellen selbst, die auf verschiedenem Wege und besonders durch die Ernährung sehr wohl möglich erscheint, wird von Weismann noch nicht berücksichtigt. Und in der Tat sind die Erfolge eines experimentellen Versuches in dieser Richtung auch jetzt noch unklar.

Weiterhin geht Weismann (2) über Darwin hinaus, wenn er für die Variabilität eine Erklärung findet. Die Verschmelzung der Keimzellen der Eltern, welche die Bedingung für das Zustandekommen der Embryonalentwicklung ist, überträgt die Eigenschaften jedes Elters auf die Deszendenz. Diese Übertragung nun findet nicht so statt, daß der Nachkomme mit den Eigenschaften des Elternpaares zu gleichen Teilen ausgestattet wird; das Vorherrschen des einen, die Unterdrückung des andern, welches die Folge der Begünstigung der einen und der Vernachlässigung der andern Chromosomenanlagen in einem Kampf ihrer Teile untereinander ist, hat zur Folge, daß der Nachkomme sich von den Eltern unterscheidet. Auf diese Weise kommt die Variabilität zustande. Diese Variabilität bietet der Selektion den Angriffspunkt; sie ist deshalb für die Art im Kampf ums Dasein nützlich. Die stärker variierenden Organismen sind somit begünstigt. Diese Begünstigung greift daher auf die Verschmelzung der Keimzellen zurück, die nach Weismann die Grundlage der Variabilität ist. Aus diesem Grunde finden wir eine allmähliche Anpassung an die amphimiktische Art der Fortpflanzung, die von allen höher entwickelten Organismen erreicht wurde, während andererseits in der Entwicklung der zur Parthenogenesis gezwungenen Seitenzweige des Entwicklungsstammes ein Stillstand eingetreten ist. Man kann so kurz sagen, die Amphimixis ist die Ursache der Variabilität, die Variabilität ist die Bedingung der Entwicklung, die Entwicklung ist die Bedingung für das Überleben im Kampfe ums Dasein, folglich muß die Entwicklung auch zur Ausbildung der Amphimixis fortschreiten.

Diese Anschauungen sind heutzutage noch Gegenstand der Diskussion unter den Entwicklungsforschern.

Einige sehen in der Kernverschmelzung einen Verjüngungsvorgang, eine lebenserneuernde Bedingung, ohne welche sich die Organismen nicht dauernd am Leben erhalten können. [Verworn (3), Bütschli (4)]. Zu diesen Anschauungen werden wir Stellung nehmen, nachdem wir im speziellen Teil die an niederen Organismen gewonnenen Resultate über die Variabilität und deren Vererbbarkeit gesichtet haben.

Eine der Hauptfragen, welche wir zu beantworten haben werden, ist die: Auf welche Weise kommt die Variabilität niederer sich ungeschlechtlich fortpflanzender Organismen zustande? Weismann (5) hat sich zu dieser Frage folgendermaßen geäußert: „Der Ursprung der erblichen individuellen Variabilität kann allerdings nicht bei den höheren Organismen, den Metazoen und Metaphyten liegen, er ist aber bei den niederen Organismen zu finden, bei den Einzelligen. Bei diesen besteht ja noch nicht der Gegensatz von Körper- und Keimzellen, sie pflanzen sich durch Teilung fort. Wenn nun ihr Körper im Laufe seines Lebens durch irgendeinen äußeren Einfluß verändert wird, irgendein individuelles Merkmal bekommt, so wird dies auf seine Teilungssprößlinge übergehen; jede im Laufe seines Lebens irgendwie auftretende Abänderung, jeder irgendwie entstandene individuelle Charakter müßte sich notwendig auf seine Teilungssprößlinge direkt übertragen.

Bei niederen Einzelligen sind Elter und Kind in gewissem Sinn noch ein und dasselbe Wesen, das Kind ist ein Stück vom Eltern, und zwar gewöhnlich die Hälfte. Wenn also überhaupt die Individuen einzelliger Art von verschiedenen äußeren Einflüssen getroffen werden, und wenn diese verändernd auf sie einwirken können, dann ist das Auftreten erblicher individueller Unterschiede bei ihnen unvermeidlich. Beide Voraussetzungen sind unbestreitbar.

So läge denn die Wurzel der erblichen individuellen Unterschiede wieder in den äußeren Einflüssen, welche den Organismus direkt verändern, aber nicht auf jeder Organismenhöhe — wie man bisher zu glauben geneigt war — kann auf diese Weise erbliche Variabilität entstehen, vielmehr nur auf der niedersten, bei den einzelligen Wesen. Sobald aber einmal bei diesen die Ungleichheit der Individuen gegeben war, mußte sie sich bei der Entstehung der höheren Organismen auf diese übertragen.“

Wir haben diese Anschauung hier ausführlich dargelegt, weil sie die einzig allgemeine ist, die wir über die Erwerbung der Variabilität niederer Organismen und deren Vererbbarkeit kennen gelernt haben, und weil aus ihr hervorgeht, von welcher Bedeutung die Variabilität der Einzelligen als die erste Anlage aller Variabilitätserscheinungen im Organismenreiche ist, von denen ausgehend eine Evolution einzig und allein erklärt werden kann.

Der Weismannsche Standpunkt ist ein rein theoretischer, ein durch keine spezielle Berücksichtigung experimenteller Ergebnisse gefestigter. Von der Anschauung ausgehend, daß bei niederen einzelligen Organismen Keimzelle und Körperzellen in eins zusammenfallen, nimmt er für diese im schärfsten Gegensatz zu den höher Entwickelten nicht nur eine mögliche, sondern sogar eine unbedingte Vererbung erworbener Eigenschaften an. Ohne fürs erste darauf einzugehen, bis zu welchem Grade sich niedere Organismen durch äußere Bedingungen zur Variation bringen lassen können, müssen wir hervorheben, daß diese theoretischen Forderungen nur zum Teil erfüllt werden. Daß es uns aber gelingen wird, die erbliche Übertragung adaptiver Eigenschaften bei niederen Organismen zu beweisen, möchten wir als eins der Hauptergebnisse unserer Studie hinstellen. Es wird sich zeigen, daß die in der Tat in hohem Maße akkommodationsfähigen uns beschäftigenden Organismen dabei befähigt sind, einen Teil ihrer Anpassungen auf ihre Deszendenz zu übertragen, aber auch nur einen Teil.

Der Weismannsche Standpunkt setzt weiter voraus, daß die Variabilität bei niederen Organismen immer nur eine Folge der Einwirkung äußerer Einflüsse ist. Er mag insofern gerechtfertigt sein, als wir in vielen Fällen noch nicht fähig sind, die äußeren Einflüsse zu erkennen, welche das Variieren niederer Organismen bedingen. Hier herrscht noch eine dem Schatten, welche verschiedene Beobachtungen und Kritiken auf die Ursache der Variabilität bei sich geschlechtlich vermehrenden Organismen geworfen haben, ganz entsprechende Dunkelheit. Solange wir diesen Schleier aber nicht zu lüften imstande sind, halten wir es für besser, die Variabilität aus innerer, d. h. uns unbekannter Ursache von der adaptiven Variabilität abzutrennen.

C. Die Vererbbarkeit variabler Eigenschaften.

Schon Darwin unterschied zwischen **fluktuierenden Varietäten** und den sogenannten **„Sports“** nach der Größe der Veränderung. De Vries (6) führte hier schärfere Unterschiede nach der Art der Erblichkeit ein; die **Fluktuationen** sind nach ihm nur asexuell konstant. Von ihnen unterscheiden sich die **Mutationen,** Darwins Sports, neben dem Umstand, daß sie auch sexuell konstant sind, weiter dadurch, daß sie nicht den Gesetzen der Wahrscheinlichkeitslehre entsprechen [vgl. auch Johannsen (7)]. Die Begriffe sind für sich geschlechtlich vermehrende Organismen eingeführt worden. Die im vegetativen Leben erworbenen Eigenschaften höherer Pflanzen, die Adaptionen an die Außenbedingungen höherer Tiere, werden auch von de Vries nicht für vererbbar gehalten; sie können als (Standort-, Ernährungs- usw.) **Modifikationen** bezeichnet werden.

Es fragt sich nun, wie wir diese Begriffe für die Bezeichnung der Variabilität asexueller Organismen verwenden können. Wenn wir von asexueller Vermehrung bei höheren Lebewesen sprechen, so meinen wir damit die Vermehrung durch Pfropfung, durch Ableger, Stecklinge, Knollen, Ausläufer usw. Es handelt sich hier im Grunde nur um eine Weiterentwicklung des lebenden Organismus, aus welchem selbst oder aus dessen Teil der neue Organismus hervorgeht. Bei niederen Organismen liegen die Verhältnisse ähnlich, denn auch hier geht aus dem Elter durch die Teilungsvermehrung ein Tochterindividuum hervor, das schließlich eine vom Elternorganismus unabhängige Lebensweise führt. Ein Zusammenhang besteht auch insofern, als in beiden Fällen das Kind einen Teil des Eltern in sich schließt, welcher ihm die Vererbungssubstanz und damit die eventuellen neuen variablen Eigenschaften überbringt. Ist die Ursache der Variabilität auch hier, bei ungeschlechtlichen niederen Lebewesen, eine innere, so können wir den Begriff der **Fluktuationen** mit einem gewissen Recht übernehmen. Wir müssen uns aber von vornherein klar darüber sein, daß wir bei niederen Lebewesen vererbbare und nicht vererbbare Fluktuationen kennen.

Die von de Vries für die erblich fixierten Variationen bei sexueller Fortpflanzung gewählte Bezeichnung **Mutation** hat sich in neuester Zeit auch in die Mikroorganismenforschung eingeschlichen. Sie ist von mehreren Forschern (8) als Benennung vererbbarer Variationen, deren äußere Ursache nicht erkenntlich war, gewählt worden. Wir sind jedoch der Meinung, daß die Bezeichnung bei niederen Organismen nicht gebraucht werden sollte. Einmal ist sie speziell für die auf sexuellem Wege vererblichen Variationen geschaffen worden, außerdem haftet aber der Mutation auch bei de Vries noch etwas von dem sprunghaften Charakter an, der für Darwin entscheidend war. Weiterhin sind die Mutationen bei höheren Pflanzen vornehmlich morphologischer Natur. Das sprungweise Auftreten neuer morphologischer Eigenschaften wird bei niederen Organismen mit ihrer beschränkten Formenausbildung überhaupt nur schwer aufzufinden sein. Gelingt es uns z. B., durch das Experiment den Beweis zu führen, daß gewisse Formenunterschiede, wie sie wohl in den meisten Kulturen niederer Organismen auftreten, durch Selektion von Einzelzellen zu neuen Rassen führen, was z. B. bei Bact. coli commune und Anomalushefe gelungen ist [Barber (9)], so haben wir gleichzeitig bewiesen, daß fluktuierende Varietäten bei diesen Lebewesen vererbbar übertragen werden können. Denn wir sind gewiß nicht berechtigt, so geringe Abweichungen vom Artcharakter, die sich nur in einer morphologischen Richtung äußerten und die wohl noch innerhalb der natürlichen Variationsbreite der Mikroorganismenspezies lagen, als Mutationen zu bezeichnen. — Nicht anders steht es mit den in physiologischer Richtung aufgefundenen erblichen Variationen, die Mutationen genannt wurden [Massini (10)]. Ein Organismus, das Bact. coli mutabile, kann z. B. Milchzucker nicht zersetzen, sein Variant ist dazu imstande. Selbst wenn die neue Eigenschaft nicht adaptiver Natur wäre, wie wir im Rückblick zeigen werden; selbst wenn sie aus innerer Ursache ohne die Mitwirkung der Außeneinflüsse entstände, würde die Bezeichnung Mutation für sie kaum passen. Auch diese asexuell erbliche Neuerwerbung zeigt keinen sprungweisen Charakter im Sinne von de Vries. Es gibt hier nur zwei Möglichkeiten, ohne Zwischenwerte, die Fähigkeit zur Zuckerzersetzung und das Nichtvorhandensein dieser Eigenschaft, es gibt also nur eine mögliche Sprungesweite, so daß für sie der Ausdruck Variation vollkommen ausreicht.

Aus all diesen Gründen sind wir der Meinung, daß die Einführung des Begriffes Mutation in die Abstammungslehre niederer Organismen nur eine neue Komplikation bedeuten würde. Wir werden den Ausdruck daher vermeiden. Gar nicht können wir uns damit einverstanden erklären, wenn ein Autor in neuester Zeit [Wolf (11)] einen Unterschied zwischen **Modifikationen** und **Mutationen,** welche durch äußere Einflüsse hervorgerufen werden, machen will. Wir sehen in der Wahl dieser Bezeichnung ein den striktesten Anhängern de Vries' eigenes Vorurteil. Diese übertragen, von der Anschauung ausgehend, daß fluktuierende Varietäten bei höheren Pflanzen unvererbbar sind, diese Idee auch auf niedere Organismen. Sie wollen lieber eine durch äußere Bedingungen hervorgerufene Adaption, oder gar den durch Giftstoffe veranlaßten Farbstoffverlust gewisser Bakterien, Mutation nennen, ehe sie zugeben, daß es hier wenigstens eine vererbbare Fluktuation oder eine Adaption überhaupt gibt. Mit Mutation darf jedenfalls nur eine aus innerer und unbekannter Ursache hervorgehende Abänderung bezeichnet werden.

Von den aus inneren Ursachen auftretenden Variationen bei niederen Organismen, die wir **Fluktuationen** nennen, sind die auf Grund äußerer Einflüsse hervorrufbaren scharf unterschieden. Wir nennen diese im Gegensatz zu den Fluktuationen **Adaption** oder **Akkommodation.** Ihr Wesen ist das einer Anpassung oder Gewöhnung an von außen wirkende Lebensbedingungen.

Eins müssen wir hier gleich hervorheben: es genügt für die Entwicklung der Arten bei niederen Organismen vollkommen, wenn die adaptiven Eigenschaften insoweit auf die Deszendenz übertragen werden, daß ihr ein Leben unter den Bedingungen, an die sich ihre Eltern akkommodiert hatten, ermöglicht wird. Die Forderung, daß die Vererbung derart fixiert sein muß, daß ein Zurückbringen in die alten Verhältnisse ausgeschlossen ist, darf nicht erhoben werden. Denn es liegt im Wesen der Adaption, daß sie in der Plus- und Minus-Richtung wirken kann, daß z. B. ein durch Gewöhnung an das Leben bei hohen Temperaturen angepaßter Organismus durch neue Anpassung wieder an die alten Bedingungen gewöhnt werden und zum Urtypus zurückgebracht werden kann. Natürlich muß dazu derselbe Weg beschritten und die Abgewöhnung umgekehrt wie die Angewöhnung geleitet werden.

Demgegenüber haben, genau wie bei höheren Lebewesen, auch bei Mikroorganismen die aus innerer Ursache auftretenden Variationen für die Artentwicklung nur dann Bedeutung, wenn sie vererbbar sind. Entgegen der Weismannschen Forderung gibt es aber auch bei ihnen nichterbliche Fluktuationen. Nicht jede Formveränderung gab bei der Auslese der variablen Einzelzellen neue Rassen der Mikroorganismenspezies [Barber (9)]. Ebensowenig wurden Formenabnormitäten zu neuen Artmerkmalen [Jennings (12)]. Für diese nichtübertragbaren Variationen wollen wir keine neue Bezeichnung einführen, sondern einfach von nichterblichen Fluktuationen sprechen.

Der Ausdruck **Modifikation** wird bei höheren Organismen für die, auf die Wirkung äußerer Faktoren zurückführbaren, unvererbbaren, Variatoinen gebraucht. Im selben Sinne angewandt, hat er seine Berechtigung für die Adaptionen niederer Organismen, welche in der neuen Generation sofort wieder ausgelöscht werden, wenn nach langdauernder Anpassung an sich steigernde Einflüsse plötzlich auf die Normalbedingungen zurückgegangen wird.

Innerhalb der Mikroorganismenforschung ist weiterhin zwischen **Transformation** und **Selektion** unterschieden worden [Hansen (13)]. Unter Transformation verstand man eine wahrhafte Änderung eines Organismus durch bekannte Bedingungen; unter Selektion nur die Auslese gewisser, den gestellten Bedingungen entsprechender Organismenvarietäten. Es ist auch der Einwand erhoben worden, daß eine Selektion manchmal eine Transformation vorgetäuscht hat. Die Transformation unterscheidet sich nicht im wesentlichen von der Adaption, weshalb wir diesen Begriff nicht einführen. Wenn eine Hefe durch Zucht bei supraoptimaler Temperatur dazu gebracht werden kann, in eine sporenlose Rasse überzugehen, so ist das, im Grunde genommen, auch eine Anpassung an die neuen Verhältnisse, die keine Sporenbildung mehr gestatten; denn nur das vegetative Leben und nicht die Ausbildung der Sporen war unter diesen Verhältnissen möglich.

Auch Transformation als Änderung aller Individuen einer Kultur, bei welcher diese eine bestimmte Eigenschaft verlieren und dafür eine andere erwerben können, aber nicht müssen [Beijerinck (14)], zu definieren, scheint nicht angängig, weil unter dem Einfluß wechselnder Außenbedingungen nicht alle, sondern nur die adaptionsfähigsten Individuen verändert zu werden brauchen. Auch so gelingt es durch Transformation Deszendenzkolonien von neuer Eigenschaft zu erhalten.

In zahlreichen der von uns anzuführenden Beispiele ist das Ausgehen von reinen Linien, d. h. von aus Einzelzellen stammenden Reinkulturen, nicht verbürgt. Es könnte hier der Einwand erhoben werden, daß in der von uns als Adaption bezeichneten Artveränderung, eine Auswahl der Varianten durch die neuen vom Experimentator geschaffenen Bedingungen eine Anpassung vorgetäuscht hätte. Dieser Einwand ist aber in der Mehrzahl der Fälle nicht stichhaltig. Die Bedingung für die Möglichkeit einer derartigen Selektion wäre, daß die selektierten Individuen von vornherein befähigt waren, unter den neuen Bedingungen zu gedeihen oder physiologische Funktionen auszuüben; die weitere Bedingung einer solchen Auslese ist aber auch die, daß die unter den abgeänderten Lebensgelegenheiten entwicklungsfähige neue Form auch unter den ursprünglichen zu gedeihen imstande wäre. Diese letzte Bedingung ist in zahlreichen Fällen von Adaption als unerfüllt bewiesen. Gelingt es z. B., eine Flagellate [Dallinger (15)] durch allmähliche Anpassung an erhöhte Temperatur, zum Wachstum bei Temperaturgraden zu bringen, die weit höher sind als die bei der Art ursprünglich maximalen, so könnte an die Auslese der bei hoher Temperatur fortkommenden Individuen durch unser Vorgehen nur dann gedacht werden, wenn die adaptive Rasse bei der, der Urform geeignetsten, Temperatur noch wachsen könnte. Das war nun im gegebenen Fall nicht mehr möglich, so daß eine Selektion als Ursache der Artveränderung ausgeschlossen ist. Auf diese Weise wird sich in zahlreichen uns beschäftigenden Fällen der Beweis führen lassen, daß Selektion ausgeschlossen und Adaption die einzig mögliche Ursache der Umbildung gewesen sein kann.

Sehr häufig äußert sich die Variabilität, welche uns beschäftigen wird, nicht in der Neuerwerbung, sondern im Verlust eines ursprünglich arteigenen Charakters. Der Verlust spezieller Artmerkmale kann natürlich, wenn er nicht mit einem Gewinn in anderer Beziehung Hand in Hand geht, für die Evolution von keinem Wert sein. Da wir aber die Variabilität als die Grundlage unserer Studie ausgewählt haben, dürfen wir auch diese Variabilitätserscheinungen nicht vernachlässigen; auch durch ihr Studium läßt sich ein Einblick in die Vererbbarkeit fluktuierender und adaptiver Eigenschaften gewinnen. Nicht immer möchten wir den Verlust einer Eigenschaft als Degeneration bezeichnen. Dem Begriff **Degeneration** wohnt ein Beigeschmack des krankhaften inne. Der Verlust mancher Eigenschaften braucht aber noch keine krankheiterregende Wirkung zu bedingen; eine weiße Rasse von Farbstoff bildenden Bakterien kann sich z. B., so weit wir sehen können, genau ebensogut vermehren und ihre physiologische Leistungskraft entfalten, wie die Farbstoff produzierende Urform.

Dagegen ist der Ausdruck **Regeneration** für die Wiedergewinnung einer verloren gegangenen Eigenschaft, sei es durch Zurückbringen in die optimalen Lebensbedingungen oder durch andere äußere Einflüsse, durchaus passend. Im Sinne einer derartigen Regeneration ist auch die Möglichkeit gedeutet worden, gewisse Buttersäurebakterien, die nach ihrer Isolation die Fähigkeit zur Bindung des Luftstickstoffs nicht besaßen, durch langsamen Entzug des gebundenen Stickstoffs zur Ausübung dieser für die Arten im Kampfe ums Dasein wichtigen Funktion zu bringen [Pringsheim (16)]. Es handelt sich hier also um eine Verlustvariabilität natürlichen Ursprungs, deren Regeneration, wenn unsere Deutung richtig ist, als die erste derartige Beobachtung dasteht. Allerdings ist hier der Gedanke nicht absolut von der Hand zu weisen, daß durch die angedeutete Behandlung, durch allmählich verminderte Stickstoffgabe in der Nährlösung die Neuschaffung dieser Eigenschaft im Laboratorium gelang, während ihre Ausbildung sonst nur unter natürlichen Verhältnissen stattfindet. Denn im Grunde genommen ist diese Adaption nicht wunderbarer als die an die Verarbeitung einer neuen Zuckerart, und ähnlichen Fällen, von denen wir später hören werden. Eine experimentelle Entscheidung dieser Deutungsmöglichkeiten ist natürlich nicht gegeben, da es unmöglich ist, festzustellen, ob die Formen, von denen die besagten Buttersäurebakterien abstammen, ursprünglich befähigt waren, den Luftstickstoff zu binden oder nicht?

Jeder Autor, der auf der Flagge seiner entwicklungstheoretischen Erkenntnis die Devise des Lamarckschen Prinzips der Anpassung nicht völlig ausgelöscht hat, setzt sich der Gefahr aus, auf dem Wege einer die experimentellen Ergebnisse ausschaltenden erkenntnistheoretischen Grundlage bekämpft zu werden. Die Einführung des Zweckbegriffes, welcher in der Adaption, im Hinblick auf die Schaffung neuer Arten und die Evolution der Organismenwelt, ohne Frage liegt, wird ihm als eine der exakten naturwissenschaftlichen Forschung fremde vitalistische Anschauung vorgeworfen. Über diesen Berg, an dessen Fuß sich alle philosophische Anschauung in zwei Richtungen gabelt, ist jedoch noch keine Entwicklungstheorie hinweggekommen. Man hat gesagt, daß eine der Grundfesten der darwinistischen Theorie das an sich zwecklose Auftreten der Variationen, in nutzloser sowohl wie nützlicher Richtung, sei. Aber in den letzten Tiefen seiner Theorie konnte auch Darwin und mit ihm alle die, welche die Vererbung erworbener Eigenschaften leugnen, die Gefahren des Zweckbegriffes nicht umschiffen. Denn bei Darwin ist es eben auch ein Ziel, welches die Entwicklung reguliert, das Ziel nämlich, die Art im Kampfe ums Dasein zu erhalten. Und auch dieses Ziel ist ohne einen Funken von vitalistischem Glauben nicht zu deuten.

Daß bei niederen Organismen äußere Bedingungen Variationen schaffen können, hat, wie wir gesehen haben, ein so antilamarckistischer Forscher wie Weismann zugegeben. Daß die Variationen akkommodativer Art sind, hat er allerdings noch nicht ausgesprochen. In vielen Fällen wird es uns nicht schwer werden, uns die ja bei der ganzen Organismenwelt sich findende Gewöhnungsmöglichkeit bei niederen Organismen als weit dehnbarer zu denken. Die Auffassung wird uns erleichtert durch die Tatsache, daß die äußeren Einflüsse allseitig auf die niederen Organismen wirken, und daß die Einzelligen nicht durch die, bei höheren Organismen nötige, Korrelation der vielen Zellen an ihrer Veränderung behindert sind. So ist z. B. die Anpassung an Temperatur- oder Sauerstoffspannungswechsel, an Gifte u. dgl. m. nicht schwer zu begreifen. Schwieriger wird es schon, zu verstehen, wie es niederen Organismen gelingt, sich in ernährungsphysiologischer Beziehung so zu verändern, daß ihnen vorher unzugängliche Nährsubstrate zugänglich werden. Um z. B. einen Zucker zu vergären, der von der Urform nicht gespalten werden konnte, bedarf es der Absonderung eines zuckerspaltenden Fermentes durch den Varianten. Daß die Zelle durch Ernährung mit dem Zucker rückwirkend dazu gebracht werden kann, ein solches Ferment zu bilden, ist wirklich schwer einzusehen. Wir können hier an die Stelle unserer Unkenntnis den Begriff der Reizwirkung einführen, welche die Fermentabsonderung auslöst. Aber wir kommen dadurch im Grunde doch nicht weiter, und wir tun besser daran, zuzugeben, daß wir dieses Rätsel nicht lösen können. Denn die teleologische Beantwortung, welche besagen würde, die Verarbeitung des Zuckers war dem Pilz nützlich, daher sonderte er das zuckerspaltende Ferment ab, kann niemanden befriedigen.

Wir glauben, durch die Erörterung der Begriffsbezeichnung und des Standpunktes, den wir gegenüber den möglichen Variationen bei niederen Organismen einnehmen, das Verständnis für unsere Ausführungen genügend vorbereitet zu haben, um in den speziellen Teil unserer Abhandlung einzutreten.

(Literatur Seite 137.)

Spezieller Teil.

I. Der Kampf ums Dasein bei niederen Organismen.

Aus den speziellen Anpassungen höherer Organismen lassen sich manche Rückschlüsse auf die besonderen Begünstigungen ziehen, welche sie durch diese im Kampf ums Dasein erfahren. Ebenso kann man auch bei Mikroorganismen aus der Ausbildung spezifischer und nützlicher Funktionen auf ihre dadurch zustande kommende Kampfesmöglichkeit schließen. Bei höheren Organismen belehren uns die geologischen Funde weiterhin über die Artentwicklung; sie geben uns manche Aufschlüsse über die Zwischenstufen, welche den Übergang von den Ahnen zu den jetzt lebenden Organismen vermittelten. Naturgemäß können die Anhaltspunkte, welche wir aus den paläontologischen Funden gewinnen, nur morphologischer Natur sein. Von ihnen ausgehend können wir dann weiter auf die physiologischen Leistungen schlußfolgern. Unsere sehr spärlichen Kenntnisse der vorgeschichtlichen Mikroorganismenflora (vgl. die Literatur 1—5) beweisen aber höchstens ihr Vorkommen in früheren geologischen Perioden, weiter können sie uns in unseren Betrachtungen schwerlich führen. Denn die Entwicklung der Form, die anatomische Evolution, kann aus den in einigen Schnitten nachgewiesenen Mikroorganismen mit unseren heutigen Hilfsmitteln nicht verfolgt werden; zu einfach ist ihre Gestalt, besonders wo es sich ausschließlich um als Bakterien angesprochene Komplexe handelt, als daß wir in ihr bemerkenswerte Veränderungen auffinden könnten. Und ebensowenig haben bisher die hartschaligen Überreste der Radiolarien, Foraminiferen, Diatomeen usw. zur Aufstellung eines paläontologischen Stammbaumes dieser Arten geführt.

Dieses Hemmnis in der Ausbildung einer Mikroorganismen-Entwicklungslehre verfolgt uns auch bei all unseren Betrachtungen am lebenden Objekt. Wir wissen, daß diese kleingestaltigen Lebewesen durch ihre äußere Form befähigt sind, jede Gelegenheit zum Wachstum auszunutzen, sobald die sonstigen Bedingungen dazu angetan sind, und wir müssen uns mit der Konstatierung der Tatsache begnügen, daß bei ihnen die morphologische Gestalt, der äußere Umriß ihres Körperbaues, nie ein Hinderungsgrund der Verbreitung sein kann. In die Anpassungszustände der Form können wir so nur schwer einen Einblick gewinnen; im allgemeinen zeigt sich, daß sauerstoffbedürftige Mikroorganismen ihrem Wachstum an der Oberfläche von Flüssigkeiten durch die Ausbildung größerer Zellkomplexe, in Gestalt von Fäden, Hyphen und Mycelien, Rechnung tragen, während die Luftscheuen mehr in Einzelzellen zerfallen. Hören wir, daß der Pilz Coprinus, wie viele andere Pilze und Bakterien, durch weites Auswachsen seinen Nährboden ganz in Beschlag nimmt, ehe er zu dessen Ausnutzung und zur Vollendung seines Entwicklungsganges schreitet [Falck (14)], so können wir in dieser Fähigkeit eine Waffe im Kampf ums Dasein sehen.

In weit ausgeprägterem Maße aber werden die niederen Organismen im Streit um die Existenz von ihren physiologischen Anpassungszuständen beherrscht. Nur selten wird es uns gelingen, dies bis in die natürlichen Standorte der mit unbewaffnetem Auge ja unsichtbaren Geschöpfe hin zu verfolgen. Auch bei ihnen gibt es einen Kampf der einzelnen Individuen einer Art untereinander und einen Streit der verschiedenen Arten um die Lebensmöglichkeiten. Häufig werden die natürlichen Bedingungen danach angetan sein, daß sich auf isolierten Standorten nur eine Spezies behaupten kann. Sobald hier die Nahrung ausgeht oder Stoffwechselprodukte sich anhäufen, wird der Bruderstreit einsetzen müssen, dem ein großer Teil, ja häufig die Mehrzahl der artgleichen Individuen zum Opfer fallen muß. Sicherlich sind immer einzelne lebenskräftiger und anpassungsfähiger als die Mehrzahl; nicht allen gelingt es, ihre Deszendenz durch Übergang in die Dauerformen zu sichern, viele werden während der ungünstigen Jahreszeit versprengt, ohne daß sie bei Einbruch ihres Lebenssommers von neuem geeignete Vermehrungsbedingungen finden können. Welche aber die Kampfesfähigsten sein werden, das können wir im speziellen Falle nur schwer beurteilen.

Unsere Reinkultur ist eine Nachahmung solcher natürlicher Isolationsbedingungen; wir wissen, daß in ihr zahlreiche Individuen dem Tode geweiht sind. So wird z. B. beim Zählen der Hefe in der Zählkammer immer eine größere Anzahl von Hefeindividuen gefunden werden, als in der Kontrolle bei der Aussaat auf Platten zu Kolonien heranzuwachsen imstande sind. Bei Stickstoffmangel gelingt es einzelnen kräftigeren Hefemutterzellen, noch einigen Nachkommen den zum Leben nötigen Stickstoff mit auf den Weg zu geben; auf diese Weise bildet sich auf Kosten des Mutterorganismus, der dabei ausgesaugt wird, eine kleine Sproßkolonie, die länger ausdauern kann als die Mehrzahl der weniger kräftigen Zellen der Kultur.

Über den Kampf verschiedener Spezies mit einander sind wir besser unterrichtet. Wir werden sehen, daß sich in Misch- resp. Rohkulturen die einzelnen Arten in derselben Nährlösung ablösen, daß sie sich gegenseitig unterstützen und schädigen, ja vernichten können. Im Laboratorium anstellbare Versuche geben uns hierüber mancherlei Aufschluß. Um zu beurteilen, mit welchen Waffen gekämpft wird, und wer der Sieger bleiben dürfte, stehen uns vor allem zwei Wege offen. Einmal können wir aus unserer Kenntnis der spezifischen Anpassung gewisser Spezies an besondere Ernährungs- und Vermehrungsbedingungen auf deren spezielle Begünstigung unter besonderen Kampfesbedingungen schließen und in zahlreichen Fällen zu dem sicheren Schluß kommen, daß nur diese oder jene Art unter den gegebenen Lebensbedingungen überhaupt lebensfähig war; zweitens können wir auf experimentellem Wege erforschen, welche Art unter den gebotenen Bedingungen andere Arten oder ein Gemisch einer undefinierten Mikroorganismenflora überlebt. Der erste Weg führt zu klareren Schlüssen als der zweite, er ist aber nur bei einer bestimmten Spezieszahl anwendbar; beide Wege jedoch können nur eine beschränkte Zahl der Geheimnisse enthüllen, die den Kampf ums Dasein unter den Mikroorganismen verschleiern. Denn in noch weiterem Maße als bei höheren Lebewesen mögen uns bei niederen noch viele Anpassungszustände und deren Erklärung verborgen sein, und ebenso wie auf der höher entwickelten Stufe haben sich auch hier zahlreiche Spezies nebeneinander erhalten, deren Lebensfunktionen auf dieselben Bedingungen eingestellt zu sein scheinen.

Was uns der erste Weg unserer Betrachtung enthüllen kann, das ließe sich durch zahlreiche Beispiele belegen. Einige sollen wenigstens unseren Gedankengang erläutern. Der Vernichtung durch höhere Lebewesen werden die Mikroorganismen, wenn wir von den pathogenen absehen, nur wenig ausgesetzt sein. Dagegen leben viele der sich tierisch ernährenden Mikroorganismen auf Kosten anderer Kleinlebewesen, besonders Bakterien und Algenzellen fallen den Infusorien, Amöben und Myxomyceten zum Opfer.

Die Bewegung über weite Strecken der Erdoberfläche ersetzt ihnen der Flug auf den leichten Fittichen des Windes, der sie zusammen mit Staubpartikelchen von Ort zu Ort verweht und sie über die ganze Erde verbreitet hat. So kann die Isolation, welche bei Tier und Pflanze eine so bedeutende Rolle in der Entwicklung gespielt hat, für sie kein wesentlicher Evolutionsfaktor gewesen sein. In der Tat belehrt uns die neuere Forschung speziell auf dem Gebiete der Bodenbakteriologie, daß gesuchte Mikroorganismenspezies auf allen Teilen der Erdoberfläche wiedergefunden wurden, sobald ihre Lebensforderungen überhaupt erfüllt waren. Klar ist von vornherein, daß nur an hohe Temperatur angepaßte Arten sich haben in heißen Quellen entwickeln können; klar ist weiter, daß nur solch spezifisch ausgebildete Formen wie die Schwefelbakterien die verhältnismäßig selten gebotene Gelegenheit der Schwefelquellen auszunutzen imstande waren. Das Leben im Meere setzt eine Anpassung an die Meersalzkonzentration voraus, das Leben im Dunkeln ist allen sich photosynthetisch Ernährenden unzugänglich. Nur wo Cellulose im Erdboden deponiert ist, wird ein Fortkommen der ausschließlich mit dieser Kohlenstoffquelle gedeihenden Bakterien möglich sein; nur wo sich Wasserstoff oder Methan entwickeln, können die diese Gase als Energiequelle ausnutzenden Mikroorganismen zur Lebenstätigkeit gelangen. Die Urobakterien sind in ihrer Entwicklung auf die Orte der Ablagerung flüssiger tierischer Exkrete beschränkt, während die Nitrit- und Nitratbildner wiederum nur da gedeihen werden, wo Ammoniaksalze in den Erdboden gelangen. Sehr zahlreich wären hier weiterhin die Belege, welche sich aus dem Gebiete des Parasitismus auf Tier und Pflanze erbringen ließen; auch hier ist die Anpassung an bestimmte Wirtsgattungen und selbst an besondere Organe auf einer hohen Stufe angelangt. Doch mögen diese Beispiele genügen, um zu zeigen, wie schwer den Mikroorganismen das Leben gemacht werden kann. Aber gerade diese Spezialisierung ihrer Funktion bietet ihnen auch viele Vorteile; mit ihrer Hilfe erobern sie sich Standorte, die andern Formen wegen ihrer andersgearteten Ansprüche nicht zugänglich sind. Weiter gibt es auch Bedingungen allgemeinerer Art, welche auf die Verbreitung der Kleinlebewesen von Einfluß sind. So ziehen Schimmelpilze saure Nährmedien vor, während Bakterien im allgemeinen neutrale oder schwach alkalische bevorzugen. Daher wird auch pflanzlicher Abfall mehr von Pilzen, tierischer von Bakterien zersetzt. Man wird nicht fehlgehen, in diesen auf die beiden Gattungen wirkenden Einflüssen auch eine Ursache ihrer verschiedenen Formenausgestaltung zu sehen, für deren differente Evolution noch keine guten Gründe beizubringen sind. Tote Tiere bilden eine kompakte Masse, tote Pflanzen häufen sich locker an. Daher kann es kommen, daß Bakterien auf das Leben in Flüssigkeiten, Pilze auf ein solches in durchlüfteten Substraten angewiesen sind. Damit mögen dann wohl die den verschiedenen Klassen zukommenden Wachstums- und Bewegungserscheinungen wenigstens zum Teil zusammenhängen.

Handelt es sich nicht um so scharf geschiedene und präzisierte Funktionen wie die geschilderten, sondern um feinere Differenzierungen der Anpassung, so kommen wir auf dem zweiten Wege zu einem Verständnis für ihren Wert im Daseinskampfe. Dieser Weg hat in seiner experimentellen Ausbildung viele Ergebnisse der Reinkultur spezieller Mikroorganismenformen gezeitigt, der wir die Erkenntnis ihrer spezifischen Lebensmöglichkeiten verdanken. Ein geringer Unterschied in der Temperatur, ein schwaches Aufsteigen oder Abfallen im Säuregrad, die Bevorzugung einer Kohlenstoffquelle gegen eine andere, einer bestimmten Stickstoffnahrung vor einer andern, oder die spezielle Anpassung an eine bestimmte Kombination dieser Bedingungen der Vermehrung, führt im Laufe einiger Generationen zu einer so gesteigerten Begünstigung einzelner Spezies, daß es uns schließlich gelingt, aus dem Gewirr der mit Erde, Schlamm oder durch Luftexposition und aus natürlichen Wässern eingeimpften Flora eine oder die andere Mikroorganismenart herauszuzüchten. Das Resultat unseres Vorgehens ist also die Ausnutzung des Kampfes ums Dasein auf Grund künstlich geschaffener — und in manchen Fällen wohl vielfach unnatürlich gesteigerter — Vermehrungsbedingungen[1]). Diesen künstlich verursachten Auslesebedingungen entspricht ohne Frage auch eine Anhäufung der jeweilig bevorzugten Kleinlebewesenformen in der Natur. Auf diese Weise wird, um ein Beispiel zu nennen, der Mangel an gebundenem Stickstoff die Luftstickstoffsammler zur Entwicklung gelangen lassen, wenn nur die geeigneten Energiequellen vorhanden sind.

So weit kann uns die Berücksichtigung der den Mikroorganismen besonders günstigen Umstände führen. Im Verständnis für die in der Natur herrschenden Bedingungen kommen wir noch weiter, wenn wir auch die ungünstigen Verhältnisse berücksichtigen, welche eine Art für andere vermöge der Absonderung ihrer Abwehrstoffe schaffen kann. In anziehender Weise ist die Ausnutzung dieser Kampfesexkrete bei der natürlichen Weingärung geschildert worden [Wortmann (13)]. Durch die der Hefe zukommende Alkoholbildung wird zuerst das Wachstum von Schimmelpilzen, Dematiumarten und Kahmhefen unterdrückt. Diese Formen sterben ab oder gehen in ihre Dauerformen über. Ist ein Alkoholgehalt von 4% erreicht, so werden auch die Apiculatushefen und dann die Mucorarten, d. h. diejenigen Feinde der Weinhefen, die nächst ihnen am meisten Alkohol vertragen, ihr Wachstum einstellen, so daß schließlich die echten Hefen das Feld beherrschen. Hierbei werden die bei der Gärung gebildeten Säuren die Bakterien unterdrücken [Rothenbach (10)]. Diese Betrachtungen ließen sich sehr erweitern. Man braucht nur an die Ausscheidung von Buttersäure und Milchsäure, Essigsäure, Oxalsäure und Citronensäure durch die sie produzierenden Organismen zu denken[2]).

Dieselbe Wirkung hat der Antagonismus, den manche Mikroorganismenarten andern gegenüber ausüben; nur daß uns hier die Gründe für die Wirkungsweise noch nicht genügend klar sind. Dieser Antagonismus ist außerordentlich verbreitet. Jeder Mykologe weiß, daß seine Reinkultur gerettet und die Gefahr einer Infektion vorüber ist, wenn die ausgesäte Kultur nur schnell

---

[1]) Vgl. hierzu besonders F. Stockhausen, Ökologie, „Anhäufungen" nach Beijerinck. Berlin. Institut für Gärungsgewerbe 1907.

[2]) Weitere Angaben bei Benecke in Lafar, Handbuch der technischen Mykologie, Bd. I, S. 330.

zur Entwicklung gelangt; so gibt es Mikroben, welche die in ihrer Nähe, z. B. auf Platten ausgesäten Organismen selbst auf die Entfernung von 3 cm noch zu hemmen vermögen [Lode (15)]. Über das auf Antagonismus zurückzuführende Sich-gegenseitig-Ausweichen von Schimmelpilzhyphen sind wir gut unterrichtet [Reinhardt (6)]. Als Antagonismus muß auch die Tatsache gedeutet werden, daß bei gleichzeitiger Aussaat des Bacillus der Wasserstoff- und der Methangärung der Cellulose, beim Beimpfen mit Tierexkrementen immer nur die eine Gärung sich einstellt und nie Mischkulturen zustande kommen [Omeliansky (17)]. Antagonistisch zueinander verhalten sich auch Bakterien der Gruppe des Bacillus subtilis und der Milchsäurebakterien [Bonska (16)], die größte derartige Abwehr- und Tötungskraft aller bekannten Mikroorganismen hat aber der Bacillus pyocyaneus, dem in seinem Ferment der Pyocyanase ein sehr wirksames Mittel im Konkurrenzkampf zur Verfügung steht [Emmerich u. Loew (12)]. Grünen Algen gelingt es bei Belichtung, das sie umgebende Wasser völlig keimfrei zu machen [Strohmeyer (11)]. Diese Beispiele für das antagonistische Verhalten verschiedener Mikroorganismenspezies zueinander mögen genügen[1]), um zu zeigen, welche Kampfesmöglichkeiten schon auf dieser niedrigen Stufe des organisch belebten Daseins vorhanden sind.

Genau wie bei höher entwickelten Organismen, wie bei Tier und Pflanze, steht diesem Sich-gegenseitig-Befeinden auch eine gegenseitige Hilfe der verschiedenen Mikroorganismenspezies gegenüber. Es sind die Erscheinungen der Symbiose, der gegenseitigen Unterstützung, die hier einen Einblick in die natürlichen Verhältnisse ermöglichen. Am ausgeprägtesten tritt das in den aus Pilz und Alge sich zusammensetzenden Flechtenkonsortien zutage. Aus dem Zusammenleben von Knöllchenbakterien und Leguminosenpflanze ziehen beide Organismen ihren Nutzen, die Bakterien daraus, daß ihnen die Pflanze das Kohlenstoffenergiematerial liefert, die Pflanze aus dem Stickstoffgewinn. Ein ähnliches Zusammenleben, der gegenseitige Austausch der Kohlen- und der Stickstoffnahrung wird zwischen Algen und stickstoffbindenden Bakterien im Boden vermutet [Kossowitsch (8)]. Experimentell bewiesen ist, daß stickstoff-

[1]) Weitere bei J. Behrens in Lafar, Handbuch der technischen Mykologie, Bd. I, S. 509.

assimilierenden und celluloselösenden Bakterien die Aufschließung dieses unlöslichen Kohlenhydratmaterials in Abwesenheit von gebundenem Stickstoff in der Nährlösung gelingt, wobei die Cellulosezersetzer den Stickstoffbindern die Kohlenstoffquelle und die letzteren den ersteren die Stickstoffnahrung zuführten [H. Pringsheim (19)]. In demselben Verhältnis zueinander stehen die agarlösenden und stickstoffbindenden Bakterien in stickstofffreier Nährlösung, die Agar, das Reservematerial der Meeresalgen, als Energiequelle enthält [H. Pringsheim und E. Pringsheim (20)]. Weiteres über die Vergesellschaftung niederer Organismen lernen wir aus den Berichten über die Darstellung zahlreicher Getränke, wie der Sake und Koji, dem Kefir, Yoghurt und Mazun.

Auch der Parasitismus einer Mikroorganismenart auf einer andern ist bekannt[1]). Wir sehen also, daß die verschiedensten Beeinflussungen der Mikroorganismen durcheinander existieren, und daß es auch auf dieser niederen Stufe der Entwicklung das Überleben der Passendsten sein wird, welches über die, durch die Variabilität ermöglichte, Entwicklung der Arten entscheiden wird.

Zahlreiche der im speziellen Teil zu erläuternden Adaptionen werden den niederen Organismen im Daseinskampfe von Nutzen sein können; ihr Wirken in dieser Richtung wird von vornherein klar sein. Wir werden auch hören, daß eine durch Selektion variierender Einzelzellen gewonnene Anomalus-Hefenrasse bei gleichzeitiger Aussaat den Sieg über ihre Stammform davontrug, und daß diese neue Rasse sich durch wenigstens teilweise nützliche Eigenschaften von der Mutterkultur unterschied (vgl. S. 30). Anderseits wird uns der Beweis gelingen, daß gewisse durch Selektion gewonnene Rassen, wie die ihre Kettenbildung vererbenden Flagellatenvarietäten, durch die Ausbildung dieser neuen Eigenschaft unter natürlichen Bedingungen unterliegen müßten (vgl. S. 33). Die sporenlose Varietät des Saccharomyces ellipsoides hält sich in Zuckerlösungen ebensolange wie die Mutterkultur. Im Erdboden geht die Varietät im ersten Jahre zugrunde, während die ursprüngliche Kultur sich unter diesen natürlichen Bedingungen länger als drei Jahre hält. Aus diesem Befunde geht hervor, wie der Verlust einer Eigenschaft einer Rasse zum Verhängnis werden

[1]) Vgl. Behrens l. c., S. 508.

kann. [E. Chr. Hansen (9)]. Ebenso unterliegt der sporenfreie Milzbrand in Milch in kurzer Zeit der Konkurrenz der Milchsäurebakterien, während sich der sporenbildende erhalten kann. Auch die Purpurbakterien und Euglenen kommen im Kampf ums Dasein nur im Licht fort, in Reinkultur aber auch ohne dieses [Molisch (18)]. Dieser Streit um die Existenz wird also unter den verschiedensten Bedingungen von den verschiedenen Mikroorganismenspezies mit wechselndem Erfolge geführt.

(Literatur Seite 138).

II. Die Variationsbreite niederer Organismen.

Das Leben jedes Organismus steht unter dem Einfluß seiner Variationsbreite, d. h. es ist abhängig von der einem Lebewesen innewohnenden Möglichkeit wechselnde äußere Bedingungen zu ertragen, ohne durch sie in seiner Lebensfähigkeit gehemmt, gehindert oder ganz gestört zu sein. Diese Variationsbreite ist schon für verschiedene Individuen einer Art eine verschiedene; noch weit abweichender aber ist die Ausrüstung verschiedener Arten, um allen Tücken eines wechselvollen Geschickes Widerstand zu leisten. Gerade die Fähigkeit, spezifische Ernährungs- und Vermehrungsbedingungen auszunutzen, gerade die spezialisierte Anforderung an selten realisierte Lebensgelegenheiten, die gewisse Mikroorganismenarten im Kampf ums Dasein über andere triumphieren läßt, wird ihnen zum Verderben gereichen, wenn diese besonderen Lebenschancen nicht obwalten. Ihre Variationsbreite wäre also unter solchen Umständen zu eng. Normalverhältnissen gegenüber sind im Gegensatz dazu diejenigen Formen begünstigt, welche in weniger spezifischer Weise eine größere Variationsbreite zeigen, wie z. B. die bei sehr verschiedenen Temperaturgraden noch gedeihenen, vor allem die mit einer größeren Zahl von Ernährungsmöglichkeiten noch auskommenden. Die Grenzen, welche die vielseitige Möglichkeit einer Lebensentfaltung niederer Organismen beherrschen, sind in zahlreichen Fällen sehr weit gezogen. Besonders ist die Vielheit der die Nahrungsaufnahme vermittelnden Fermente häufig eine erstaunliche zu nennen, wenn wir bedenken, daß all' diese Sekrete die Produkte ein und derselben Zelle sind. Hier sind also schon die Anlagen für die Funktionen der einzelnen Organe vorhanden, die sich im Laufe der Entwicklung separieren und die, wie das Studium der hochentwickelten Tierwelt zeigt, ihre bisweilen vollkommenere Wirkung einer größeren Spezialisierung zu verdanken haben (vgl. S. 128).

Der omnivore Charakter vieler Mikroorganismenarten betrifft sowohl ihre Kohlenstoff- wie ihre Stickstoffernährung. Die Genügsamkeit mancher wird am besten dadurch illustriert, daß sie mit rein mineralischen Substanzen auskommen, daß sie sich aber ebensowenig scheuen, eine kompliziert zusammengesetzte Eiweißnahrung auszunutzen. So nehmen manche Spezies mit Ammonsalzen und Eiweißsubstanzen und allen dazwischenliegenden Eiweißabbauprodukten vorlieb, und alle bekannten Luftstickstoffsammler sind befähigt, die ihnen gebotenen Quellen gebundenen Stickstoffs auszunutzen. Chlorophyllführende Algen und Flagellaten assimilieren im Licht die Luftkohlensäure, doch im Dunkeln greifen sie auf die Depots an gebundenem Kohlenstoff zurück, bis sie neue Sonne zu unabhängigeren Lebensäußerungen erweckt. So wird durch diese wenigen Beispiele illustriert, und könnte durch viele weitere gezeigt werden, wie ausgedehnt die Variationsbreite zahlreicher Einzelliger ist.

Die Verschiebbarkeit der Formengestaltung, die natürliche Variationsbreite der morphologischen Größenordnungen ist demgegenüber eine verhältnismäßig geringe. Aber auch hier werden in jeder Kultur Abweichungen vom Durchschnittsartcharakter vorkommen, die wir alle als ein der Art zukommendes naturgemäßes Kennzeichen anzusehen haben. So sind Unterschiede eines zwei- oder mehrfachen Grades der Länge oder Breite einzelner Individuen derselben Spezies auch ohne die Einwirkung besonderer formverändernder Bedingungen häufig.

Die so geschilderte Variationsbreite ist eine den speziellen Arten natürliche, eine von ihnen im Laufe ihrer Entwicklung erlangte Eigenschaft. Sie wäre in jedem Falle zunächst zu definieren, wenn wir von der Variabilität der Mikroorganismen sprechen. Denn die Variabilität in unserem Sinne, d. h. die Ursache einer noch in Wirkung begriffenen Entwicklung, welche über die angeborenen Eigenschaften einer speziellen Art hinausgeht, überschreitet die Grenze der natürlichen Variationsbreite in der einen oder anderen Richtung und um die neue Eigenschaft. Die Kenntnis der natürlichen Variationsbreite ist daher die Grundlage unserer Erkenntnis der Variabilität. Zahlreich müssen die Zweifel sein, ob die neue Eigenschaft, mag sie nun positiver oder negativer Natur sein, wirklich neu ist. Es fragt sich, ob sie nicht im Leben des Organismus schon früher ausgebildet war, durch eine nie gestellte Frage an ihn nur nicht zur Beantwortung kam, ob nicht eine uns neu erscheinende Eigenschaft früher erworben und nur zeitweilig durch den Mangel an sie fördernden Außenbedingungen wieder verloren gegangen ist? Weiterhin wird es schwer sein, in manchen Einzelfällen zu entscheiden, ob eine Variabilität, die nur wenig ausgeprägt ist, die natürliche Variationsbreite überhaupt überschreitet und deshalb als neue Eigenschaft anzusprechen ist. Mit diesen Einzelheiten werden wir uns im speziellen Teil zu beschäftigen haben. Besonders wertvoll sind für uns diejenigen Fälle von Variabilitätserscheinungen, die zeigen, daß die neuen Funktionen oder Gestaltsänderungen unter verschiedenen und besonders den der Art ursprünglich eigenen Lebensbedingungen standhalten. Vornehmlich interessant sind die durch äußere Einflüsse ausgelösten Adaptionen, welche durch die Dauer der Einwirkung eine Festigung der Neuerwerbung erfahren. Wir haben aber nicht gezögert, auch die von manchen Forschern nur als Form bezeichneten Abarten, welche noch nicht so gefestigt sind, in den Kreis unserer Untersuchungen über die Variabilität zu ziehen.

Nach diesen einleitenden Worten über die Variationsbreite treten wir in den speziellen Teil unserer Behandlung der Variabilität ein, in der wir mit der morphologischen Variabilität beginnen, dann die an morphologische Veränderungen gebundenen physiologischen Funktionen betrachten, weiter zu den nur an den physiologischen Leistungen erkennbaren Abänderungen fortschreiten und mit der Beziehung zwischen Mikroorganismen und höheren Lebewesen, wie sie in der Erscheinung der Virulenz zutage tritt, den Abschluß machen wollen.

Der sich anschließende Rückblick wird die Resultate unserer Nachforschung zusammenfassen, der Ausblick ganz am Ende aber soll ein Wegweiser für neue Fragestellungen, neue Versuche und die denkbare Lösung weiterer theoretischer Fragen sein.

III. Morphologische Variabilität.

A. Pleomorphismus und Formenkreise.

Zu Zeiten, als die Technik der Reinkultur noch unbekannt war, glaubte man [Nägeli (1), Zopf (2), H. Buchner (3), Billroth (4)], daß die niederen Organismen nicht in getrennte Spezies zerfallen, sondern daß sie wechselseitig ineinander übergehen könnten. Man bezeichnete dieses Nichtvorhandensein von speziellen Artcharakteren als Pleomorphismus. Nachdem dieser Irrtum verlassen war und sich herausgestellt hatte, daß die niederen Lebewesen genau wie die höheren wohldifferenzierte Arten bilden, wurde der Ausdruck Pleomorphismus in verschiedenartiger Weise gebraucht. Man bezeichnete z. B. eine Bakterienform, die im Laufe ihrer Entwicklung Sporen, Keimstäbchen, Schwärmer und Fäden bildet, als pleomorph. Andere Autoren wählten denselben Begriff, um anzudeuten, daß es Formenkreise von Mikroorganismen gibt, in die sich Arten ähnlicher morphologischer Beschaffenheit und physiologischer Leistung einordnen lassen. So kennen wir z. B. den Formenkreis der Buttersäurebakterien[1], in den sie Bewegliche und Unbewegliche, Saprophyten und Parasiten einreihen. Ebenso gibt es einen Formenkreis koliähnlicher Bakterien, zu denen der Typhusbacillus gehört, und solche, die sich um den Tuberkelbacillus, den Influenzabacillus, die Choleravibrionen und Diphtheriebakterien, wie andere mehr, gruppieren. Hier wurde der Begriff der Pseudobakterienformen geschaffen, die häufig von der Grundform nur auf serumdiagnostischem Wege zu unterscheiden sind. Aber selbst in Fällen, in denen die Pseudoformen einen der Hauptart angenäherten Virulenzgrad besitzen, werden wir nicht von Pleomorphismus sprechen. Es handelt sich doch noch um trennbare Spezies, die aufzugeben fürs erste kein Grund vorliegt.

Die Bezeichnung Pleomorphismus ist aber noch in anderer Weise gebraucht worden. Wenn wir auch wissen, daß unter normalen Bedingungen eine Kokke immer eine Kokke, ein Bacillus immer ein Bacillus und ein Spirillum immer ein Spirillum bleibt, so stellen sich im Leben der Mikroorganismen doch, sei es aus

[1]) Graßberger und Schattenfroh, Pleomorphismus und Polychemismus der Buttersäurebakterien (Archiv f. Hygiene, Bd. **60**, [1907], S. 40).

bekannten oder unbekannten Ursachen, häufig morphologische Abweichungen von der Normalform ein. Mikroorganismen, welche diese Erscheinungen in ausgeprägterem Maße zeigen, wurden oft „pleomorph" genannt. In solchen Fällen handelt es sich um Formveränderung, die wir, wenn sie degenerativer Natur, „Involutionsform" nennen; bisweilen aber kommt ein Abweichen mehr natürlicher Art vom Speziescharakter vor, welche wir als „morphologische Variabilität" bezeichnen werden.

Die Bezeichnung Pleomorphismus sollte eindeutig angewandt und, wie Migula vorschlägt, nur für Organismen gebraucht werden, bei welchen verschiedene, in sich abgeschlossene Entwicklungskreise vorkommen oder doch vorkommen können. Damit tritt eine scharfe Trennung von der Variabilität ein; dieser Pleomorphismus liegt innerhalb des natürlichen Entwicklungscyclus der Mikroorganismen und braucht uns hier nicht zu beschäftigen. Und ebenso liegt uns nicht ob, auf die rein krankhafte Involution einzugehen, die nie vererbbar fixiert wird und die deshalb von keinem Wert für die Artentwicklung sein kann.

B. Natürliche morphologische Varietäten.

Die Gestalt niederer Organismen wird genau wie die der höher entwickelten bedingt durch die erbliche Veranlagung, welche dahin wirkt, daß, normale Vermehrungsbedingungen vorausgesetzt, eine unwandelbare Übertragung der Form von der Elterngeneration auf die Deszendenz stattfindet, gleichgültig, ob die Vermehrung auf rein vegetativem Wege oder auf dem Umwege über die Dauerorgane stattfindet. Naturgemäß können nicht alle Individuen mathematisch gleich groß und gleichgestaltig sein. Immer muß innerhalb gewisser Grenzen eine Abweichung vom Durchschnittstypus stattfinden, die sich jedoch nicht ohne äußere Ursache steigert. Die Nachkommen einer so in ihrer Form schwankenden Art zeigen im Zustand einer normalen Vermehrung in Massenkolonien wieder dieselben und nur dieselben Schwankungen ihrer Körperform.

Die auf einer tiefen Stufe der Entwicklung stehenden Organismen sind aber bezüglich ihrer Größenordnungen weit plastischer als höher ausgebildete und mehr gefestigte Mitglieder der Tier- und Pflanzenwelt. Nicht selten finden wir Individuen, die ihre Stammeseltern z. B. um das Doppelte oder Mehrfache an Größe übertreffen. Vor allem drücken aber die Einflüsse der Außenwelt niederen Organismen ihre Spuren in weit markanterer Weise auf, als das bei höher entwickelten der Fall ist. Das Leben in Flüssigkeiten, welches bei ihnen das gewöhnliche ist, setzt sie dem äußeren Wechsel, der allseitig auf sie wirkt, in hohem Maße aus, die meist osmotische Nahrungsaufnahme schafft eine auch innerhalb des Körpers wirkende Beeinflussung, die häufig nicht unbeantwortet bleibt. Dazu kommt, daß bei einfach organisierten Wesen eine Veränderung der Form und Umgestaltung der Zellen möglich ist, die bei höher und komplizierter zusammengesetzten, bei denen die verschiedenen Glieder des Körpers korrelativ wirken, eine Derangierung des ganzen Organismus zur Folge haben müßte, welche den Tod herbeiführen würde. Diese Gründe mögen die so häufig beobachtete Formveränderung niederer Organismen bedingen, welche wir als morphologische Variabilität bezeichnen und welche oft auf bekannte äußere Einflüsse zurückzuführen sind. In all den Fällen, bei denen der Versuch gemacht wurde, war aber diese Art der Formveränderung keine dauernde; es gelingt unter geeigneten Bedingungen, Rückkehr zum Normaltypus zu erreichen, und nie wurde beobachtet, daß eine Spezies in eine andere mit verschiedener Körperform, unter völliger Ausschaltung der ursprünglichen Gestalt in den Nachkommen übergeht. So gingen z. B. zwei nach Wachstum und Verflüssigungsart unterscheidbare Formen des Vibrio Metschnikoff wechselseitig wieder in eine andere über [Pfeiffer (9]). Ebenso verschwanden bei wiederkehrender Virulenz die morphologischen Eigenarten, Spielarten und Abarten des Diplococcus lanceolatus [Kruse und Pansini (10), Levi und Steinmetz (22)]. Weiterhin lassen sich die unter dem Namen Mucosusbacillen der Ozaena beschriebenen Varietäten durch physikalische Agenzien ineinander überführen [De Simoni (24)], und ebenso ist für die variablen Eigenschaften des Choleravibrio [Metschnikoff (12), Wiltschur (16), Cunningham (13), Bordoni-Uffreduzzi und Abba] (19) bewiesen, daß die auf künstlichen Nährmedien sich einstellenden Abweichungen vom Formentypus zu konstanten Veränderungen nicht führen [Friedrich (15)]. Mit Recht wird wohl auch die Umwandlung des Streptococcus pyogenes von der Kokken- in die Bacillenform bei gleichbleibender Virulenz [Arloing und Chautre (17)] angezweifelt [Baumgartner [17a)], und von den in langen und kurzen Ketten auftretenden Streptokokken [Pasquale (11)], den koliartigen dicken Kurzstäbchen von Spirillen [Bonhoff (20)] oder gar dem in Form eigenbeweglicher kleiner Stäbchen, teils in Gestalt unbeweglicher dicker Kokken oder Sarcinen auftretenden Fränkelschen Bacillus [Hashimoto (20 a)] wird nicht behauptet, daß die Nachkommen in derselben Weise verändert sind. So gefestigte Abweichungen aber wie die zwischen Spirillum undula majus und minus [Kutscher (18)] werden für ganz verschiedene Formen und keine Varietäten gehalten [Migula (18a)].

Durch Kultur auf künstlichen Nährmedien kommen z. B. beim Pestbacillus [Kolle (25)] morphologische Veränderungen zustande; in alten Kulturen wohnte solchen beim Vibrio proteus schon eine gewisse Beständigkeit inne [Firtsch (8)]. Solche Beispiele ließen sich in bedeutendem Maße vermehren und auch über die Variabilität der Saccharomyceten in dieser Richtung [Henneberg (29), Beijerinck (32), Klöcker (33)] viel Material zusammentragen. Die in Kultur bei Aussaat auf Würze immer wiederkehrenden langgestreckten Hefezellen verschwinden im Gärbottich doch wieder [Duclaux (26)].

Die Kapselbildung ist sehr von der Ernährung abhängig. Bei pathogenen Bakterien wird die Kapsel im allgemeinen nur im Tierkörper gebildet[1]); sie ist somit für den Artcharakter ziemlich bedeutungslos, und die Erscheinung, daß gerade Kolistämme aus Säuglingsstühlen bei mehrfacher Übertragung auf künstlichen Nährmedien beständige Kapseln bilden [Escherich und Pfaundler (21)], kann uns nicht befremden.

Die im vorstehenden geschilderten morphologischen Varietäten sind gelegentliche Beobachtungen, welche nicht in spezieller Berücksichtigung einer evolutionellen Formveränderung niederer Organismen gemacht wurden. Beim Abimpfen aus einer Kultur in neues Nährmedium werden zahlreiche Mikroorganismenindividuen übertragen; bei diesem Vorgehen tritt keine Selektion der im einzelnen abweichenden Individuen ein und die Schwankungen sind, wie erwähnt, in der neuen Generation dieselben wie die in der ursprünglichen. Ebenso werden, wie wir gesehen haben, die sonstigen weit ausgeprägteren Abweichungen, die außerhalb der natürlichen Variationsbreite liegen, durch Rückkehr in normale

[1]) Migula, in Lafar, Handbuch der technischen Mykologie, Bd. I, S. 55).

Verhältnisse wieder ausgelöscht. Es fragt sich nun, wie die Verhältnisse liegen, falls durch Aussuchen variabler Einzelorganismen für eine Selektion der Varianten gesorgt wird. In dieser Richtung können wir einige äußerst interessante Versuche anführen, die bisher aber auf die Auslese von Abweichungen der Form vom Durchschnittstypus beschränkt geblieben sind, welche innerhalb der natürlichen Variationsbreite fallen. In diesen Versuchen gelang es, neue Formen zu schaffen, die in ihren Durchschnittsgrößenverhältnissen von der Urform abweichen. Damit ist aber noch keineswegs bewiesen, daß die Auslese morphologischer Varietäten, z. B. die von Kokken, welche gelegentlich in einer Spirillenkultur auftreten können, auch zu einem positiven Resultat, d. h. einer Heranzucht von Kokkengenerationen geführt haben würde. Der Ausfall solcher Experimente ist unbestimmt und kann nur durch den Versuch entschieden werden. Vielleicht sind hierher schon die vererbbaren Eigenschaften der mycelartigen Zellen von Schizosaccharomyces pombe und Saccharomyces melacei zu rechnen, die nach der Isolierung den neuen Charakter bewahrten. Unter den Bedingungen der Sporenbildung gezogen, produzierten diese Zellen oidiumartiges Wachstum und nur selten Sporen. Diese Sporen aber wuchsen bei der Keimung wieder in der für die neue Rasse charakteristischen langgestreckten Form aus, während die gewöhnlichen Zellen die Zweiteilungsform zeigten [Lepeschkin (27)]. Die am Bac. Berestnewi beobachteten verzweigten Zellen traten bei der Isolierung solcher Zellen weit häufiger in der neuen Kultur auf als bei der Isolierung unverzweigter Zellen, so daß diese Eigentümlichkeit erblich festgehalten wird; schließlich aber tritt sie auch in den von unverzweigten Stäbchen stammenden Kolonien auf [Lepeschkin (28)]. Diese Versuche sind aber noch nicht mit der Schärfe ausgeführt wie die jetzt zu beschreibenden, in denen die Isolierung von Einzelzellen garantiert war.

Die jetzt etwas eingehender zu schildernden, für die Vererbbarkeit der Formveränderung äußerst bedeutungsvollen, Versuche wurden durch die in der Originalarbeit genau geschilderte Konstruktion eines sinnreichen Apparates ermöglicht, der es gestattete, mit Hilfe feiner Capillaren unter dem Mikroskop Einzelorganismen auszulesen und sie in neues Nährsubstrat zu übertragen. Von vornherein muß hervorgehoben werden, daß die Vererbung aller morphologischen Abweichungen vom Normaltypus keineswegs zu beobachten war. Nur einzelne Formenveränderungen wurden auf die Deszendenz übertragen und gestatten so die Heranzucht neuer Mikroorganismenrassen. Während es bei der Auswahl abnorm großer Zellen von Saccharomyces anomalus nicht gelang, eine durch Zellgröße sich auszeichnende Rasse zu erzielen, glückte das Experiment um so besser bei außergewöhnlich langgestreckten Zellen. Die Rasse blieb auf verschiedenen Nährmedien unter sehr verschiedenen Temperaturbedingungen und bei verschiedenen Sauerstoffspannungen konstant. Während das Verhältnis von Länge zu Breite (gemessen an 212 Zellen) bei der ursprünglichen Kultur 1,190 : 1,000 war, ergab sich bei der neuen Rasse (gemessen an 272 Zellen) ein Verhältnis von 1,441 : 1,000.

Die neue Rasse war durch ein geringeres Sporenbildungsvermögen ausgezeichnet als die Originalkultur; es gelang nicht, die sich bildenden Sporen dauernd weiterzuzüchten. Immerhin zeichneten sich auch die wenigen Generationen, die, von Sporen ausgehend, herangezogen wurden, durch Formveränderung im Sinne der neuen Rasse aus.

Der Versuch, die Langstreckung der Zellen durch die Auswahl noch abnormerer Formen, z. B. solcher, die fünfmal so lang als breit waren, noch weiter zu treiben, mißlang. In Gegensatz dazu steht der Beweis der Konstanz der neuen Rasse, der dadurch geliefert wurde, daß es durch Selektion sphärischer Zellen aus ihr nicht gelang, wieder zur Originalform zurückzukehren.

Das Auftreten der langgestreckten Zellen in der Originalkultur, von denen ausgehend man zu einer neuen Rasse kommen konnte, war ein seltenes. Im hängenden Tropfen wurde in einzelnen Fällen eine solche Zelle auf 5000, in anderen nur eine auf 46 000 normale Zellen gefunden. Bisweilen gaben lange Serien, die Hunderttausende von Zellen entwickelten, keine einzige solche Variation. Bei einer Rosahefe konnten beim Durchsuchen tausender von hängenden Tropfen nur solche Zellen von abnormer Form gefunden werden, die alle wieder zum ursprünglichen Typus zurückkehrten.

In physiologischer Beziehung besaß die neue Form der Anomalushefe eine etwas gesteigerte Widerstandskraft gegen Austrocknen und Hitze, eine etwas größere Zuckervergärkraft und eine etwas schwächere Fähigkeit, Gelatine zu verflüssigen.

Bedeutungsvoll ist die Tatsache, daß die bei gemeinsamer Aussaat aus einer Zelle der Originalkultur und einer Zelle der neuen Rasse herangewachsene Kultur nach achtmaligem Überimpfen auf neues Nährmedium innerhalb von 23 Tagen eine Verdrängung der alten Art durch die neue Rasse zeigte. Dadurch wurde ein experimenteller Beweis dafür geliefert, daß eine durch Selektion entstandene neue Rasse im Kampf ums Dasein über die Stammform triumphieren kann.

Die mit Bac. coli communis gewonnenen Resultate sind ebenso bemerkenswert. Auch hier wurde eine Rasse, die sich durch Langstreckung der Zellen auszeichnete, aus der Stammform herausgezüchtet. Bei der Elektion von 140 langgestreckten Individuen gab aber nur eins eine neue beständige Rasse, alle anderen schlugen zurück. Aus einer anderen, aus Faeces isolierten Kultur gelang es nach 50 Isolierungen die neue Form zu erhalten. Im allgemeinen zeigten die abnormen Zellen eine Tendenz verminderter Wachstumsgeschwindigkeit, die aber nach anfänglicher Entwicklung wieder verschwand. Eine neue Rasse zeichnete sich durch völlig konstanten Verlust der Beweglichkeit aus, eine andere vergor Zucker in verstärktem Maße und war durch einen teilweisen Verlust der Empfindlichkeit gegen Agglutination ausgezeichnet. Alle drei neu isolierten Rassen bildeten längere Fäden als die Originalkultur. Jede der genannten Veränderungen, vor allem auch der Verlust der Beweglichkeit, der in der Kolongruppe bisweilen dem Einfluß des Mediums zuzuschreiben ist, trat ohne solche Gründe ganz unbeeinflußt auf und erhielt sich auch hier unter den verschiedensten Kulturbedingungen.

Auch vom Typhusbacillus konnte eine Rasse langgestreckter Zellen isoliert werden, während der Versuch, aus dem Bact. megatherium eine sporenlose Rasse herauszuzüchten, nur einmal und dann nie wieder gelang. In einzelnen Fällen genügte beim Kolibacillus eine einzelne Isolierung, um zu der neuen Rasse zu kommen, häufiger mußte zu mehreren Isolierungen aus nacheinander folgenden Generationen geschritten werden, um die neue Tendenz besser zu fixieren. Bei der Hefe traten die abnormen Zellen im allgemeinen in alten Kulturen häufiger als in jungen auf. Auch in Plattenkultur zeigten die neuen Rassen ein von der Originalkultur abweichendes Bild [Barber (30)]. —

In den hier geschilderten Versuchen wird also auf das schärfste und in einer jede Täuschung ausschließenden Weise bewiesen, daß sich gewisse individuelle Eigentümlichkeiten distinkter Mikroorganismenindividuen durch Selektion von Einzelzellen, also durch Selektion in reinen Linien, vererbbar festhalten lassen. Die langgestreckten Anomalushefen haben ihre Eigenart seit drei Jahren bewahrt. Interessant ist, daß die Auslese solch abnormer Zellen Rassen heranwachsen ließ, die auch in anderer als der, die Selektion veranlassenden, Beziehung vom Muttertypus abweichen. Solch neue selektierte Rassen bekommen also von vornherein eine Anzahl neuer Funktionen mit auf den Lebensweg, und es ist nicht schwer, sich auszudenken, wie sie mit dieser neuen Begabung ausgestattet im Kampf ums Dasein ganz neuen Bedingungen gerecht werden, somit neuen Selektionseinflüssen unterliegen und sich schnell zu sehr differenten Arten entwickeln können.

Wichtig ist fernerhin, daß nicht nur Abweichungen verschiedener Art zu keinen neuen Rassen führten, da immer Atavismus eintrat, sondern daß auch von den vielen Abweichungen, die in der Richtung der neuen Rasse auftraten, nur wenige Zellen befähigt waren, die neue Rasse zu bilden. Die erbliche Fixierung der neuen Eigenschaft war also eine sehr differente, und mit Recht wird man in den Fällen der erfolgreichen Rassenspaltung an die Mutation bei höheren Pflanzen erinnert. Denn die in Frage stehenden Abweichungen traten ohne bekannte Ursache in ganz normalen Kulturen, ohne Veränderung der Außenbedingungen auf und erstreckten sich auf sehr verschiedene, scheinbar nicht zusammenhängende Eigenschaften.

Es ist äußerst interessant, mit den geschilderten Resultaten andere neuesten Ursprungs zu vergleichen, die uns über „das Schicksal neuer Strukturcharaktere bei Paramaecium“ [Jennings (31)] belehren. Im Zusammenhang mit ihnen ist das Problem der Vererbbarkeit erworbener Charaktere von ihrem Untersucher eingehend behandelt worden.

Häufig ereignet es sich, daß Paramaecium bei der Teilung an irgendeinem Teile seines Körpers einen kleinen Fortsatz erhält, der aber im Laufe weniger Generationen kleiner und schließlich durch das „Regulationsvermögen“ der Zelle unterdrückt wird. In einem günstigen Falle aber trat ein solcher Fortsatz auf, der sich im Laufe einiger Generationen vergrößerte und zu einem rüsselartigen Fortsatz von ansehnlicher Länge auswuchs. Die ursprüngliche Ursache dieser Abnormität war offenbar die Krümmung der Mutterzelle, aus der sich das mißgestaltene

Individuum entwickelt hatte. Dieser Fortsatz war vererblich, in dem Sinne, daß er immer auf ein Individuum bei jeder Teilung überging. Es war aber immer dasselbe Gebilde, welches bei der Teilung intakt blieb und auf die Tochterzelle, bald die vordere, bald die hintere, übertrat. Niemals wurde eine Ausbildung eines anderen Fortsatzes in der anderen Tochterzelle ausgelöst, so daß nach Verlauf von 22 Generationen nur eins der sehr zahlreichen Paramaecien im Besitze dieses Fortsatzes war. Nach der 22. Generation ging die Kolonie durch Verunreinigung zugrunde, bei der 21. hatte sich aber gezeigt, daß das den Fortsatz tragende Paramaecium diesen benutzte, indem es seine Spitze der Unterlage auflegte. Das braucht aber nicht besonders zu befremden, da auch die normalen Paramaecien auf der Unterlage hingleiten, und die „Benutzung" des Fortsatzes ein durch die Schwerkraft hervorgerufener Zwang gewesen sein kann.

Andere Unregelmäßigkeiten der Körperform wurden häufig im Laufe weniger Generationen wieder reguliert. Es kann aber auch vorkommen, daß irreguläre Individuen in ihren Nachkommen noch monströser werden und schließlich sterben, ein Beweis, daß ein solches Vermögen, zu normaler Gestalt zurückzukehren, nicht immer vorhanden ist. In seltenen Fällen verliert die Zelle sogar die Fähigkeit, sich zu teilen: sie wächst zu riesiger Größe heran, wird 20fach so groß wie ein normales Paramaecium und erhält mehrere Mundöffnungen, geht aber schließlich doch zugrunde.

Künstlich, mit Hilfe von feinen Glasspitzen hervorgerufene Eindrücke oder Verletzungen wurden nie zu Rasseneigentümlichkeiten, sondern höchstens auf wenige Generationen übertragen und dann durch Rückkehr zur ursprünglichen Gestalt entfernt.

Eine Vererbung konnte hingegen konstatiert werden bei einer pathologischen Variation, die sich in Kettenbildung infolge unvollkommener Teilung äußerte. Ein Individuum besaß eine Dorsalfurche, welche die Teilung erschwerte und so zu Ketten von 2—6 oder mehr Tieren führte. Die Variabilität dieser Ketten war sehr groß, und manche zerrissen wohl auch bei den Bewegungen und erzeugten einige normale Einzeltiere. Durch Selektion solcher freier Individuen, welche von Ketten abstammten, konnte die pathologische Tendenz zu unvollkommenen Teilungen vollständig ausgemerzt werden. Umgekehrt konnte durch Auslese von Kettentieren das Auftreten freier Individuen aufgehoben werden. Die Ketten sind viel weniger beweglich, liegen meist am Boden, wo ungünstige Ernährungs- und Atmungsbedingungen herrschen, und gehen durch natürliche Selektion zugrunde, indem die freien Individuen und Bakterien sie durch ihre ungeschwächte Vermehrungskraft unterdrücken.

Schon aus den Resultaten an Sacch. anomalus und Bac. coli ersahen wir, daß bei weitem nicht alle morphologischen Veränderungen erblich übertragbar sind. Hier liegen die Verhältnisse genau so: Unregelmäßigkeiten der Körperform werden fast immer reguliert, kleine Fortsätze werden zurückgebildet und die einmal beobachtete pathologische Abnormität mußte ganz naturgemäß noch viel weniger vererbbar in dem Sinne sein, daß sie zum Rassenmerkmal wurde. Ganz ebensowenig können wir das von Verstümmelungen erwarten. In all diesen Fällen ging eben die Ursache der Körperveränderung nicht von der Vererbungssubstanz aus. Es kann sich um eine mehr äußerliche Schwächung der Membran gehandelt haben, die manchmal zu monströsen, aber nicht lebensfähigen Individuen und Individuenkomplexen führte.

Die variable Kettenbildung läßt sich der Langstreckung der Anomalushefezellen oder Kolizellen vergleichen, die ebenfalls durch Selektion zu befestigen war und nicht reguliert wird. Wichtig ist, daß bei Paramaecium eine Veränderung übertragen wurde, welche für die Fortentwicklung der Organismen von direktem Nachteil war. Denn die Varianten ließen sich nur in dünner Flüssigkeitsschicht am Leben erhalten, während sie unter normalen Bedingungen durch den Kampf ums Dasein ausgerottet wurden. Die Nützlichkeit einer Fluktuation und ihre Vererbbarkeit sind also auch bei niederen Organismen, genau, wie das zu erwarten war, völlig verschiedene Dinge. Ganz anders liegen die Verhältnisse bei den direkten Anpassungen an von außen wirkende Bedingungen, worauf wir im Rückblick zurückkommen werden.

C. Beeinflussung der Gestalt durch die Ernährungsweise, die Temperatur, den Sauerstoffmangel, durch Giftstoffe und Tierpassage.

Der Versuch, durch die Ernährung Einfluß auf die Vererbungssubstanz zu gewinnen und sie zur erblichen Festhaltung formativer Variationen zu zwingen, scheint an sich durchaus möglich und jedenfalls sehr verlockend. Resultate in dieser Richtung sind noch nicht erzielt worden, und die sich in den Weg stellenden Schwierigkeiten sind mannigfaltiger Natur. Gelingt es, einen Organismus durch eine spezielle Ernährungsart in seiner Form zu verändern, so sind wohl bisher immer von außen wirkende Faktoren im Spiele gewesen, die zu pathologischen Variationen geführt haben. Denn fast stets waren die Ernährungsbedingungen, welche von formbildendem Einfluß waren, abnormer Art. Schon das Wachstum auf festem Nährsubstrat, welches öfters zu Formenveränderungen führt, ist ja kein normaler Zustand. Noch weniger sind das gesteigerte Salzkonzentration, starker Säuregrad, Mangel an Stickstoffnahrung u. dgl. m. In diesen Fällen war kaum zu erwarten, daß die Vererbungssubstanz unter den meist nur vorübergehenden Bedingungen beeinflußt werden würde. Um dieses Ziel zu erreichen, müßte man wahrscheinlich anders vorgehen; man müßte Bedingungen schaffen, welche insofern normal sind, als sie an sich durch ihre äußere Wirkung keinen Einfluß auf die Mikroorganismen haben, die sie aber im Gegensatz dazu zwingen, ihre Körpersubstanz in anormaler Weise aufzubauen. Die Schwierigkeiten, die sich diesem Experiment entgegenstellen, sind vorläufig wohl noch unüberwindliche; aber der Erfolg ist meiner Ansicht nach nicht völlig ausgeschlossen. Mit einer verbesserten Erkenntnis des Stoffwechsels kann es gelingen, die Ernährung so zu leiten, daß ein Körperaufbau noch möglich ist, daß aber dieser Aufbau z. B. durch die zwangweise Einverleibung unabspaltbarer Molekülgruppen anormal wird. Es gilt auf diesem Wege die Regulationsfähigkeit der Zelle, die ja in bezug auf die Nahrungsaufnahme sehr groß ist, zu umgehen, nachdem man erkannt hat, daß ihr die Möglichkeit fehlt, gewisse Spaltungen zu vollziehen. Eine gleichzeitige Bedingung wäre, daß solche Zellen noch imstande wären, eine so geartete Kohlen- oder Stickstoffquelle, die z. B. den Kohlen- oder Stickstoff in einer besonderen ringförmigen oder anderen Bindung enthält, auszunützen. Diese fürs erste rein spekulativen Betrachtungen sollen zum Nachdenken über diese Möglichkeit anregen. Jedenfalls eignen sich niedere Organismen vermöge ihrer außerordentlichen Fähigkeit, verschieden geartete Nahrung auszunutzen, vornehmlich zu solchen Versuchen[1]).

[1]) Vgl. bezüglich der entsprechenden Idee: Kassowitz, Allgemeine Biologie. Wien 1899. Bd. II, S. 246. — Abderhalden, Lehrbuch der physiologischen Chemie. Berlin 1906. S. 714.

Bei dem, was über den Einfluß der Ernährung auf die Form bekannt ist, brauchen wir nicht zu verweilen. Die Erscheinungen sind zu vorübergehender Art, und selbst von einer Übertragung auf die neue Generation unter normalen Bedingungen hören wir noch selten [Ray (38)] etwas. Ebenso liegen die Verhältnisse beim Beeinflussen der Gestalt durch Temperaturwechsel, Sauerstoffmangel und Einfluß von Giftstoffen. Wir verweisen deshalb auf die Literaturzusammenstellung. Bei Tierpassage erfolgte unter besonderen Bedingungen in Lymphgefäßen eine Formveränderung des Bac. anthracis, der kurz und zugespitzt wurde und mehr an Tetanus erinnerte. Von solchen Kulturen ausgehend, gelang es nicht, zur Normalform zurückzukehren. Der Eingriff muß hier ein sehr tiefgreifender gewesen sein, da auch die Virulenz verloren gegangen und die Immunisierungskraft geschwächt war [Chauveau und Phisalix (44)]. Es handelte sich also auch hier wohl mehr um eine Degeneration.

IV. Variabilität der Kolonienbildung.

Das Wachstum auf festen Nährböden wird bekanntlich vielfach als „Artdiagnosticum" verwandt. Wir haben schon gesehen, daß eine durch Selektion entstandene neue Rasse sich auch bezüglich des Kolonienwachstums von der Stammform unterscheiden kann (Barber). Umgekehrt erscheint es ebenso möglich, durch die Variabilität der Kolonienbildung neue Rassen von Mikroorganismen aufzufinden. Es gibt nicht nur Fälle, in denen ein letzter in der Natur erworbener Rest von Variabilität, der bei künstlicher Kultur in jeder anderen Beziehung verloren geht, durch die Summierung der feinsten Abweichungen beim Kolonienwachstum noch hervortritt [Wilde (48)], sondern auch Variationen der Kolonienbildung, welche uns eine bedeutungsvolle Variabilität in anderer Beziehung anzeigen. Auf diese werden wir später eingehend zurückkommen.

Das Wachstum auf festem Nährboden ist in hohem Grade von seiner Beschaffenheit, seinem Gehalt an Gelatisierungssubstanz usw. abhängig. Diese Einflüsse sind zuerst auszuschalten, ehe von einer Kolonienvariation die Rede sein darf. Atypische Kolonien wurden bei den verschiedensten Bakterien beobachtet [vgl.

die Literatur (45—52)], ohne daß daraus auf eine besondere Variabilität der Individuen zu schließen ein Grund vorläge. Die Hauptursache des differenten Kolonienwachstums dürfte in diesen Fällen eine auf die künstliche Ernährung zurückzuführende Degeneration sein; so ließen sich atypische Kolonien des Pestbacillus [Gotschlich (52)] überhaupt nicht fortzüchten. In alten Agarkulturen trat hier auch eine Art Spaltung in divergente Kolonienformen ein, die beim Abimpfen zu immer neuen Spaltungen in die normalen kleinen und die anormalen großen Kolonien führte. Auch bei Hefe drückt sich die Art des Vorlebens, als Bottich-, Kern- oder Kahmhefe, im Kolonienwachstum und zwar in um so stärkerem Maße aus, je mehr die Hefe ihre Eigenschaft durch langdauernde Kultur unter den gleichen Bedingungen gefestigt hatte. Demgegenüber tritt bei Dauerformenbildung eine Verwischung dieser für das Vorleben charakterischen Kolonienbildung ein, die in sehr mannigfaltigem Kolonienwachstum zutage tritt [Will (53)].

Wir besprechen jetzt die durch Eigenart der Kolonienbildung bemerkten Variationen.

In neuester Zeit haben einige bei Kolonienwachstum zuerst beobachtete, als Mutationen bezeichnete Veränderungen mit Recht Aufsehen erregt [Massini (55)]. Die experimentellen Resultate dieser Forschungen sind über jeden Zweifel erhaben, besonders nachdem sie durch Nachprüfung von berufener Seite [Benecke (57a)] und hier beim Ausgehen von aus Einzelzellen herangezogenen Kolonien bestätigt wurden. Mit welchem Recht man in diesen Fällen von Mutationen sprechen darf, wo es sich um Erscheinungen adaptiver Natur handelt, die nicht richtungslos verlaufen, wird im Rückblick erörtert werden. Das wesentliche an den neuen Beobachtungen ist, daß eine neue Funktion, die Absonderung eines der Ursprungsform nicht zugehörigen Fermentes, durch die Ausbildung eigenartiger, in den Kolonien auftretender Knötchen die Aufmerksamkeit der Beobachter erregte. Diese Knötchenbildung zeigte die Abspaltung von Deszendenten mit veränderten physiologischen Eigenarten an, die dann beständig auf weitere Generationen vererbbar waren.

Ich möchte im Anschluß an diese Resultate auf eine bisher wenig beachtete und zeitlich früher liegende Untersuchung [Hartmann (54)] aufmerksam machen, welche ganz ähnliche Ergebnisse zutage förderte. Die aus einer javanischen Trockenhefe isolierte Torula colliculosa zeigte auf einer sieben Monate alten Gelatinekultur ein eigenartiges Verhalten; es fanden sich Riesenzellen lokalisiert in kleineren oder größeren Erhebungen, die wie Maulwurfshügel auf den Riesenkolonien heranwuchsen. Noch eigenartiger als auf ungehopfter Würzgelatine wuchs die Torula auf Würzeagar. Nach 12—14 Tagen entwickelten sich auf der festen glatten, feuchtglänzenden Fläche zahlreiche Erhöhungen in der Größe eines Stecknadelkopfes. Wenn von 5—6 Monate alten Kulturen eine Abimpfung gemacht wurde, so hatte diese nicht die Fähigkeit, Punkte zu bilden; es genügte aber eine 1—2malige Auffrischung der Torula in ungehopfter Würze, um die Punktbildung wieder in Gang zu bringen.

Die Hefe einer jungen Kultur (noch ohne Punkte) vergärt Maltose nicht, die großen Zellen von den großen Punkten vergoren Maltose ziemlich rasch. Durch längere Führung in ungehopfter Würze wurde diese Torula daran gewöhnt, Maltose kräftig zu vergären. Die aus der achten Gärung reinkultivierte Torula, wieder auf Würzeagar gebracht, vergor erst Maltose, wenn sie wiederum Punkte gebildet hatte. Die Torula vergärt Rohrzucker, Glucose, Raffinose und Fructose; gegen diese Zuckerarten verhalten sich die Zellen der Punkte ebenso wie die glatten Stellen.

Diesen Resultaten entsprechen ganz die an Bact. coli gewonnenen [Massini (55)]. Im ersten Falle ist die Erscheinung offenbar an die Anwesenheit der Maltose in der Würze gebunden, an deren Vergärung sich die Torula anpaßt. Bei Bact. coli tritt sie nur bei Gegenwart von Milchzucker auf, dessen Spaltung die neue Art als ihr Hauptcharakteristikum erwirbt, während diese Fähigkeit dem Bact. coli commune schon von vornherein zukommt. In den ursprünglich hellen Kolonien dieses Bakteriums treten auf Endo-Agar nach einiger Zeit Knötchen auf, die dem bloßen Auge eben bequem sichtbar sind. Diese Knötchen verdanken ihre Entstehung einer plötzlich einsetzenden, beschleunigten Teilung einzelner tiefliegender Zellen der Kolonie; sie sind selten blaß, meist rötlich, zum Teil intensiv rot wie Kolikulturen. Die Rotfärbung der Kolonien ist dem Farbenumschlag des im Nährboden enthaltenen Fuchsin infolge der Säuerung zuzuschreiben.

Wird eine helle Kolonie, bevor sie Knötchen gebildet hat, weiterverimpft, so gehen aus ihr nur helle Kolonien hervor, die aber wieder zur Knötchenbildung befähigt sind. Wird die Weiterimpfung aber nach Auftreten der Knötchen vorgenommen, so entsteht eine Saat teils heller Kolonien von den Eigenschaften der Mutterkolonie, teils roter Kolonien, die von gewöhnlichen Kolikolonien nicht zu unterscheiden sind. Je mehr man Knötchensubstanz allein verimpft, desto mehr wiegen die roten Kolonien vor, so daß man schließen muß, daß die Knötchen rote Kolonien in nuce sind. Rote Kolonien erzeugen immer nur wieder rote Kolonien.

Aus dem sich ursprünglich vom normalen Bact. coli durch den Mangel der Milchzuckerzersetzung und die weißen Kolonien unterscheidenden, aus dem menschlichen Darm isolierten, Spaltpilz findet also eine fortdauernde Artneubildung statt, die durch das Auftreten roter Knötchen, aus denen rote Kolonien entstehen, bemerkbar wird und die sich weiter durch Zersetzung des Milchzuckers in Milchsäure äußert. Es entspricht also das Auftreten der roten Knötchen bei Bact. coli mutabile, wie das Bakterium genannt wurde, der Punktbildung bei der Torula und die Milchzuckerzersetzung des Bakteriums der Maltosevergärung bei der Hefe. Allerdings verlor die Torula durch Plattenkultivierung die Fähigkeit, Maltose zu vergären, wieder vorübergehend, während die Colikultur, nachdem sie einmal die Fähigkeit, rote Knötchen zu bilden, erworben hat, sie auch auf milchzuckerfreiem Nährboden erhält. Aber auch hier fand einmal Rückschlag zur ursprünglichen, Milchzucker nicht zersetzenden Form statt. Ein ähnlicher, wenn auch nur partieller Rückschlag wurde von anderer Seite [Sauerbeck (58), S. 581] beobachtet.

Bald darauf wurden vier weitere dem Bact. coli mutabile ähnliche Bakterienstämme entdeckt, die ebenfalls durch Zucht auf Milchzuckernährböden zur Abspaltung milchzuckerzerlegender Abarten veranlaßt werden konnten [Reiner Müller (57), Burk (56)].

Von großer Wichtigkeit ist nun für unsere Betrachtungen, daß diese Erscheinungen nicht mehr vereinzelt dastehen.

Während die erwähnten Bakterienstämme zufällig gefunden wurden, hat man in neuester Zeit [Reiner Müller (57)] systematisch nach derartigen Abänderungen gesucht. Hunderte von

Stämmen wurden auf Nährböden mit 18 verschiedenen Zuckerarten oder anderen Kohlenstoffquellen gezüchtet. Gar nicht selten fand sich eine Bakterienart, bei der dieser oder jener Stoff der Kohlenhydratreihe Knopfbildung (mit oder ohne Säurebildung) hervorrief; so Erythrit, Arabinose, Adonit, Dulcit, Saccharose. Sehr selten bewirkt dies bei demselben Bakterium mehr als ein Stoff. Besonderes Interesse beanspruchen die Krankheitserreger; alle geprüften Typhusstämme, einschließlich Metatyphus, zeigten schöne Knopfbildung auf Agar mit 1% Isodulcit. Auch der naheverwandte Pseudoruhrbacillus bildet auf Isodulcitagar Knöpfe, während viele andere Bakterien der Typhuscoligruppe sie nicht zeigen. Die Schottermüllerschen Paratyphusbacillen zeigen auf Raffinoseagar derartige Knopfbildung, wodurch sie sich von den sehr nahe verwandten Enteritisbakterien unterscheiden. Auch in flüssigem Nährboden, z. B. bei Typhusbacillen in Isodulcitbouillon, tritt die Abänderung ein. Weitere Detailangaben sind bisher nicht veröffentlicht worden.

Eine andere Form der Variation fand der Verfasser [Reiner Müller (57)] bei einigen Bakterienstämmen, z. B. regelmäßig bei dem Schottermüllerschen Paratyphusbakterium. Die aus dem Körper des Kranken isolierten Paratyphusbakterien wachsen bei Zimmertemperatur auf dem gebräuchlichen Nährboden als undurchsichtige, weißliche, schleimartige Kolonien. Erzeugt man nun auf einer Gelatineoberfläche recht weit voneinander entfernte Einzelkolonien, so wachsen nach vier Wochen seitlich unter den Schleimtropfen zarte, durchsichtige Bakterienhäute hervor. Impft man von den seitlichen Auswüchsen ab, so erhält man stets nur typhusartige, nie mehr — auch nicht nach Tierpassage — schleimig wachsende Kolonien, die im übrigen aber sich durch Agglutination, Tierversuch, Knopfbildung auf Raffinoseagar nicht von den schleimigen unterscheiden, von denen sie für das Auge sehr scharf zu trennen sind, ohne daß Übergangsformen zu finden wären. Auch diese Variation dürfte nicht als eine Degeneration, sondern als eine Anpassung an den Nährboden aufzufassen sein; denn die dünnen, sich weit ausbreitenden Kolonien vermögen den Nährboden besser auszunutzen. Wir haben also bei demselben Bakterium Variationen nach zwei Richtungen hin.

In all den hier angeführten Fällen ist die eigenartige Kolonienbildung nur sekundärer Natur. Es ist nicht völlig klar, wodurch sie zustande kommt; einmal könnte man an ein durch die neue Zersetzungsmöglichkeit gesteigertes Wachstum denken, andererseits wäre aber auch die Möglichkeit eines Auftreibens der Kolonie an den Stellen der neuen Zersetzungserscheinung durch Gärgase oder andere Stoffwechselprodukte zu denken. Jedenfalls verdanken wir diesem mehr äußeren Verhalten das Auffinden einiger äußerst interessanter Resultate über die Bildung neuer Artmerkmale bei Mikroorganismen.

(Literatur Seite 145.)

V. Verschiebung der Kardinalpunkte der Temperatur.

Die spezielle Variationsbreite niederer Organismen findet ihre individuelle Begrenzung in einem Minimum und Maximum des Temperaturanspruches, zwischen welche ein Optimum der Entfaltung der verschiedenen Lebenskräfte zu liegen kommt. Diese Kardinalpunkte der Temperatur können für die verschiedenen Lebensverrichtungen bei sehr verschiedenen Graden liegen. Immer fallen die Kardinalpunkte für Bewegung, Sporenbildung und Keimung innerhalb der uns am meisten interessierenden Wachstumsgrenzen, meist stellen sie aber speziellere Ansprüche als die Vermehrungsfähigkeit. Aber auch außerhalb der Temperaturgrenzen der Vermehrung vermögen sich in gewissen Fällen einzelne Funktionen der Mikroorganismen, wie z. B. die Gärkraft oder die Giftwirkung, noch zu entfalten; sie sind an die Temperaturgrenzen der unabhängig von den Lebenserscheinungen wirkenden Fermente dieser Mikroorganismen gebunden. Über die hier in Frage kommenden Spezialanpassungen sind daher die betreffenden Kapitel nachzulesen.

Weiterhin kennen wir bestimmte Grenzen der Temperatur, innerhalb welcher das latente Leben nicht unterbrochen wird; doch sind diese Werte nicht nur Funktionen der Temperatur, sondern vor allem auch der Dauer der Einwirkung und der sonstigen Umgebung. In das Gebiet sehr niederer Temperaturen hinein sind die Grenzen, innerhalb deren die Lebenskraft noch nicht vernichtet wird, selbst für vegetative Zellen sehr weit gezogen. Nach oben hin ist die Umgrenzung schärfer und in allen Fällen für den vegetativen Organismus enger als für die Dauerorgane. Die Versuche, durch Auslese der überlebenden Sporen die Temperaturgrenze ihrer Resistenz heraufzusetzen [1]), führten zu keinem Resultat, da nur Schwächung eintritt. Versuche, den Resistenzgrad vegetativer Zellen gegen tötende Temperaturen zu verändern, sind mir nicht bekannt, und ebensowenig wird von Umzüchtung der Temperaturbedingungen für die Beweglichkeit, die Sporenbildung und -keimung berichtet. Alle anzuführenden Resultate beziehen sich daher auf eine Akklimatisation an außerhalb der natürlichen Variationsbreite fallende Wachstumsmöglichkeiten.

Von Interesse ist auch, daß schon durch wechselnde Ernährung eine Verschiebung des Temperaturmaximums bei Schimmelpilzen möglich ist. Selbst Konzentrationssteigerung der Nährstoffe kann das Maximum verschieben [Thiele (18)]. Schon auf diese Weise mag daher in gewissen Fällen ein Angriffspunkt für die Artveränderung geboten worden sein, welcher der Akklimatisation an artneue Temperaturgrenzen Vorschub leistete.

Natürlich befinden sich die Temperaturgrenzen der Mikroorganismen in Übereinstimmung mit ihrem Vorkommen in der Natur; Arten, die wie die Thermophilen einem Temperaturwechsel über die Grenzen ihrer Widerstandskraft hinaus ausgesetzt sind, schützen sich durch die Versporung vor dem Aussterben. Auch hier hat also der Kampf ums Dasein die Passendsten im Leben erhalten. Metatrophe Arten, d. h. solche, die überall da gedeihen, wo ihnen organische Nahrung geboten wird, tragen den natürlichen Verhältnissen durch eine große Differenz zwischen Minimum und Maximum Rechnung, während pathogene Spezies auch bezüglich der enger umgrenzten Temperaturbedingungen ihrer spezifischen Anpassung gefolgt sind.

Das Gedeihen bei den oberhalb der Koagulationstemperatur der meisten Eiweißkörper liegenden Temperaturgraden, die allen höheren Organismen unzugänglich, für manche Bakterien, Algen und Diatomeen aber noch erreichbar sind, ist allgemein als eine Neuanpassung gedeutet worden [Zopf (2), Oltmanns (4), Tsiklinski (9)]. Das geht z. B. aus der Beobachtung hervor, daß eine Thermalalge, welche längere Zeit bei niederer Temperatur gehalten wurde, nicht ohne weiteres imstande war, dauernd in höherer Wärme von 50°, bei der sie ursprünglich wuchs, zu leben [Löwenstein (5)]. Am stärksten wird diese Anschauung aber dadurch gestützt, daß es gelingt, verschiedene Mikroorganismenspezies

[1]) Alfred Fischer, Vorlesungen über Bakterien, S. 52.

künstlich an oberhalb ihres Maximums liegende Temperaturen zu akklimatisieren und hierbei selbst die höchsten von Thermophilen ertragenen Temperaturen zu erreichen.

So gelang es, Pigmentbakterien durch langsame Angewöhnung bei abnorm hoher Temperatur zu züchten [Galeotti (6)] und z. B. das Maximum des Bac. fluorescens von 35° auf 41,5° zu erhöhen. Ein weiteres Zeichen der Akklimatisation ist, daß der bei 37,5° zuerst farblos wachsende Bac. prodigiosus nach zwölfmaliger Umzüchtung bei dieser Temperatur wieder Farbstoff bildete [Galeotti (6)]. Solche Fälle bieten uns einen Beweis für die Umstimmung der Organismen, weil die geschwächte Lebenskraft wieder einzusetzen imstande war. So war der bei 22° optimal wachsende Bac. fluorescens putidus nach der 18. Generation bei 35° so angepaßt, daß er wieder Farbstoff zu bilden imstande war. Solch angewöhnte Kulturen wuchsen noch bei 37,5°, allerdings ohne Farbstoffbildung, während die ursprüngliche Kultur bei dieser Temperatur abstarb. Bei der 30. Generation war bei 37,5° aber immer noch keine Farbstoffbildung zu beobachten. Bei 38,6° konnte Wachstum fürs erste weder bei der ursprünglichen noch bei der an 37,5° angepaßten Kultur erzielt werden. Erst die zwölfte Generation der bei 37,5° gehaltenen Kultur ließ bei 38,6° Wachstum erscheinen. Nach zehn Generationen bei 38,6° gelang es, Vermehrung bei 40,5° zu erzielen und bei 41,5° wuchs eine von der zwölften Generation bei 40,5° stammende Kultur noch recht kräftig. Bei 42,5° war überhaupt kein Wachstum mehr zu erzielen. Es schien hier die Grenze der Anpassung erreicht zu sein. Daß die Anpassung sehr weit ging, geht auch daraus hervor, daß die an 41,5° gewöhnte Kultur nun bei Normaltemperatur von 20° keinen Farbstoff mehr bildete.

Ähnliche Resultate wurden mit Bac. lactis erythrogenes und Bac. prodigiosus erzielt. Letzterer gedieh noch bei 43,5° gut. Auch Bac. pyocyaneus wurde an 42,3° angepaßt; ebenso war Vibrio Denecke, der ursprünglich bei Zimmertemperatur gedieh, an 37,5° gewöhnt worden [Dieudonné (7)]. Auch Dematium zeigte eine Anpassung an supramaximale Temperatur [Schostakowitsch (8)], und der sonst äußerst empfindliche Hausschwamm wurde durch allmähliche Temperatursteigerung noch bei 27° zu gutem Wachstum gebracht, während sein Optimum sonst bei 22° lag [Mez (9a)].

Bezüglich der Temperaturgrenzen gehören die Flagellaten zu den am leichtesten abzuändernden Organismen. Paramaecium, welches bei gewöhnlicher Temperatur gelebt hat, zeigt ein Temperaturoptimum von 24—28°; schon nach wenigen Stunden, während deren es zwischen 36 und 38° gehalten wurde, erhob sich sein Optimum auf 30—32° [Mendelssohn (10a)].

Alle angeführten Versuche, und wohl alle Akklimatisationsergebnisse bei niederen Organismen, werden aber durch weitere Resultate mit Flagellaten übertroffen, die schon zu Darwins Zeiten gewonnen, den Beifall dieses großen Bahnbrechers selbst gefunden haben. Sie sind das Ergebnis siebenjähriger geduldiger Forschung, die uns belehren, bis zu welchem Grade die Anpassungsfähigkeit niederer Organismen gesteigert werden kann, wenn die neuen Bedingungen während eines längeren Zeitraumes wirken, der natürlich noch bei weitem nicht mit den in der Natur herrschenden Zeitperioden in entfernten Vergleich zu setzen ist.

Hervorzuheben wäre fürs erste, daß die Anpassungsexperimente mit an sich ziemlich empfindlichen Organismen unternommen wurden, die sich aber deshalb besonders gut eigneten, weil man an ihnen vermöge ihrer verhältnismäßig großen Gestalt noch mikroskopische Veränderungen des Plasmas wahrnehmen konnte.

Es zeigte sich nämlich, daß einer Anpassung an die gesteigerte Temperatur, d. h. also einer wirklich kraftvollen Vermehrung bei dieser Temperatur, welche für das Sichwohlbefinden der Flagellaten entscheidend war, eine Vakuolenbildung vorausging. War diese erreicht worden, so konnte der Versuch gemacht werden, die Temperatur von neuem zu steigern. Im allgemeinen gilt wohl das Gesetz, je langsamer eine erhöhte Temperatur erreicht wird, desto weiter kann man von ihr ausgehend nach oben fortschreiten, d. h. desto geringer wird die Schädigung der Organismen durch neue Temperatursteigerung sein. In einzelnen Fällen mußte aber von einer schon erreichten Temperatur auf eine niedere zurückgegangen werden, ehe eine neue Steigerung ertragen werden konnte. Es wurde schließlich eine Temperaturverschiebung des Wachstums um 52° erreicht. Der ursprünglich optimal bei 18° gedeihende Organismus wuchs nach den siebenjährigen Versuchen bei 70°, d. h. also bei einer Temperatur, die oberhalb der gewöhnlichen Koagulationsgrenze des Eiweißes liegt. Dieses Ergebnis ist wahrhaft bemerkenswert; es zeigt, bis zu welchem Grade niedere Organismen anpassungsfähig sind, und es wird noch bemerkenswerter, wenn wir in Betracht ziehen, daß die Grenze der Temperatursteigerung vielleicht noch nicht erreicht war, da die Versuche durch einen Unglücksfall zum Abschluß gelangten. Die Einzelheiten gewähren einen interessanten Einblick:

Es wurde ein Thermostat verwandt, dessen Temperatur nur um $^1/_6$° Fahrenheit schwankte. Die Temperatursteigerung von 18—21° geht rasch vor sich. Jedoch geling die weitere Anpassung schon hier besser, wenn man auch am Anfang die Temperatur langsam erhöhte. In zwei Monaten wurde um 6°F heraufgegangen, in weiteren zwei um 2°F. Bei 23°C mußte während zweier Monate stehengeblieben werden, dann ging man zu 24°C über, wo eine Anpassung schon nach vier Tagen erreicht war. In fünf Monaten gelang die Steigerung von 23°—25,5° C. Aber erst nach wochenlangem Auf- und Abgehen von 25—25,5° wurde eine Gewöhnung an diese Temperatur erreicht. Hier traten bei zwei Flagellaten, Tetramitus rostratus und D. Drysdali, zum ersten Male Vakuolen auf, die sonst bei diesen Organismen nicht beobachtet worden waren. In fünf Monaten gelang nur eine Temperaturerhöhung um 1°, und in weiteren drei Monaten kam man bei 26,5°C an. In neun Monaten wurden dann 34°C erreicht; doch mußte hier erst auf niedere Temperatur zurückgegangen werden, ehe weiter gesteigert werden konnte. Dann traten doch Vakuolen auf, und in neun Monaten war die Gewöhnung an 34,5°C vollzogen, woraufhin 39°C in 14 Wochen erreicht wurden. Bei 41,5°C mußte zwei Monate lang stehengeblieben werden. Die jetzt eintretende schwache Vakuolenbildung gestattete eine sich in sieben Monaten vollziehende Erhöhung der Temperatur auf 58,5° C, an die nach Auf- und Abgehen um diese Temperaturgrenze Anpassung nach drei Wochen vollzogen war. Sechs Monate lang wurde keine weitere Steigerung ausgehalten. Die Versuche schienen beendet, als nach zwölf Monaten doch noch einmal Vakuolen auftraten. Diese verschwanden bei einer Steigerung um 4° F. Jetzt gelang aber ein schnelleres Vorgehen um 2°F zu derselben Zeit, und 65,5°C wurden erreicht. Langsamer kam man dann bis zu 68° C, und schließlich zerbrach der Apparat, als 70° erzielt worden waren. Die neuen in Aussicht gestellten Versuche sind offenbar nicht ausgeführt worden.

Die ursprünglich bei 16° C gedeihenden Formen der drei Flagellaten, außer den genannten noch Monas Dallingeri, starben bei 60° ab. Die an 70° angepaßten wurden dagegen bei der Ursprungstemperatur von 16° getötet. Die Anpassung war also eine vollkommene [Dallinger (3)].

Diese Resultate wurden hier im Detail behandelt, weil sie wie keine anderen zeigen, welche Anpassungsergebnisse sich mit Geduld erzielen lassen. Besonders ergibt sich hieraus, daß ein Stehenbleiben bei einer anfänglich erzielten Anpassung diese im Laufe der Zeit mehr und mehr festigt, so daß man, auf der neuen Grundlage weiter bauend, zu immer gesteigerten Anpassungen gelangen kann. Ohne Frage muß sich die Gewöhnung thermophiler Mikroorganismen in ganz derselben Weise, wie sie hier experimentell verfolgt wurde, vollzogen haben.

Das Gegenstück zu den geschilderten Anpassungen bildet die Gewöhnung an Temperaturen, die niedriger als das Minimum liegen. Schon lang fortgesetzte Kultur auf Gelatine beraubte ein Käsespirillum der Fähigkeit, sich bei hoher Temperatur zu entwickeln [Denecke (16)]. Es gibt Varietäten von Choleraspirillen, die die Fähigkeit verloren haben, bei 37° zu wachsen und die erst nach längerer Fortzüchtung eine Restitution des Wachstumsvermögens bei Brutwärme zeigen [Celli und Sartori (11a)]. Durch Züchtung bei immer niedriger werdenden Temperaturen gelang die Anpassung von Pneumokokken [Kruse und Passini (12)] und Milzbrandbakterien [Dieudonné (7)] bis zu 10°, und eine längere Zeit im Eisschrank gezüchtete Hefe zeigte selbst bei 0° noch schönes Wachstum [Schmidt-Nielsen (17)].

Besonders dauerhaft ist die Umzüchtung zu niederen Temperaturen durch den Aufenthalt im Körper von Kaltblütern. So erhielt man Tuberkelbacillen, die bei 20—22° üppig und selbst noch bei 12° und abwärts gedeihen und welche bei Bruttemperatur ohne erneute Angewöhnung jedes Wachstum verweigern [Bataillon und Terre (15), Lubarsch (16)]. Solch veränderte Bakterien lebten auf Kaninchen, ohne virulent zu sein, ja selbst durch Tierpassage wurden die in Blindschleichen gezüchteten Tuberkelbakterien nicht wieder virulent [Möller (14)].

Äußere Bedingungen vermögen das Gedeihen bei bestimmten Temperaturen zu beeinflussen. Thermophile Bakterien mit einer oberen Temperaturgrenze von 75° wuchsen auf Kartoffeln nie bei niederer Temperatur als 50°. Auf Agar, Blutserum und Bouillon war noch Wachstum bei 39—40° zu erzielen, ja selbst bei 36° und sogar bei 33° war noch Wachstum möglich. Bei niederer Temperatur geht Wachstum unter anaeroben Bedingungen oft viel rascher als aerob vor sich, wodurch das Auftreten thermophiler Bakterien unter den anaeroben Bedingungen des Tierkörpers eine Erklärung findet [Rabinowitsch (13)]. Auch bei Schimmelpilzen kann das Gedeihen bei bestimmten Temperaturen von der Ernährung abhängig sein. So wuchs Penicillium bei 31° besser auf Glucose, während es bei 35—36° besser auf Glycerin als auf Glucose gedieh [Thiele (18)].

(Literatur Seite 147.)

VI. Variabilität der Beweglichkeit.

Auch unter den Mikroorganismen wird ein bewegliches einem unbeweglichen Individuum, eine schwärmfähige Spezies einer bewegungslosen im Kampf ums Dasein überlegen sein. Die amöboide Beweglichkeit gestattet einer ganzen Klasse von niederen, auf tierische Weise sich ernährenden, Lebewesen überhaupt erst die Nahrungsaufnahme, andere werden durch ihre Fähigkeit, frei zu schwimmen, in die Lage versetzt, ihre Nahrung zu finden; die photosynthetisch sich Nährenden können so die geeignetste Lichtintensität aufsuchen, Saprophyten werden zu passenden Nährsubstraten und Lösungskonzentrationen hingelenkt, und sehr viele folgen durch Intätigkeitsetzung ihrer Bewegungsorgane ihrem Bedürfnis nach passender Sauerstoffspannung. Ebenso aber kann auf diesem Wege den Gefahren giftiger oder sonst unschädlicher, in zu hoher Konzentration schädigend wirkender, Substanzen ausgewichen werden.

So sind die niederen Organismen, wie auch die Schwärmsporen mancher höheren Pflanzen und Tiere, in ganz bestimmter Weise auf die Beantwortung dieser verschiedenen Reize eingestellt. Ihre tropistische Reizbarkeit und Reizschwelle ist eine für jede Art im Verhältnis zu jedem Reiz spezifische. Wenn auch bis heute die Frage in vielen Fällen noch ungeklärt ist, welchen Vorteil der eine oder der andere Organismus aus dem Hingleiten zur Stelle gewisser Reize oder aus dem Fliehen von der Lokalität, von dem der Reiz ausgeht, ziehen mag, da ja anästhesierend wirkende Stoffe und an sich schädliche Stoffwechselprodukte oft wenigstens in geringen Konzentrationen anziehend, geeignete Nährstoffe manchmal dagegen abstoßend wirken (weiteres hierüber vgl. das nächste Kapitel VII), so muß doch in der Ausbildung von Bewegungsorganen ein phylogenetischer Fortschritt gesehen werden.

Wir kennen bei niederen Organismen nicht nur eine individuelle Variabilität der Beweglichkeit, wir kennen auch einen wirklichen oder scheinbaren Übergang von unbeweglichen in bewegliche Spezies, und wir müssen in einer Umstimmung der Bewegungsrichtung gegenüber Reizstoffen, auch eine Variation eines arteigenen Charakteristikums sehen. Mit diesen drei Erscheinungen werden wir uns zu beschäftigen haben. Bewegung kann in der Art des Hinkriechens auf fester Unterlage oder als Schwimmbewegung erfolgen. Da uns aber nur bei letzterer Bewegungsform variable Abänderungen bekannt sind, so wollen wir nur auf sie eingehen.

Die Bewegungsorgane sind äußerst empfindliche und zarte Gebilde, die nur in seltenen Fällen in lebendem Zustande gesehen werden konnten; dadurch wird die Beobachtung einer Bewegungsvariabilität an sich erschwert. Starke Beweglichkeit geht immer Hand in Hand mit günstigen Lebensbedingungen; schon die Anhäufung von Stoffwechselprodukten kann Geißelstarre zur Folge haben. Nur jugendlich frische Organismen sind daher zur Beobachtung geeignet; aber auch in solchen Kulturen werden immer zahlreiche Individuen durch den Verlust ihrer Geißeln oder sonstige individuelle Reizschwankungen unbeweglich sein [Germano und Maurea (1), Preiß (2)]. Diese individuelle Variabilität ist aber für unsere Betrachtungen ziemlich bedeutungslos. Ein Versuch, durch Auslese möglichst beweglicher Individuen stark bewegliche Rassen von Micrococcus agilis zu züchten, ist bisher nicht vom Erfolge begleitet gewesen [Migula (10) S. 85]. Geißelstarre kann schon dadurch erfolgen, daß man eine Kultur aus dem Thermostaten nimmt und nun die Bakterien bei Zimmertemperatur untersucht; sie erscheinen dann mitunter unbeweglich. Läßt man die Kultur aber eine Stunde bei Zimmertemperatur stehen und untersucht dann wieder, so zeigen sie sich beweglich, die Geißelstarre hat unter der allmählichen Gewöhnung an die neue Temperatur nachgelassen [Migula (10), S. 87].

Ein Autor sah den Bac. prodigiosus bei 20° lebhaft, bei 37° nicht beweglich, während ihn ein anderer bei Zimmertemperatur meist gar nicht, bei Bruttemperatur lebhaft beweglich fand [Migula (10)]. Es dürfte hier auch eine Anpassung an die genannten Temperaturen im Spiele gewesen sein. Ein bei Zimmertemperatur beweglicher typhusähnlicher Bacillus gestattete, nachdem er bei 33—34° bewegungslos geworden war, selbst nicht mehr den Nachweis der Geißeln [Mironesco (6)].

Verlust der Beweglichkeit tritt häufig ein als Folge der Züchtung auf festen Nährmedien [Migula (10)]; auf diese Weise wurde der Rauschbrandbacillus unbeweglich gemacht [Graßberger (9)]. Die vorher sicher beweglich gewesene Sarcina mobilis wurde aus unbekannten Gründen unbeweglich gefunden [Böttcher (13)], das Bact. coli commune verlor durch Züchtung auf carbolhaltiger Bouillon seine Beweglichkeit [Villinger (3)], und das Bact. putidum war nur auf Zuckeragar beweglich, auf allen anderen Nährmedien aber unbeweglich. Bei Protozoen trat Bewegungslosigkeit als die Folge der Anpassung an die parasitische Lebensweise ein [Döflein (8)].

All' diese individuellen Verschiedenheiten fallen aber innerhalb der natürlichen Variationsbreite der Organismen, während der Verlust der Beweglichkeit der einzelnen Spezies als Degenerationserscheinung zu deuten ist, die sich, soweit bekannt, nur unter den ungünstigen Lebensbedingungen erhielt.

Auf welche Weise man sich die ursprüngliche Ausbildung der Geißeln zu denken hat, ist noch unklar. Einen schwachen Anhalt mögen dazu die an gewissen Spermatozoen gemachten Beobachtungen gewähren, welche unter dem Einfluß von Natriumphosphat zuerst Pseudopodien ausbildeten, die allmählich größer wurden, sich spalten und in lebhafte Schwingungen gerieten. Auch bei Darmepithelzellen gelang es, die kugelige Zelle in eine die Körperlänge zwei- bis dreimal übersteigende Cilie auszudehnen, die alsbald wellenförmige Bewegungen machte [Zacharias (11)]. Damit soll nicht gesagt sein, daß die Entwicklung der Bewegungsorgane nicht in den meisten Fällen ganz anders vor sich gegangen ist. Auch konnte an Spermatozoen und Darmepithelzellen keine Beobachtung über die Vererbbarkeit der so entstandenen Beweglichkeit gemacht werden. An sich erscheint sie unter solchen Umständen unwahrscheinlich.

Im Lichte der Angaben über den Verlust der Geißeln unter verschiedenen Umständen und gehindert durch die Unmöglichkeit einer Beobachtung der Ausbildung der Bewegungsorgane am lebenden Objekt scheinen die Angaben über die Neuerwerbung dieser an körperhafte Organe gebundenen Funktion wenig verläßlich. Wir hören zwar, daß der früher sicher unbeweglich gewesene Bac. implexus [Lehmann (14)] beweglich wurde [Böttcher (13), Zierler (12)], und wir lernen in der häufigen Übertragung auf frisches Nährsubstrat eine Methode kennen, um sehr zahlreiche Bakterienarten, wie Kokkaceen und Spirillen, beweglich zu machen [Ellis (15)]; aber in einem Falle zeigte sich, daß es sich mehr um die Unterdrückung eines die Bewegung hindernden Schleimes durch die Abimpfung im frischen Zustande handelte, und in anderen sind wir nicht imstande, die nun beweglichen Arten bis in ihre früheren Stadien zurückzuverfolgen, in denen sie vielleicht unter natürlichen Bedingungen schon beweglich waren. Dazu kommt, daß die Beweglichkeit an für jede Art bestimmte Umgebungsanforderungen gebunden ist, die wir nicht genau genug kennen; im Falle des negativen Versuches Bewegung hervorzurufen, können wir daher nicht aussagen, daß wirklich die Art bewegungsunfähig ist und immer gewesen ist.

Die Beweglichkeit erscheint uns deshalb vorläufig als eine Eigenschaft, die latent werden kann, deren Neuerwerbung wir fürs erste aber nicht als bewiesen hinstellen können. Sie muß eine Rolle in der Evolution der Organismen gespielt haben; aber die Bewegungsfähigkeit selbst ist eine viel zu alte und, wie die Erkenntnis der spezifischen Reizerscheinungen zeigt, eine viel zu komplexe Erscheinung, als daß selbst die Beobachtung der Ausbildung von Bewegungsorganen wahre Klarheit über die ursprüngliche Ausbildung der Beweglichkeit schaffen könnte. Es wäre interessant, zu erfahren, bis zu welchem Grade die angeblich neugeschaffenen beweglichen Organismen schon im Besitze der feinen tropistischen Anpassungen sind. Doch darüber ist bisher nichts bekannt geworden.

Sonst nimmt man jetzt allgemein an, daß die Fähigkeit zu schwimmen eine der ältesten Eigentümlichkeiten der Lebewesen ist.

(Literatur Seite 150.)

VII. Die Umstimmung der Taxien.

Bekanntlich sind die frei beweglichen niederen Organismen in ganz bestimmter Weise auf die Beantwortung verschiedener Reize eingestellt. Die uns hier interessierenden Reize können sein: das Licht, die Schwerkraft und chemische Substanzen, im speziellen auch der Sauerstoff. Wir unterscheiden danach Phototaxis, Geotaxis, Chemotaxis und Aerotaxis. Ganz allgemein genommen, können diese Reize lokomotorische Richtungsbewegungen verursachen, welche die Organismen in die Sphäre des Reizzentrums ziehen oder sie zwingen, sich in der entgegengesetzten Richtung fortzubewegen. Wir unterscheiden so positive und negative Taxien. Damit überhaupt ein Reiz zustande kommt, muß eine gewisse Reizschwelle erreicht sein, d. h. es muß ein Reizkonzentrationsunterschied vorhanden sein, welcher die Perzeption verbürgt. Die Größe dieses Unterschiedes unterliegt ganz bestimmten Bedingungen und folgt im allgemeinen dem Weberschen Gesetz [Pfeffer (2)]. Ob ein Reiz aber positive oder negative Richtungsbewegung auslöst, kann außer von seiner Natur auch von seiner Intensität abhängen. Wir finden z. B., daß die Reaktion gegen schwache Lichteinwirkung positiv, gegen starke negativ ist; wir beobachten, daß niedere Konzentrationen mancher Chemikalien anlocken, höhere dagegen abstoßen.

Die Beantwortung der Reize unter den geschilderten Bedingungen nun ist für bestimmte Mikroorganismenspezies eine ganz spezifische, eine den verschiedenen Arten mit genau derselben Schärfe zukommende Eigenschaft wie die ihrer andersartigen physiologischen Funktionen. Schon der als die Folge wechselnder Reizintensitäten auftretende Übergang von der positiven in die negative, oder der negativen in die positive Reaktion ist in der Literatur bisher als Umstimmung bezeichnet worden. Da aber dieser Wechsel in der Reizwirkung bei gleichbleibendem Zustande des Organismus von der Art der Einwirkung abhängt, wollen wir hier nicht von einer Umstimmung, sondern nur von einer Sinnesänderung oder -umkehr sprechen[1]). Als Umstimmung bezeichnen wir dagegen die Variabilität taktischer Eigenschaften. Denn auch die Reizbarkeit niederer Organismen kann variieren und zwar aus innerer wie aus äußerer

[1]) Nach einem Vorschlag von Wolfgang Ostwald.

Ursache. Aus innerer, d. h. aus für uns unerklärlicher Ursache kann eine Abstumpfung gegen Reizwirkungen eintreten, durch äußere Einflüsse, den Reizanlaß selbst oder andersartige Reize kann eine Veränderung der Empfindlichkeit zustande kommen, welche sich ebensowohl in einer Abstumpfung wie auch in einer Reversion der Reaktionsrichtung äußern kann. Besonders hat die Narkotisierung inadäquate Umstimmungen zur Folge.

Bisweilen zeigen Mikroorganismen ein und derselben Art, wenn sie verschiedenen Ursprungs sind, eine Variabilität in der Beantwortung von Reizen. So wurde gefunden, daß Paramaecium aus verschiedenen Kulturen oft außerordentlich stark in der Reaktion gegen verschiedene chemische Reize variierte [Jennings (6)]. Ebenso reagierte die aus neutraler Lösung stammende Euglena viridis im Gegensatz zu einer in citronensaurer Kulturflüssigkeit gewachsenen [Frank (12a)], welche sich gegen manche Säuren positiv verhielt, gegen solche immer negativ; dagegen zeigte sie sich gegen Glucose, salpetersaures Ammon und Kali positiv [E. Pringsheim (12)], wo vorher keine Reaktion bemerkt worden war.

Ein Verlust der Reizbarkeit ist die häufige Folge der Kultur auf festen Nährmedien, welche ja schon die Beweglichkeit an sich beeinträchtigen kann. Aber auch bei unverminderter Beweglichkeit und bei (soweit bekannt) unveränderten günstig bleibenden Lebensbedingungen kann sich die Empfindlichkeit mit der Zeit wesentlich vermindern, ja manchmal anscheinend ganz verloren gehen [vgl. spezielle Angaben bei Rothert (8)]. Dies zeigte sich bei verschiedenen Bakterien und Flagellaten; auch die Phototaxis der Schwefelbakterie, Beggiatoa, geht auf künstlichen Nährmedien bald zurück [Winogradsky (4)]. Weiterhin kann die Lichtempfindlichkeit des Bact. photometricum durch Sauerstoff stark herabgesetzt, ja aufgehoben werden, ohne daß die Beweglichkeit abnimmt [Engelmann (3)].

Die Auslösung einer Reizreaktion und der Umschlag einer Reizreaktion in eine in umgekehrter Richtung wirkende können auf verschiedene Weise zustande kommen. Bisweilen sind sie die Folge einer Veränderung in der Reaktion des Nährbodens. So wurde gefunden, daß die Wasserstoffionen die Empfindlichkeit eines Bakteriums gegen Phosphate zu wecken vermögen, während die Hydroxylionen im entgegengesetzten Sinne wirken. Weiter wurde die Empfindlichkeit gegen Ammoniumchlorid und -nitrat durch das saure Medium abgeschwächt. Es besteht demnach eine verschiedene Sensibilität gegen Phosphate einerseits und gegen die Ammonsalze anderseits. Wenn die schwach saure Nährflüssigkeit schwach alkalisch gemacht wird, so ist keine Reaktion auf die Phosphate mehr zu merken; die Hydroxylionen haben also sofortige Stimmungsänderung hervorgerufen. Andererseits wird die Empfindlichkeit gegen Dikaliumphosphat beim Übergang von der alkalischen zur sauren Reaktion nicht sofort geweckt. Es dauerte zwölf oder mehr Stunden, bis die Reaktion deutlich auftrat [Kniep (10)]. Hier war also eine Nachwirkung des vorhergehenden Einflusses der Nährmediumsreaktion deutlich zu merken. Ebenso blieb der ursprünglich negativ phototaktische, durch Säurezusatz positiv phototaktisch gemachte, Volvox für die nächsten zwölf Stunden positiv. Dagegen gelang es nicht, ursprünglich positiv phototaktischen Volvox durch Lauge negativ zu machen. Im allgemeinen soll die heliotropische Sinnesäußerung sehr variabel sein [Loeb (5)].

Durch narkotische Mittel, wie Äther und Chloroform, ließ sich eine Anästhesie der Bakterien erzielen, welche die Reizreaktion sistierte. Durch Verdunstenlassen des Narkoticums schwand sie, die Organismen erwiesen sich aber als negativ phototaktisch, während sie ursprünglich positiv gewesen waren, d. h. die phototaktische Stimmung wurde durch vorherige Einwirkung von Äther und Chloroform beeinflußt, und zwar in dem Sinne, daß die Empfindlichkeit erhöht wird. Die Nachwirkung der Narkotica ist eine vorübergehende, allmählich stellt sich bei Tageslicht die normale Stimmung wieder ein. Möglich ist, daß die Nachwirkung auf geringen Mengen zurückgehaltener Narkotica beruht, die allmählich weggehen [Rothert (9)].

Die geotropische Stimmung von Paramaecium aurelia, wie die vieler Ciliaten, ist im allgemeinen negativ. Durch gewisse Reize, wie z. B. Erschütterung und Erwärmung, durch Zusatz geringer Mengen von Säuren und Alkalien läßt sich unter Ausschaltung aller anderen taktischen Reizwirkungen positiver Geotropismus hervorrufen [Sosnowski (7)].

All die angeführten Beispiele von Stimmungsänderungen sind als Modifikationen anzusprechen. Bei Ausschaltung der betreffenden Reize schlugen sie meist sofort, in ein paar Fällen allerdings erst nach kurzer Zeit, in die Normalverhältnisse zurück. Ob derartige Umstimmungen vererbbar sind, wurde bisher nicht geprüft. Die

Beobachtung aber, daß Mikroorganismen verschiedenen Ursprungs sich bezüglich ihrer Reizbarkeit variabel verhalten, läßt es wahrscheinlich erscheinen, daß sie sich in ihrem Vorleben speziellen Bedingungen angepaßt haben, und es steht der Annahme nichts im Wege, eine derartige dauernde Umstimmungsmöglichkeit auch unter Laboratoriumsverhältnissen zu erwarten.

Die Umstimmungen der Reizbarkeit sind nicht auf die in den Kreis unserer Untersuchung gezogenen niederen Lebewesen beschränkt. Auch Schwärmsporen sind in dieser Hinsicht variabel. Durch steigende Temperatur werden sie im allgemeinen lichtholder, durch sinkende lichtscheuer gemacht [Strasburger (1)]. Durch Erhöhung der Temperatur wurden die Larven von Polygordius negativ, durch Kühlung positiv heliotropisch. Durch Seewasserkonzentration wurde dasselbe wie durch Kühlung, und durch Verdünnung das gleiche wie durch Temperaturerhöhung erreicht. Ähnlich verhielten sich Seewasserkopepoden. Bei diesen war eine gewisse Anpassungsfähigkeit zu bemerken. So wurden Tiere, die einige Zeit bei 16° gehalten waren, bei 8° positiv heliotropisch, während solche, die vorher auf 26° erwärmt worden waren, dies bereits bei 12° taten [Loeb (11)]. Hier war also eine Nachwirkung der vorherigen Kulturbedingungen zu beobachten.

Die zuletzt angeführten Beispiele sollen zeigen, daß die Umstimmung der Tropismen eine im Organismenreiche niederer Lebewesen verbreitete Erscheinung ist, welche mit der beim Menschen beobachteten Reizempfänglichkeitsänderung korrespondiert.

(Literatur Seite 153).

VIII. Die Variabilität unter dem Einflusse des Lichtes.

Bekanntlich hat starke Beleuchtung immer einen ungünstigen Einfluß auf die Entwicklung niederer Organismen; direktes Sonnenlicht wirkt stark hemmend und kann deshalb direkt antiseptische Eigenschaften haben. Hemmend wirken hauptsächlich die stärker brechbaren Strahlen[1]). Mit Ausnahme der auf die photosynthetische Lebensweise angewiesenen Mikroorganismen entwickeln sich alle Mikroorganismen im Dunkeln ebensogut wie bei schwacher

[1]) Hanssen, Oversigt kgl. danske Videnskabernes Selskabs Forhandlinger 1908, Nr. 3, S. 113, ref. Zeitschr. f. Botanik 1909, Nr. 4, S. 307.

Beleuchtung, sie durchlaufen auch unter diesen Verhältnissen alle Formen ihres Entwicklungszyklus, und sie entfalten dabei, wenn man von der Farbstoffbildung einiger chromogener Bakterien und der Fruktifikation gewisser Pilze [Gräntz (4a)] absieht, die Gesamtheit ihrer physiologischen Funktionen.

Der Einfluß der schädigenden Belichtung ruft in der Mutterkultur des Bac. anthracis eine Abschwächung hervor, welche auf die Tochterzellen übertragen werden kann und deren Fortentwicklung erheblich zu verzögern imstande ist [Arloin (4)].

Die Beweglichkeit niederer Organismen steht gleichfalls unter dem Einfluß des Lichtes. Wechsel ist hier der Hauptanlaß, welcher eine Reaktion auslöst, so daß eine Anpassung an solche Veränderungen ein konstanter und normaler Faktor im Verhalten niederer Organismen bei der Bewegung ist [Jennings (10)]. Die Lichtstimmung gefärbter Flagellaten ist auch bei derselben Art eine wechselnde, so daß sie zu verschiedenen Lebensperioden aus noch unbekannten Gründen einmal das Licht hoher, ein anderes Mal das niederer Intensität aufsuchen. Im jugendlichen Zustande herrscht eine Stimmung auf hohe, im erwachsenen eine solche auf niedere Intensität vor [Bütschli (5)]. Höhere Temperatur steigert im allgemeinen die Photophilie, ebenso der Sauerstoffmangel [Strasburger (6)]. Euglenen sollen jedoch von der Sauerstoffspannung in dieser Beziehung sehr unabhängig sein. Blaues und weißes Licht hemmen die Amöben an der Bewegung; sie passen sich jedoch den Verhältnissen an und werden wieder beweglich [Harrington und Leaming (9)]. Ebenso kennen wir eine Akklimatisation einer Amöbe, Amoeba verrusa, an die zuerst gehinderte Nahrungsaufnahme, die gelingt, wenn man sie langsam aus dem Schatten in den Halbschatten und dann in grelles Tageslicht bringt [Rhumbler (8)].

Im großen ganzen sind diese Erscheinungen noch wenig untersucht, die Art der hemmenden Strahlen ist unerforscht und die Ursache ihrer Wirkung unbekannt.

Bezüglich der Akklimatisation an schwache elektrische Ströme, welche auch bewegungshemmend wirken, kennen wir nur ein Beispiel, das wir hier anschließen. Amöben nehmen unter diesen Umständen ihre behinderte Bewegung ohne Rücksicht auf den Strom nach einiger Zeit wieder auf [Verworn (11)].

(Literatur Seite 154.)

IX. Variabilität der Sporenbildung und Keimung.

Unter normalen Lebensbedingungen setzt bei Eintritt ungünstiger äußerer Umstände die Ausbildung der Dauersporen ein; sie wird durch Verbrauch der Nahrung, Anhäufung von Stoffwechselprodukten, zu hohe oder zu niedrige Sauerstoffspannung usw. ausgelöst. Eine Variabilität der Sporen ist in bezug auf deren Form und Lage [Nakaniski (3), v. Hibber (4)] erwähnt worden. Auch sind die Sporen individuell und nach Stammesverschiedenheiten verschieden resistent [Geppert (5)]. Diese Erscheinungen sind aber noch wenig erforscht und von geringem Interesse. Über Versuche, Sporen in Mikroorganismen, die sonst keine solchen bilden, hervorzurufen, ist bisher nicht bekannt gegeben. Häufig sind nichtsporenbildende Mikroorganismen gegen ein Aussterben der Art auf andere Weise geschützt, vor allem dadurch, daß auch die vegetativen Zellen eine große Resistenz gegen Austrocknen zeigen. So war z. B. eine rosa Hefe, welche längere Zeit im Exsiccator über Schwefelsäure getrocknet worden war, noch keimfähig (Privatmitteilung von Ernst Pringsheim), ja die Resistenz der Sporen verschiedener Pilze nimmt durch Austrocknen im Exsiccator noch erheblich zu, so daß sie sich je nach dem Grade der Trockenheit gegen Äther, Alkohol, Schwefelkohlenstoff usw. widerstandsfähiger verhalten[1]).

Einer der Haupterfolge in der künstlichen Hervorrufung von Varietäten niederer Organismen ist in der Schaffung asporogener Rassen erzielt worden. Wenn man hier auch nicht von einer Entwicklung im fortschreitenden Sinne sprechen kann, da die so geschaffenen Varietäten im Kampf ums Dasein sicher gegen ihre Stammeltern geschwächt waren, so ist der Erfolg für unsere Betrachtungen doch bedeutungsvoll, und zwar hauptsächlich aus zwei Gründen. Einmal sind die asporogenen Varietäten, und das ist das wichtigste, konstant verändert; es gelingt nicht, sie wieder zur Bildung von Sporen zu bringen, wenn man sie in die alten Lebensverhältnisse zurückversetzt, und weiterhin zeigen diese neuen Rassen auch sonstige Veränderungen, wie z. B. gesteigerte Säureproduktion [Beijerinck (19)], verminderte Trypsin-

[1]) Kurzwelly, Jahrbücher für wissenschaftliche Bot., Bd. **38** (1902), S. 291; K. J., Bd. **13**, S. 132.

bildung [Beijerinck (19)] und daher Reduktion des Gelatineverflüssigungsvermögens. Asporogene Heferassen waren in Würze viel vermehrungsfähiger als die ursprüngliche Form [Hansen (21)]. Man kann also in solchen Fällen, trotzdem es sich um den Verlust einer für die Art wichtigen Eigenschaft handelt, nicht von Degeneration sprechen.

Bei Hefen konnten asporogene Rassen sowohl durch die Wirkung äußerer Einflüsse wie durch Selektion auf Grund innerer Anlagen gewonnen werden. Die erste Form der Asporogenität hervorzurufen, gelang zuerst E. Chr. Hansen (17); er beobachtete, daß die Vermehrungsfähigkeit vegetativer Hefezellen noch oberhalb der Maximaltemperatur der Sporenbildung möglich ist, und er gewann bei solch erhöhten Temperaturen die besprochenen asporogenen Varietäten. Bei bisher 17jähriger Kultur, also einer sehr großen Zahl von Generationen, haben sie diese neue Eigenschaft bewahrt. Und Hansen hebt ganz besonders hervor, daß es sich hier nicht um eine Selektion etwaiger asporogener Einzelindividuen, sondern um eine wahrhaft neue Form handelt, da sowohl beim Ausgehen von einer vegetativen Einzelzelle wie auch von einer einzelnen Spore nach seinem Verfahren immer die asporogene Varietät zu erzielen war. Auch dauernde Zucht auf künstlichen Nährmedien kann dazu führen, das Sporenbildungsvermögen zu unterdrücken oder stark herabzusetzen [P. Lindner (18)].

Hier liegt aber schon eine Begünstigung der aus inneren Ursachen entstehenden asporogenen Rassen vor: bei Aussaat auf Würzeagarplatten traten bei der Octosporushefe verschieden gefärbte Kolonien auf, die je nach ihrer Farbennuance aus asporogenen, sporogenen und gemischten Zellen bestanden (vgl. die Literatur S. 158). Die Asporogenität der braunen Kolonien war konstant vererblich. Schließlich ließ sich die sporogene Rasse durch mehrfaches Überimpfen in die erblich fixierte asporogene überführen, die sich dann von der erstgenannten auch durch beinahe ganz runde, nur kurz vor der Teilung etwas ellipsoid gestreckte, Zellform unterschied. Anderseits ließ sich durch Trockenerhitzung eine Abtötung der vegetativen und Anreicherung der sporenbildenden Zellen erreichen und so fast sporenfreie Kulturen wieder zu reichlicher Sporenbildung bringen. Bemerkenswert ist, daß dies bei verschiedenen Hefearten möglich war (vgl. die Literatur S. 159) und daß sich durch das Erhitzen auch eine Auslese zwischen kleinen und größeren vegetativen Zellen treffen ließ; denn die vegetativen Zellen waren in kleinerer Gestalt resistenter, so daß aus den erhitzten Gemischen kleinzellige Rassen hervorgingen. Alle die letztgenannten Umzüchtungen beruhen auf Selektion, die Anlagen für die Variabilität sind schon von vornherein vorhanden, sie werden durch die Behandlung nur begünstigt und treten daraufhin scharf hervor.

Häufig aber läßt sich vorübergehender Sporenverlust wieder ausgleichen. Das gelingt bei Hefen durch Zucht auf Gipsblöcken, bei Bakterien durch Wiederzurückbringen in die natürlichen, z. B. parasitischen Lebensbedingungen.

Bei Bakterien sind asporogene Rassen bisher nur durch die Wirkung äußerer Einflüsse gewonnen worden.

Dauernde Zucht auf künstlichen Nährmedien kann bei Milzbrandbakterien Sporenverlust herbeiführen [Lehmann (8)]. Auch bei Bakterien führt supraoptimale Temperatur zum konstanten Verlust des Sporenbildungsvermögens [Pasteur, Chamberland, Roux (9)]. Dasselbe läßt sich durch die Gegenwart antiseptischer Stoffe erreichen [Chamberland, Roux (10)]; auch auf diesem Wege wurden völlig asporogene Varietäten von Milzbrandbakterien gewonnen, aber diese waren, ebenso wie die durch gesteigerten Säure- oder Alkaleszenzgrad [Behring (11)] hervorgerufenen asporogenen Formen, in ihrer Virulenz mehr oder weniger geschwächt. Sie bewahrten ihre Asporogenität noch nach zehn Tierpassagen, aber sie waren durch den Virulenzverlust doch in einem degenerativen Zustande. Auch Bact. ramosum gab bei Zucht auf carbolsäurehaltigen Nährmedien eine asporogene Rasse [Migula (15)].

Bei Züchtung zwischen 26 und 28° entstand eine „neutrale“ d. h. geschlechtliche Sporen nicht erzeugende Rasse von Mucor mucedo [Blakeslee (16a)].

Ebenso wichtig wie die Ausbildung der Sporen ist die Möglichkeit, sie unter gewissen Verhältnissen zur Keimung zu bringen; auch die Keimfähigkeit ist eine für den Artcharakter feststehende, an ganz bestimmte Verhältnisse gekettete Eigenschaft. Weichen solche Verhältnisse von den normalen ab, so wird die Keimung ausbleiben. Es fragt sich aber, ob an besondere Wachstumsbedingungen angepaßte Mikroorganismen imstande sind, ihre im vegetativen Zustand erworbene Anpassung auch auf die Sporen zu übertragen und sie so fähig zu machen, unter den dem Vegetationskörper nun passenden Bedingungen auszukeimen. In der Tat zeigte sich, daß eine in dieser Richtung wirkende Übertragung der Anpassung an ungewohnte Lebensbedingungen möglich ist.

Die Conidien von Aspergillus niger keimen auf konzentrierteren Nährmedien später oder gar nicht mehr aus. Wird der Pilz jedoch vorher selbst auf höher konzentrierten Nährsubstraten herangezogen, so gewinnen die Conidien die Fähigkeit, wieder normal zu keimen. Dieser Einfluß ist nach der zweiten Generation, die der Pilz im konzentrierteren Nährmedium verbracht hat, noch ausgeprägter. Daß es sich hier um eine wirkliche Anpassung und nicht nur um eine Kraftverstärkung der Conidien handelt, wird dadurch erwiesen, daß die Dauerorgane, welche von einem auf konzentriertem Medium herangezogenen Aspergillus stammen, wenn sie auf verdünnter Lösung ausgesät werden, jetzt unter den ihnen früher geeigneten Konzentrationsverhältnissen langsamer keimen und schwächere Pilzvegetationen geben als die nicht angepaßten. Weiterhin wischt eine Generation, auf der normalen Lösung verbracht, den Einfluß von ein oder zwei Generationen, die vorher auf einer konzentrierten verlebt wurden, nicht aus [Errera (26)]. Diese Resultate wurden in der allerneuesten Zeit bestätigt [Kominami (26a)].

Es hatte also in diesem Falle eine Übertragung der Anpassungsfähigkeit nicht nur von dem Vegetationskörper auf die die Vererbungssubstanz einschließenden Conidien, sondern auch eine Weitervererbung der ersten Anpassung auf die neue vegetative Generation stattgefunden, wie sich in der verlangsamten Keimung der an hohe Konzentrationen akklimatisierten Dauerformen und der Ausbildung eines schwächeren Mycels auf der nicht konzentrierten Nährlösung zeigte. In dieser Beeinflussung sieht ihr Beobachter eine Vererbung erworbener Eigenschaften, auf deren mögliche Deutungsweisen wir im Rückblick zurückkommen werden.

(Literatur Seite 155.)

X. Die Variabilität des Sauerstoffbedürfnisses.

Seit Pasteur zum erstenmal das Leben ohne Sauerstoff an den Buttersäurebakterien beobachtete, haben sich unsere Anschauungen über diese Erscheinung wesentlich gewandelt. Der scharfe Gegensatz zwischen den anaeroben und aeroben Mikroorganismen ist gewichen, und wir kennen jetzt Bakterienformen, die mit den verschiedensten Sauerstoffspannungen, von denen des Atmosphärendrucks bis herab zum völligen Mangel an Sauerstoff auszukommen imstande sind. Das Leben ohne Sauerstoff ist aber, soweit unsere bisherigen Kenntnisse reichen, auf die Gruppe der Bakterien beschränkt. Es geht Hand in Hand mit einer kraftvollen Zersetzung der Nahrungsstoffe, welche den luftscheuen Organismen Ersatz bietet für die anderen durch die Verbrennung zugeführte Lebensenergie.

Während nun die Erscheinungen des aeroben Wachstums als die normalen anzusehen sind, fragt es sich, auf welche Weise das Leben in Abwesenheit von Sauerstoff zustande gekommen ist. Es gibt hier zwei Möglichkeiten. Einmal werden bei vielen durch Bakterien hervorgebrachten Zersetzungen so große Mengen von Gasen, besonders Wasserstoff und Kohlensäure, entwickelt, daß aller freie Sauerstoff schnell aus dem Medium, in welchem die Bakterien ihre Wirkung ausüben, entfernt wird. Unter solchen Umständen werden alle Bakterien, welche ganz vom Sauerstoff abhängen, ihre Lebenskraft entweder verlieren oder doch eine Unterbrechung derselben erfahren. Bakterien dagegen, welche sich entweder zeitweise oder dauernd ohne Sauerstoff erhalten können, müssen sich im großen Vorteil befinden, weil sie ihren Lebensprozeß in dem sauerstofffreien Medium, welches sie selbst hervorgebracht haben, fortsetzen können. Auf diese Weise wird es verständlich, daß ursprünglich aerobe Organismen, welche gewisse Substanzen unter Entwicklung von Gasen zu zersetzen vermögen, so modifiziert wurden, daß sie den Mangel an Sauerstoff während längerer Zeiträume hindurch ertrugen; auf diese Art haben sich zuletzt einige Formen so stark abgeändert, daß sie bei vollständiger Abwesenheit des Sauerstoffs zu leben vermögen, mit andern Worten, sie sind obligat anaerob geworden[1]). Die zweite Mög-

[1]) P. Frankland, Centralbl. f. Bakt. I. Abt., Bd. 21 (1897), S. 926.

lichkeit wäre die, daß nicht die Anaerobiose das Ergebnis der Gärungsfähigkeit einzelner Mikroorganismen ist, sondern daß diese Fähigkeit sich bei ihnen als Folge der Anpassung ihres Plasmas an Ernährung mit gebundenem Sauerstoff entwickelt hat[1]).

Wir sind der Meinung, daß der ersten Möglichkeit der Vorzug zu geben ist, und zwar aus verschiedenen Gründen. Wenn auch die Entfernung des Sauerstoffs aus dem Nährmedium durch die Gärungsgase nicht genügt haben dürfte, um die Anpassung an den Sauerstoffmangel und vor allem die völlige Anaerobiose zu ermöglichen, so dürfte hier noch die Begünstigung derjenigen Mikroorganismen, welche Gärwirkung auszulösen imstande sind, im Kampfe ums Dasein mit andern Mikroorganismenspezies zu berücksichtigen sein, welche ihnen durch ihr Sauerstoffbedürfnis eine luftfreie Atmosphäre schufen. Es handelt sich also hier nicht nur um eine Anpassungsfähigkeit gewisser Individuen an die von der Spezies geschaffenen Bedingungen allein, sondern ganz vorzüglich um einen Kampf verschiedener Spezies um die geeigneten Lebensbedingungen, wie er an höheren Organismen in so zahlreichen Fällen beobachtet wurde. Nur auf diesem Wege ist die Gewöhnung an völlig sauerstofffreie Ernährungsbedingungen, die die Fortführung des Sauerstoffs aus dem Kulturmedium kaum in diesem Grade hätte schaffen können, zu erklären. Diese Auffassung wird durch die experimentell belegte Tatsache gestützt, daß es gelingt, anaerobe Organismen bei Luftzutritt in Gegenwart aerober zu züchten. Daß letztere völlig sauerstofffreie Kulturmedien durch ihr Sauerstoffbedürfnis schaffen können, wissen wir aus den Versuchen mit Leuchtbakterien, welche die geringsten Sauerstoffspannungen durch ihr Aufleuchten anzuzeigen imstande sind. — Wir können uns auch das Leben Anaerober in der Natur, vor allem der saprophytischen, nur durch die Vergemeinschaftung mit Aeroben erklären, denn unter natürlichen Bedingungen werden sie kaum Flüssigkeitsschichten von genügender Tiefe finden, um aus ihnen durch ihre eigenen Gärgase die eindringende Luft zu entfernen.

Aber noch andere Gründe lassen uns an die Anaerobiose als sekundäre Anpassung glauben: Wir wissen, daß die Fähigkeit der Mikroorganismen, ihre Nahrung zu vergären, eine stark

---

[1]) Omelianski in Lafar, Handbuch der technischen Mykologie, Bd. I, S. 580.

fixierte Eigenschaft ist, die selten verloren geht, sicher aber schwer erworben wird. Gewiß ist diese Funktion weit weniger variabel als die der Anpassung an niedere Sauerstoffspannung, die, wie wir sehen werden, auf künstlichem Wege erworben werden und auf verschiedene Weise verloren gehen kann.

Dazu kommt noch, daß trotz der neuerdings wieder erwiesenen Möglichkeit der Vermehrung bei absolutem Sauerstoffmangel[1]) die Anpassung doch nicht so weit gediehen ist, daß dieser Ernährungszustand dem bei geringer Sauerstoffspannung vorgezogen wird. Denn in Gegenwart geringer Sauerstoffmengen findet nicht nur Wachstumsförderung[2]), sondern auch Verbrauch der geringen Sauerstoffmengen[3]) statt; dieser äußert sich in einer regulären Verbrennung des Energiematerials, wie durch die Tatsache illustriert wird, daß das verbrannte Material reicher an Sauerstoff als die Energiequelle selbst ist[4]).

Wir können also aus all diesen Gründen schlußfolgern, daß die Anaerobiose eine durch den Kampf ums Dasein erzwungene Anpassung an die geringen Sauerstoffspannungen bei den durch ihre Gärkraft dazu befähigten Mikroorganismen ist, die schließlich so weit ging, daß ihnen der Sauerstoff zum Gift wurde. Der Mechanismus dieser Giftwirkung ist noch unklar; vielleicht handelt es sich um eine Beschleunigung der Atmungstätigkeit, die solchen Mikroorganismen zum Verhängnis wird.

Die Hefe befindet sich noch auf dem halben Wege dieses Anpassungszustandes. Die kraftvolle Entwicklung ihres Gärungsgases hat sie zu einer Anpassung an die anaerobe Lebensweise gezwungen, der sie bei vollwirkender Gärtätigkeit ausgesetzt ist. Anderseits ist sie in ihrem Wachstum sauerstoffbedürftig. Hier ging die Akklimatisation nicht so weit, daß der Hefe der Sauerstoff zum Gift wird; dies kann vielleicht dadurch erklärt werden, daß sie vermöge ihres abwehrkräftigen Gärproduktes, des Alkohols, andere Mikroorganismen fernhält, die ihr ein völlig sauerstofffreies Nährmaterial hätten schaffen können.

---

[1]) Kürsteiner, Centralbl. f. Bakt. II. Abt., Bd. **19** (1907), S. 1, 97, 202 u. 385. — Fermi und Bassu, ibid. I. Abt., Bd. **38** (1905), S. 140.

[2]) Burri u. Kürsteiner, Centralbl. f. Bakt. II. Abt., Bd. **21** (1908), S. 289.

[3]) Chudiakow, ibid II. Abt., Bd. **4** (1898), S. 389.

[4]) H. Pringsheim, ibid. II. Abt., Bd. **21** (1908), S. 673.

Die allgemeine Variationsbreite niederer Organismen ist bezüglich der Sauerstoffspannung, die sie ertragen können, eine sehr weite. Während einzelne Arten, wie erwähnt, in ganz sauerstofffreien Medien zu leben imstande sind, gedeihen andere nicht nur im reinen Sauerstoff, sondern selbst bei Sauerstoffspannungen, die den Atmosphärendruck um vieles übersteigen. Im reinen Sauerstoff findet bei Bakterien, mit Ausnahme der streng anaeroben, Entwicklungsbeschleunigung und gelegentlich gesteigertes Gelatineverflüssigungsvermögen statt [Fränkel (2)]. Bei 24 Atm. Luftdruck war die Harnstoff- und Milchsäuregärung noch nicht unterdrückt [Bert (1)]; der reine Sauerstoff wirkt bewegungsbeschleunigend und bei 5—7 Atm. bis zu 6 Stunden [Großmann und Mayerhausen (18)], in einem andern Falle selbst bei 12 Atm. nach 24 Stunden, noch nicht bewegungsaufhebend [van Overbeck (19)].

Die spezielle Variationsbreite ist für jede Spezies eine gegebene Größe, deren Ausschlag vom Minimum zum Maximum sehr verschieden weit sein kann [Porodko (25), Tabelle Lafar I, S. 585). Selbst streng aerobe Organismen, wie der Aspergillus niger, können ihre ganze Entwicklung von Spore zu Spore noch bei 0,10% Sauerstoff vollenden [Chudiakow (17)], während z. B. der aerobe Bac. subtilis bei einem Druck von 10—15 Atm. zugrunde ging. Wir sehen also auch hier, daß es keine scharfe Grenze zwischen Anaeroben und Aeroben gibt, ja daß letztere noch bei Sauerstoffspannungen gedeihen können, welche für erstere optimal sind.

Die Anpassung an die Aerobiose.

Die Anpassung anaerober Mikroorganismen an außerhalb ihrer natürlichen Variationsbreite liegende Sauerstoffspannungen ist ein viel häufiger beobachteter, und wohl auch viel häufigerer Vorgang, als die Akklimatisation sauerstoffbedürftiger Mikroorganismen an geringe Sauerstoffdrucke. Das erklärt sich schon aus der Tatsache, daß das Leben im Sauerstoff und der Energiegewinn durch Oxydation die ursprüngliche und normale Funktion ist, und weiterhin auch dadurch, daß das Leben in sauerstofffreien oder -armen Medien nur solchen Organismen möglich ist, die die Fähigkeit haben, so starke Nährstoffspaltungen auszulösen, daß sie mit der dabei gewonnenen Energie auskommen können. Schon in der Natur und unter normalen Laboratoriumsverhältnissen geht eine Umzüchtung von Anaeroben zu Aeroben vor sich.

So wurden in Zuchten von Rauschbrand- und Tetanusbacillus [Kitt (12), Braatz (13)] Individuen gefunden, welche bei Luftzutritt zu gedeihen vermögen. Es gelang, einen dem Nikoleierschen Bacillus ähnlichen, aber aeroben Bacillus [Carvone und Perrero (14)], der jenem morphologisch gleich war [Kruse (15)], zu züchten; er war aber avirulent und ist vielleicht als Pseudoform des virulenten anzusprechen [v. Lingelsheim (16)]. Selbst der fäulniserregende Bac. putrificus, der nach frischer Isolierung nur anaerob wächst (Burri und Kürsteiner a. a. O.), gedieh, nach langer Fortzüchtung in Agarstichkultur, im offenen Kolben [Pringsheim (30)]. Ebenso ist der Grad der Anaerobiose der stickstoffbindenden Buttersäurebakterien ein sehr wechselnder; schließlich aber gelingt es, sie alle im offenen Kolben zu züchten [Pringsheim (30), Bredemann (31)]. Mit dem diesen nahestehenden Rauschbrandbacillus gelang schon eine sprungweise Umzüchtung ohne allmähliche Anpassung an die aerobe Lebensweise bei einer hochvirulenten, frisch isolierten Kultur unter Beibehaltung der Beweglichkeit, aber unter Sporenverlust [Graßberger (24)].

Es kann daher nicht wundernehmen, daß solche Umzüchtungen, wie die beim Tetanusbacillus [Belfanti (9), Righi (10), Grixoni (11)], besonders wenn sie systematisch durchgeführt werden [Ferrán (20)], vom Erfolge begleitet sind. Sie scheinen bei allen Anaeroben zu gelingen, wie man daraus schlußfolgern kann, daß sie schon bei verschiedenen Arten erreicht wurden. So wurden die streng anaeroben, Bac. botulinus, phlegmonis emphysematosae und der Bacillus des Gelenkrheumatismus in vollkommen aerobe umgewandelt, ja der Ödembacillus wurde selbst zu üppigem Wachstum auf der Agaroberfläche gebracht [Rosenthal (23)]. Innerhalb von fünf Monaten gedieh das Bactridium butyricum durch Züchtung in sich dauernd steigernden Sauerstoffspannungen bei einem zehnmal konzentrierteren Sauerstoffdruck als dem, den es ursprünglich vertragen konnte. Und wenn beim Verweilen Aerober in hoher Sauerstoffspannung nur einzelne Individuen gediehen, so kann man auch darin eine Anpassung an solche Überdrucke sehen [Porodko (25)].

Die Anpassung an die Anaerobiose.

Diese, wie wir gesehen haben, schwierigere und seltenere Form der Anpassung wurde an streng aeroben Bakterien beobachtet [Sanfelice (8)]. So mußte beim Bac. fluorescens das

Sauerstoffminimum bei genügend lang fortgesetzter Versuchsdauer von 0,00016° auf 0,00000042° reduziert werden [Porodko (25)]. Am interessantesten ist hier die Akklimatisation des Bac. subtilis an die anaeroben Bedingungen des Wachstums in den im Tierkörper eingenähten Kollodiumsäckchen, welche mit einer Anpassung an die pathogene Lebensweise Hand in Hand ging. Durch sie gewinnen wir also einen Einblick in die möglichen Veränderungen, die der Übergang von der saprophytischen zur parasitischen Lebensweise mit sich bringt [Vincent (21)]. Auch unter den natürlichen Bedingungen der Maischesäuerung kann das Milchsäurebakterium in eine anaerobe Form übergehen, die durch Züchtung bei hoher Temperatur oder bei Luftabschluß wieder zu den natürlichen Bedingungen zurückgebracht und von neuem zum Säurer gemacht werden kann [Beijerinck (22)].

(Literatur Seite 160.)

XI. Variabilität der Nahrungsaufnahme.

Wie alle Lebewesen, so bedürfen auch die niederen Organismen neben bestimmten Nährsalzen der Kohlenstoff- und Stickstoffnahrung. Ein besonderer Anspruch an spezielle Nährsalze ist bisher nicht bekannt geworden; dieselben Salze scheinen allen Mikroorganismen zu genügen, wenn wir die siliciumbedürftigen Diatomeen ausnehmen. Sehen wir von den durchaus spezifisch angepaßten Arten ab, die ihren Energieverbrauch durch Oxydation von Wasserstoff- oder Methangas, von Schwefelwasserstoff und aufgespeichertem Schwefel oder Eisenoxydulsalzen decken, oder die mit Hilfe der bei der Ammoniakoxydation gewonnenen Energie die Luftkohlensäure assimilieren, so finden wir, daß die geeignetsten Kohlenstoff- und Stickstoffquellen die in der Natur verbreiteten Kohlenhydrate und Eiweißstoffe und deren Abbauprodukte sind. Daneben kommen vor allem noch die den Mikroorganismen an natürlichen Standorten häufig zugänglichen Säuren der aliphatischen Reihe, wie Essig-, Propion-, Butter-, Milch-, Wein-, Citronen- usw. Säuren, das Verseifungsprodukt der Fette, das Glycerin, und andere höhere Alkohole, wie Mannit, in Betracht. Zu diesen Nährsubstanzen werden wir immer wieder zurückkehren, nachdem wir einen Ausflug in das Gebiet der durch die organische Chemie künstlich synthetisierten Substanzen unternommen haben, die sich bisher immer als ungeeignetere Nährstoffe als die natürlichen Nährmedien erwiesen. Schon aus diesem Verhalten ergibt sich also eine Anpassung der niederen Organismen an die natürlichen Standortsverhältnisse, eine Anpassung, die jedoch, wie die mögliche Verwendung fremder Nährstoffe zeigt, noch nicht auf der Stufe der Anpassung höherer Organismen an ihre Ernährung steht.

Der Anspruch an eine bestimmte Kohlenstoffernährung ist im allgemeinen weniger ausgeprägt wie der an eine spezielle Darbietung des Stickstoffs in passender Bindungsform. Auffallend ist vor allem, daß die cellulosezersetzenden Bakterien mit andern Kohlenstoffquellen, auch mit den niederen Kohlenhydraten, nicht auszukommen imstande sind, während die die Cellulose angreifenden Schimmelpilze, soweit unsere Kenntnis in dieser Beziehung reicht, auch mit Zuckern gut gedeihen. Ebenso sind die stärkeverzehrenden nicht auf die Stärke allein angewiesen; sie nehmen mit Stärkeabbauprodukten gern vorlieb. Auf welche Weise der Angriff auf die Cellulose erfolgt, ist noch unbekannt. — Sicher ist, daß dem Verbrauch von Disacchariden keine Hydrolyse vorherzugehen braucht, da Schimmelpilze auch ohne den Besitz von Invertase oder Lactase ebensogut auf Rohr- und Milchzucker wachsen können [Pringsheim und Zemplén (38)].

Das Bedürfnis nach Stickstoffnahrung kann vom Eiweiß und allen seinen Abbauprodukten bis herab zum Ammoniak gedeckt werden. Alle Mikroorganismen, welche mit den niederen Abbauprodukten auszukommen imstande sind, vermögen auch die höheren, sofern sie nur in löslicher Form vorliegen, aufzunehmen, wenn wir von der Verwendung des Blutserums absehen, bei dem infolge seiner bactericiden Eigenschaften besondere Schwierigkeiten zu überwinden sind. Umgekehrt jedoch kann die Stickstoffnahrung solche Mikroorganismen, die an hochmolekulares Eiweiß angepaßt sind, nicht immer durch niedere Abbaustufen ersetzt werden. Diese Anpassung geht Hand in Hand mit der an die Virulenz, und mit jeder Stufe, die wir von den Saprophyten zu den Parasiten heraufsteigen, gelangen wir auch auf eine höhere Stufe des Anspruches an eine mehr spezielle Stickstoffnahrung. Aus diesem Grunde kann auch nicht angenommen werden, daß der Einverleibung dieser hochmolekularen Eiweißnahrung in das

Plasma der niederen Organismen eine Abspaltung niederer Abbaustufen vorausgehen muß, mit denen ja diese nicht auszukommen imstande sind; und ebenso müssen wir an eine Aufnahme nicht desamidierter α-Aminosäuren und anderer Aminoverbindungen glauben, wenn wir einen Grund für die Tatsache finden wollen, daß gewisse Bakterien mit dem Ammoniak als Stickstoffquelle nicht auszukommen imstande sind[1]). In einem Falle, bei der Hefe, ist gezeigt worden, daß sie das Ammoniak erst nach einer vorhergehenden Gewöhnung als Stickstoffnahrung aufzunehmen imstande ist [Pringsheim (15)]. Neuerdings wurde dasselbe auch bei Mucor stolonifer beobachtet (Privatmitteilung von E. Pringsheim).

Trotzdem die natürliche Variationsbreite zahlreicher Mikroorganismen bezüglich der Aufnahme verschiedener Nährmedien groß ist, sind bisher verhältnismäßig wenige Fälle zu verzeichnen, die wir mit einem gewissen Recht als eine Anpassung an außerhalb dieser Eigenschaften liegende Nährstoffe ansprechen können. So muß auch die Tatsache, daß alle bisher bekannten Sammler des Luftstickstoffs imstande sind, gebundenen Stickstoff in Ammoniak und Aminform aufzunehmen, noch als in die natürliche Variationsbreite fallend gerechnet werden, ja wir können in der Fähigkeit, den freien Stickstoff zu binden, eine besondere Anpassung sehen, die im Kampf ums Dasein von Wert ist. Ebenso müssen wir die Möglichkeit gewisser mit dem Chlorophyllapparat ausgerüsteten Algen und Flagellaten, sich saprophytisch zu ernähren, die wir in einem gesonderten Kapitel behandeln wollen, noch als eine natürliche Eigenschaft dieser Mikroorganismen deuten, die allerdings schon in höherem Maße als eine Neuanpassung anzusprechen ist, da sie den Übergang von der photosynthetischen Ernährung zur paratrophen anzeigt.

In die natürlichen Verhältnisse hinein spielt die Gewöhnung an hohe Salzkonzentrationen, welche manchen Mikroorganismen den Übergang vom Süß- ins Meerwasser gestattet. Zahlreichen Bakterienspezies, wie z. B. dem Azotobacter, der auch im Meere gefunden wurde, scheint das Leben bei Meersalzkonzentration keine Schwierigkeit zu bereiten. Andere Arten, z. B. gewisse Purpur-

[1]) Vgl. hierzu H. Pringsheim, Über Pilzdesamidase (Biochemische Zeitschrift Bd. **12**, [1908] S. 15).

und Leuchtbakterien, und der Bac. gelaticus, welcher die Zellwandsubstanz mancher Rotalgen, das Agar, aufschließt, gedeihen jedoch besser in kochsalzhaltigen Lösungen. Allgemein findet die Anpassung an erhöhte Konzentration am besten statt, wenn die Konzentrationssteigerung eine ganz allmähliche ist [Richter (19)]. Manche Organismen, z. B. Diatomeen, können im Salzwasser noch im plasmolysierten Zustand ihr Dasein fristen. Meist dürfte die Turgorregulation beim Übertritt in höhere Konzentrationen durch die Ansammlung von Stoffwechselprodukten stattfinden, da der Plasmaschlauch nur selten den Eintritt des osmotisch wirksamen Stoffes in die Vakuole gestattet [v. Mayenburg (26), Eschenhagen (17), Falck (30)]. Das allgemeine Gesetz, welches wir für die Gesamtorganismenwelt aufstellen konnten, daß mit fortschreitender Differenzierung die Anpassungsmöglichkeit verringert wird, drückt sich innerhalb einer Klasse, den Algen, ebenfalls aus. Je höher die Organisation einer Algenspezies, desto schwieriger erscheint im allgemeinen ihre Anpassung an erhöhte Konzentration [Richter (19)].

Der Hauptgewinn, den niedere Organismen aus der Vergärung des Kohlenstoffmaterials ziehen, ist die Steigerung ihres Energieumsatzes; darauf deutet auch die Tatsache hin, daß die Gärung nur im Innern der Zelle durch endoenzymatische Fermente vor sich gehen kann. Daneben mag zur Ausbildung dieser Fähigkeit die Abwehrkraft der Gärprodukte als Kampfmittel mitgewirkt haben[1]. Weit spezifischer als die Anpassung von Bakterien an das Gärmaterial, das hier die verschiedenen Zuckerarten, ja Alkohole, wie Glycerin und Mannit, und selbst Salze organischer Säuren sein können, ist die der Hefe an ihr Gärmaterial; dies ist überhaupt eine der spezifisch ausgebildetsten Anpassungen, die wir kennen; bekanntlich werden nur die Zucker der α-Reihe und hier nur die, welche drei oder ein Multiples von drei an Kohlenstoffatomen besitzen, von Hefe vergoren. Die Hefe bildet von allen Organismen die höchsten Konzentrationen an Alkohol; durch die jahrhundertelange Zucht in Gärbetrieben und die Auswahl der gärkräftigsten Hefen ist diese Fähigkeit schon so ausgebildet, daß

[1] Vgl. hierzu besonders Wortmann, Ber. der königl. Lehranstalt Geisenheim für 1900—1901, S. 92.

wir nicht hoffen können, sie noch künstlich zu steigern. Aber auch eine dauernde Abgewöhnung der Gärfähigkeit ist noch nicht sicher beobachtet worden.

Weit weniger anspruchsvoll sind die niederen Organismen an die Darreichung einer bestimmten der beiden optischen Antipoden der Kohlen- und Stickstoffquelle, wenn es sich um die Ernährung handelt. Im allgemeinen tritt hier nur eine Bevorzugung der einen und nicht eine völlige Verschmähung der andern Antipode ein. Es gibt verschiedene Organismen, die die Rechtsweinsäure vorziehen; eine Bakterienart aber griff die Linksweinsäure zuerst an [Pfeffer[1])]. Zahlreiche Mikroorganismen treffen bei der Aufnahme der Stickstoffnahrung aus Aminosäuren gar keine Auswahl unter den Antipoden [H. Pringsheim, Unveröffentlichte Resultate]; andere, wie auch die Hefe, ziehen die natürliche Komponente vor [F. Ehrlich[2])]. Sie nehmen aber auch mit der andern vorlieb, wenn die natürliche aufgezehrt ist oder nur die andere geboten wird [E. Abderhalden und H. Pringsheim[3])]. Mikroorganismen, die auch die im Eiweiß nicht enthaltene Antipode der Aminosäuren vorziehen, sind noch nicht aufgefunden worden. Ihr Vorkommen ist auch unwahrscheinlich, denn der Mangel dieser Antipoden in der Natur dürfte eine Anpassung in dieser Richtung nicht zur Ausbildung kommen lassen.

Der Bac. ethaceticus, welcher ursprünglich das linksdrehende Calciumglycerat unzersetzt übrigließ, vergor dasselbe, wenn er lange in Lösungen von glycerinsaurem Kalk gezüchtet wurde, als die Folge der Gewöhnung ebenfalls [Frankland und Mac Gregor (4)]. Das Bact. coli commune liefert meist Linksmilchsäure. Diejenigen Stämme aber, welche unter günstigen Lebensbedingungen Rechtsmilchsäure bilden, sollen unter ungünstigen wiederum Linksmilchsäure produzieren [Péré (7)].

Die Beurteilung der Gewöhnung an die Aufnahme neuer Nährstoffe wird durch die Tatsache erschwert, daß es sich hier um Vorgänge handelt, die durch die Mitwirkung verschieden-

[1]) Pfeffer, Jahrb. f. wissenschaftliche Bot., Bd. **28** (1895), S. 205.

[2]) F. Ehrlich, Zeitschr. des Vereins der Deutschen Zuckerindustrie, Bd. **55** (1905), S. 592.

[3]) E. Abderhalden und H. Pringsheim Zeitschr. f. physiol. Chemie Bd. **59** (1909) S. 251.

artiger Faktoren kompliziert werden. So können Veränderung der Temperatur, der Sauerstoffspannung, des Säuregrades und anderer Umstände mehr mitwirken und die Ursachen, welche die Aufnahme einer Nahrung hemmen oder begünstigen, verschleiern.

An die parasitische Lebensweise angepaßte Bakterien gewöhnen sich nur allmählich an eiweißfreie Nährmedien [Uschinsky (1)]; manchmal ist die Folge der Übertragung auf künstliche Nährsubstrate aber im Gegensatz dazu eine mit der Zeit einsetzende Abschwächung des Wachstums [Tomaszewski (8a)]. Die Erreger chronischer Krankheiten sind infolge ihrer stärkeren Anpassung noch schwerer zu kultivieren als die akuter [Wassermann (8), Gotschlich (8a)]. Die darmbewohnenden Stämme des Bact. coli zeigen ihre Annäherung an die parasitische Lebensweise dadurch, daß sie dem Typhusbacillus in der Produktion aktiver Milchsäure am nächsten stehen. Der Typhusbacillus läßt sich an Blutserum anpassen, auf dem er schließlich besser gedeiht als auf Bouillon. Ebenso wie der Pestbacillus gibt er dann auf Blutserum kürzere Stäbchen als auf Bouillon [Hafkine (2)].

Manche Mikroorganismen konnten an die Verarbeitung gewisser Nährmedien gewöhnt werden, z. B. Eurotiopsis Gayonii an die von Glycerin [Mazé (13)], die Nitratbildner an Bouillon [Winogradsky (14)] und einige Bodenbakterien an künstliche Nährlösung [Gottheil (11)], während Botrytis durch vorherige Kultur auf Rüben zu einer besseren Entwicklung auf ihnen zu bringen war [Neger (10)]. Ebenso ließen sich verschiedene Schimmelpilze und Bakterien an das zuerst wenig geeignete Dicyandiamid, welches ja für die Stickstoffdünnung von Bedeutung werden könnte, gewöhnen [Perotti (16)]. Die Euglena viridis beantwortet die Übertragung in säurehaltige organische Nährmedien durch Aufzehrung ihres Reserveparamylons, das sie erst nach Anpassung an die künstliche Ernährung bei Unterdrückung der Kohlensäureassimilation wieder ergänzt [Zumstein (9)]. Künstliche Ernährung kann die Eigenschaften mancher Mikroorganismen verändern; so verlor ein Bakterium durch einmalige Plattenkultur die Fähigkeit, citronensauren Kalk zu zersetzen, die ihm aber durch Kultur auf Bouillon in Gegenwart von citronensaurem Kalk wiedergegeben werden konnte [Frankland (6)]. Schleim bildete der Bac. hornensis auf Rohrzucker nur bei Gegenwart von Pepton [Emmerling (12)] und der Bac. orthobutyricus gab auf Inulin mehr Butylalkohol als auf Glucose. Die Eigenschaft übertrug sich dann aber auch auf die ursprüngliche Glucoseernährung [Grimbert (3)].

Auf die Anpassung an Meersalzkonzentrationen kann schon aus dem gleichzeitigen Vorkommen mancher Algenarten [Eschenhagen (17)] und Diatomeen [Richter (19)] im Meer- und Süßwasser geschlossen werden. Des weiteren zeigt die Tatsache, daß die an große Salzmengen angepaßte Tetraspora in Süßwasser noch Schwärmsporen bildete, daß manche Süßwasseralgen sich nicht nur für kurze Zeit an Salzlösungen gewöhnen, sondern auch in solchen zu assimilieren, zu wachsen und sich fortzupflanzen vermögen [Richter (19)], eine derartige Anpassung. Ebenso wie bei der Euglena viridis bedingt bei Algen die Übertragung in ungewohnte Lebensbedingungen zuerst eine Aufzehrung des Reservematerials. Auch hier gewinnen die Algen nach stattgehabter Gewöhnung an die hohen Salzkonzentrationen die Fähigkeit wieder Reservematerial, in diesem Falle Stärke, zu stapeln und sich so gegen den Daseinskampf auszurüsten [Richter (19)]. Ebenso gelingt Algen der Übergang vom salzigen Meere ins Süßwasser, zu dem sie beim Aussüßen gezwungen sind, wie an einer Braunalge beobachtet wurde [Oltmanns (20)]. Große Bezirke bewohnende Algenformen müssen überhaupt sehr anpassungsfähig sein und somit Anlaß zu Varietäten- und Artbildungen geben [Oltmanns (20)].

Die Auffindung von Süßwasserdiatomeen als Planktonformen in der Kieler Förde [Karsten (23)], die einiger Diatomeengattungen im Salinenwasser von 23% Salzgehalt, zeigt ihre Anpassungsfähigkeit an höhere Salzkonzentrationen, die auch mit Amöben bis zu 4% Kochsalz gelang [Czerny (22)]. Die Akkommodation von Euglenen an Kochsalz wurde im Laboratorium beobachtet und besonders durch die infolge der Konzentrationssteigerung ursprünglich sistierte Zurückgewinnung der Beweglichkeit veranschaulicht [Klebs (21)]; andere Protisten passen sich Schwankungen vom Minimum bis zu 3% Kochsalz an [Gruber (28)], die marine Varietät einer Myxomycete zeigt eine Zusammenziehung des Plasmas zu kugelförmiger Gestalt. Heliozoon lebt sowohl im süßen Wasser als auch im Meere, im ersteren mit mehr körnigem, im letzteren mit blasiger Beschaffenheit des Plasmas.

Wohl keine Gebilde der Pflanzenwelt sind an so verschiedene Konzentrationen angepaßt wie die Schimmelpilze [Eschenhagen (17), v. Mayenburg (26)]. Hohe Nährstoffkonzentration veranlaßt zuerst eine Verzögerung des Auskeimens der Sporen, die jedoch durch Gewöhnung an die Konzentrationserhöhung aufgehoben wird [Errera (24)]. Ebenso wie die Schimmelpilze vermögen auch die Bakterien mit sehr geringen Nährstoffkonzentrationen auszukommen; durch allmählich sich steigernde Verdünnung eignen viele sich die Fähigkeit an, in noch verdünnteren Medien zu wachsen. Unter diesen Bedingungen entfalten z. B. Typhusbazillen ein stärkeres Wachstum in Trinkwasser als bei direktem Übertragen von festen Nährsubstraten [Frankland (25)]; ebenso wird ihre Vermehrungsfähigkeit in Flußwasser durch zwei bis drei Generationen auf demselben gesteigert [Hankin (18)]. Hefenarten vertragen ebenfalls stark konzentrierte Lösungen, die Salzhefe z. B. 24% Kochsalz und manche Torulaarten noch 76% Malzextrakt, auf dem sie noch Gärerscheinungen hervorrufen [Will (29)].

Bei dieser Gelegenheit sei auch darauf hingewiesen, daß die Gründe für die Grenze der Entwicklung von Mikroorganismen in Nährlösungen noch nicht völlig aufgefunden sind. In manchen Fällen wird die Ansammlung von Stoffwechselprodukten der schließlich hemmende Faktor sein; so zeigte es sich, daß man Nährlösungen, die dem Wachstum von Schimmelpilzen ausgesetzt waren, nach Entfernung dieser durch Filtration vermöge bloßen Erhitzens für die Pilze wieder wachstumsfähig machen konnte[1]). Häufig aber genügt es, die Pilzernte zu entfernen, um neues Wachstum ohne irgendwelche Veränderung des Nährsubstrates hervorzurufen. Noch deutlicher tritt das bei Hefe hervor, die keinen Anspruch an eine Oberflächenentwicklung stellt. 80 Millionen Hefezellen pro ccm ist für gewöhnlich das Maximum der Entwicklung, das eintritt, schon ehe die Alkoholkonzentration der Grund für eine weitere Wachstumshemmung gewesen sein kann. Auch der Sauerstoffmangel kann hier kaum entscheidend sein, da ein Ersatz des gelösten Sauerstoffs durch die direkte Kommunikation mit der Luft ja ermöglicht wird.

Unter bestimmten Ernährungsbedingungen können fakultative Anaerobier nur aerobiotisch, andere aber auch anaerobiotisch

---

[1]) Weitere Angaben bei Benecke, in Lafar, Handbuch der technischen Mykologie, Bd. I, S. 332, besonders Küster, Ber. d. Deutsch. Bot. Ges., Bd. **26a** (1908), S. 246 und Lutz, Diss. Halle 1909.

fortkommen. In diesem Sinne ist es wohl zu verstehen, wenn auch die Art des Angriffs auf den Zucker bei aerobiotischer oder anaerobiotischer Lebensweise einen verschiedenartigen Ausgang nimmt. So soll der Bac. prodigiosus im anaeroben Leben mit, sonst ohne Gärung erwachsen [Liborius (44)]. Möglicherweise kommt diesem Einfluß die große Variabilität des Bact. coli commune bezüglich der Gärfähigkeit zu [Escherich und Pfaundler (31), Weigmann (32)], die er unter wechselnden Sauerstoffspannungen erworben haben kann. Noch eher wäre hier aber an die Anfänge der Anpassung an die parasitische Lebensweise zu denken, die mit dem Mangel der Vergasungsfähigkeit von Zucker einsetzt [H. Smith (33)] und welche wohl als ein Ersatz der Kohlenhydrat- durch Eiweißnahrung gedeutet werden könnte. Durch hohe Temperatur und reichliche Sauerstoffzufuhr soll es gelingen, Rassen des fakultativ anaeroben Bac. butyricus zu erzielen, die gärungsfähig sind [Fitz (45)]. Auch der Mucor mucedo dürfte sich den anaeroben Lebensverhältnissen anpassen und dabei zu einer gesteigerten Kohlensäureproduktion übergehen [Kostytschew (42)].

Die Gärkraft der Hefen und Schimmelpilze ist unter denselben Bedingungen im großen ganzen ein recht konstanter Faktor. Ungünstige Lebensbedingungen schwächen sie genau so wie jede andere Enzymwirkung; so verliert Hefe durch Kultur bei 32° das Gärvermögen und zwar, wie es scheint, dauernd [Hansen (34)]. Durch Zucht auf Gelatine und in Würze gelang es, aus einer Hefeart zwei Varietäten herauszuzüchten, von denen die erste dann 3% Alkohol mehr als die zweite produzierte [Hansen (34)]. Bekanntlich gelingt die Vergärung der Galaktose schlechter, und sie verläuft langsamer als die der andern vergärbaren Monosaccharide. Auch dies scheint auf die seltene Gelegenheit zurückführbar, die sich der Hefe durch den Mangel an einem milchzuckerspaltenden Ferment und das Nichtvorkommen dieses Zuckers in der Pflanzenwelt bietet, Galaktose zu verarbeiten. Denn nach den angezweifelten [Klöcker (37)] Angaben [Dienert (36)] der Literatur scheint es, wie neuere Erfahrungen [Slator (43)] lehren, doch zu gelingen, die Hefe an die Galaktosevergärung anzupassen. Sie soll dann imstande sein, die Galaktose 1½ mal so stark zu verarbeiten wie die Glucose. Weit weniger glaublich erscheinen die Angaben [Dubourg (35), Dienert (36)] über die

Anzüchtung der Eigenschaft, zuckerspaltende Fermente abzusondern, deren Wirkung doch der Vergärung von Rohrzucker, Raffinose usw. vorangehen müßte. Wahrscheinlicher ist es schon, daß es gelingen könnte, die Kraft schon präformierter Fermente zu steigern. Es gibt Hefearten, wie z. B. die Logoshefe, welche Dextrine angreifen und zur Vergärung bringen. Ob diese Fähigkeit von andern Hefen durch eine vorherige Anpassung an Formaldehyd erworben werden kann [Effront (39)], werden wohl noch eingehende Studien zeigen müssen.

Es wäre hier dann noch die Schädigung des Gärvermögens von Milchsäurebakterien durch Carbolzusatz zu erwähnen, die sich aber nicht dauernd fixieren ließ [Schierbeck (40)]. Auch der Aspergillus niger zeigt in Kultur eine Variabilität der Fähigkeit, Zucker zu Oxalsäure zu vergären [Wehmer (46)].

(Literatur Seite 164.)

XII. Der Übergang von der tierischen zur pflanzlichen und von dieser zur saprophytischen Lebensweise.

Wie wenig wir auch geneigt sein mögen, über den Urorganismus, der gewiß den Einzelligen angehört haben dürfte, und die Evolution einer Mikroorganismenklasse aus einer andern zu spekulieren, so müssen wir doch annehmen, daß die günstigsten Lebensbedingungen auf der noch unbelebten Erde für diejenigen Formen vorhanden waren, die ohne gebundenen Kohlenstoff mit anorganischen Stickstoffquellen und Salzen auszukommen imstande waren. Die Möglichkeit, daß es Organismen gibt, welche mit Hilfe der photosynthetisch gewonnenen Energie den Luftstickstoff binden, kann nicht von der Hand gewiesen werden, wenn auch solche Fälle noch unbekannt sind. Im allgemeinen muß man einen Übergang von der pflanzlichen zur saprophytischen Lebensweise voraussetzen, an die sich dann erst später die tierische und die parasitische Lebensform angeschlossen haben. Es regt in dieser Beziehung zum Nachdenken an, daß wir in der Tat einen solchen Übergang von der pflanzlichen zur saprophytischen Lebensweise bei zahlreichen Fällen kennen, daß hier eine Reduktion und manchmal auch ein Verlust der Chromatophoren beobachtet wurde, während wir den umgekehrten Weg, die Ausbildung und Benutzung eines Chromatophorenapparates bei auf organisch gebundene Kohlenstoffquellen angewiesenen Organismen, nicht kennen. Es scheint also, als ob pflanzliche Organismen befähigt wären, durch Ausnutzung der in ihren Weg kommenden verwendbaren Kohlenstoffnahrung sich von der Belichtung unabhängig zu machen. Man kann hier mit Recht von saprophytischen Varietäten der Holophyten reden [Bütschli (1)].

Wir kennen solche Übergänge bei Flagellaten und Algen, Diatomeen und Amöben. So ist die farblose Euglena hyalina eine Varietät der grünen Euglena viridis [Klebs (2)]; sie unterscheidet sich von ersterer nur durch den Mangel an Chlorophyll und die andere Art der Ernährung. Die farblosen Arten der Eugleniden vermitteln die Verwandtschaft zu den Astasiiden [Zumstein (3)]. Manche farblose Varietäten haben sich schon zu selbständigen Varietäten resp. Arten entwickelt [Klebs (2)].

Dieser Übergang wird fernerhin dadurch erkennbar, daß z. B. die Euglena viridis, welche sich heterotroph und autotroph ernähren kann, die mixotrophe Lebensweise, besonders die Ernährung mit einer organischen Stickstoffquelle, bevorzugt. Im Dunkeln verkümmern ihre Chloroplasten; sie werden zu winzigen Leukoplasten reduziert. Dieselbe Erscheinung finden wir bei andern Flagellaten, von denen Parallelformen, Arten wie Gattungen, farbloser und chromatophorenhaltiger, vorkommen [Beispiele bei Zumstein (3)].

Bei den Algen liegen die Verhältnisse insofern etwas anders, als bei der heterotrophen Lebensweise nicht immer, selbst im Dunkeln, Rückbildung der Chloroplasten eintritt. Chlorella prothothecoides bildet bei Gegenwart einer aufnehmbaren Kohlenstoffquelle, z. B. in Bierwürze, nur noch blaßgrüne Zellen [Krüger (7)], andere Formen jedoch, wie Chlorosphera, Cystokokkus und Stichokokkus, bilden selbst bei mehrjähriger Fortzüchtung im Dunkeln tiefgrünes Algenmaterial [Zumstein (3), Artari (9)]. Nach so lange dauernder Vermehrung im Dunkeln büßen sie ihre Fähigkeit, die Kohlensäure zu zerlegen, nicht ein. Der grüne, im Dunkeln wie am Licht gebildete Farbstoff ist nach spektroskopischer Prüfung mit Chlorophyll identisch [Radais (12)]. Eine Alge Stichococcus bacillaris soll je nach der Stickstoffquelle mit Pepton, Asparagin oder weinsaurem Ammon ernährt im Dunkeln grün, mit Leucin oder salpetersaurem Kali ernährt, aber blaßgrün, manchmal ganz farblos sein [Radais (12)]. Über den Ersatz der photosynthetischen durch die heterotrophe Lebensweise gibt die Literaturzusammenstellung noch zahlreiche Beispiele, die alle dasselbe beweisen. Pleurokokkus muß erst an die organischen Nährstoffe gewöhnt werden, worauf er auch nicht so ohne weiteres ohne diese zu erziehen ist [Beijerinck (11)].

Dasselbe wurde bei Diatomeen beobachtet [Karsten (21)]. Die farblosen Varietäten leiten auch hier zu den farblosen Diatomeen hin; ihre Chromatophoren sind aber nur reduziert, so daß sie bei anorganischer Ernährung im Dunkeln wieder ausgebildet werden können, während die farblosen Arten ihre Chromatophoren schon ganz eingebüßt haben [Benecke (22)]. Meist ziehen auch die farbigen Diatomeen die mixotrophe Lebensweise, z. B. verunreinigtes Wasser, der autotrophen vor, so daß also die Anpassung an die Aufnahme organischer Nahrung hier schon vorbereitet ist.

Auch von einer Amöbe, der Chloramoeba, wird berichtet, daß sie in farblosem und gefärbtem Zustande auftreten kann; bei Ernährung mit Zucker soll sie sich entfärben und dabei ein Öl, wohl als Reservestoff, anhäufen [Oltmanns (20)].

(Literatur Seite 172.)

XIII. Die Regulation der Fermentbildung und die Mobilisierung neuer Fermente.

Es scheint fast sicher, daß der ganze Stoffwechsel der Organismenwelt durch Fermente besorgt wird. Mit Gewißheit kann man das jetzt schon von der Dissimilation der Nahrung sagen, während die alleinige Besorgung der Assimilation durch Fermente und die Abtrennung dieser Funktion vom lebenden Protoplasma wegen unserer in den Kinderschuhen steckenden Kenntnis der aufbauenden Fermente noch in ein Helldunkel gehüllt ist. Jedenfalls ist der Satz: „Kein Leben ohne die Mitwirkung von Fermenten“ mit Sicherheit auszusprechen. Die Fähigkeit, Fermente zu produzieren, muß daher gleichzeitig mit der Belebung der Materie aufgetreten sein. Für unsere Betrachtung ist es von außerordentlichem Interesse, daß die in niederen Lebewesen vorkommenden Fermente dieselben sind wie die, welche in höheren Pflanzen und Tieren wirken, dieselben nicht nur bezüglich ihrer Funktion, sondern im allgemeinen auch bezüglich ihrer andern Eigenschaften, wie Leistungskraft, Empfindlichkeit und Temperaturbedürfnis. Nur in einzelnen seltenen Fällen wurde bei Fermenten der niederen Lebewelt eine Resistenz gegen äußere Einflüsse beobachtet, die ebenso wie die Resistenz dieser Klasse von Lebewesen bei höheren Organismen verloren gegangen zu sein scheint; wir finden z. B. bei hochdifferenzierten Wesen kein Ferment einer solchen Resistenzkraft gegen Hitze, wie sie der Pyocyanase zukommt, ebensowenig wie hochstehende Pflanzen einen so hohen Grad des Erhitzens oder Tiere so hohe Temperaturgrade oder einen so hohen Grad von Austrocknen wie Mikroorganismen oder deren Sporen ertragen können. In einzelnen Fällen haben die höheren Lebewesen spezielle Fermente ausgebildet und besonders die Spezifität ihrer Fermentwirkung durch deren Verlegung in besondere Organe erhöht.

Schon die Tatsache, daß die den Stoffwechsel beherrschenden Fermente in niederen und höheren Lebewesen identisch sind, erleichtert uns den Glauben an die Evolution der ersteren zu den letzteren, ja man möchte sie fast als Bedingung des Evolutionsgedankens hinstellen. Diese Anschauung wird noch durch die erstaunlich zu nennende Mannigfaltigkeit der Fermentproduktion bei einer und derselben Art niederer Organismen, ja bei Einzelligen, erweitert. Im wesentlichen ist die Eigenschaft, bestimmte Fermente zu produzieren, eine feststehende Größe, die zwar von gewissen äußeren Faktoren, vor allem denen der Ernährung, abhängig ist, die aber nicht willkürlich über das Maß der unter optimalen Bedingungen gebildeten Fermentarten hinaus gesteigert werden kann. Ob niedere Organismen noch jetzt das Vermögen, nichtarteigene Fermente zu produzieren, erwerben können, muß immer eine Sache des Glaubens bleiben; wie unsere Darstellung zeigen wird, erscheint es möglich, ja wahrscheinlich. Aber wir werden nie den Beweis führen können, daß ein Organismus die ihm jetzt unter scheinbar neuen Lebensbedingungen zukommende Fermentabsonderung nicht schon unter denselben Bedingungen vorher besessen hat. Aber gerade dieser Glaube ist für die Evolution niederer Organismen entscheidend, und wir stehen nicht an, ihn mit Rücksicht auf die große Anpassungsfähigkeit dieser Lebenswesen zu hegen.

Die Fermentproduktion wird durch günstige Ernährungsbedingungen gesteigert; nicht der Hunger, d. h. also das Bedürfnis nach Nahrungsaufnahme, fördert die Absonderung der Fermente. Es sind im Gegenteil die in den Stoffwechsel zu reißenden Nährsubstanzen, welche die Fermentabsonderung begünstigen. Besonders deutlich tritt das bei der Absonderung eiweißspaltender Fermente hervor, deren Auftreten häufig an das Vorhandensein von Eiweiß in der Nährlösung gebunden ist. Weit weniger eindeutig sind die bei Gegenwart und Abwesenheit spaltbarer Kohlenhydrate gewonnenen Resultate; in manchen Fällen hing hier die Fermentproduktion von der Gegenwart des zu hydrolysierenden Saccharides ab, in andern aber wurde sie durch dessen Abwesenheit nicht tangiert. Wenn von autoritativer Seite[1]) hervorgehoben wird, daß die Sistierung der Diastasebildung durch Rohr- resp. Traubenzuckergabe auf eine Reizwirkung durch die enzymatischen Spaltungsprodukte zurückzuführen ist, die besonders dadurch veranschaulicht wird, daß bei Penicillium auf Chinasäure keine Hemmung der Diastaseproduktion auftrat, so muß demgegenüber erwähnt werden, daß in andern Fällen gerade die fermentativen Spaltungsprodukte in derselben Weise wie die zu spaltenden Substanzen selbst fermentbildungsanregend wirken. So kann Pepton das nicht hydrolysierte Eiweiß als Absonderungsreiz für das proteolytische, die Gallussäure das Tannin [Pottevin (18)] als Anregung zur Produktion der Tannase ersetzen.

In einigen Beziehungen verhalten sich die Fermente verschiedenen Ursprungs auch bei gleicher Hauptfunktion verschieden. Dies gilt vor allem von der Art und Weise, mit der sie von den Zellen festgehalten werden. Während sich die Hefeinvertase durch Wasser auslaugen läßt[2]), wird die Moniliainvertase selbst von den mit Glaspulver zerriebenen Moniliazellen festgehalten[3]); sie geht erst bei der Preßsaftdarstellung in den eiweißhaltigen Saft über[4]). Die Hefemaltase war im wässerigen Auszug von Hefe nicht wirksam, während der wässerige Auszug aus Saccharomyces octosporus Maltase enthält[2]). Aber selbst die Preßsaftdarstellung aus den

[1]) W. Pfeffer, Pflanzenphysiologie. Leipzig 1897. Bd. I, S. 506.

[2]) Vgl. die Zusammenstellung von H. Pringsheim in Abderhalden, Handbuch der biochemischen Arbeitsmethoden. Berlin und Wien 1909. Bd. II, S. 192.

[3]) E. Fischer und P. Lindner, Ber. d. Deutsch. chem. Gesellsch. Bd. **28** (1895), S. 3037.

[4]) E. Buchner und J. Meisenheimer, Zeitschr. f. physiol. Chemie, Bd. **40** (1903), S. 167.

Mycelien einiger Schimmelpilze, besonders von Penicillien, gestattete nur eine sehr unvollkommene Abscheidung der Schimmelpilzmaltase[1]). In diesen Fällen kam also das verschiedene Verhalten nicht den Fermenten, sondern den Pilzen zu, in denen sie gebildet worden waren. In andern Fällen kann man aber eine verschiedene Modifikation desselben Fermentes annehmen und die Verschiedenheit des Verhaltens als Anpassung an die Lebensbedingungen der die Fermente produzierenden Organismen deuten, wenn z. B. das Temperaturbedürfnis der Fermente nach den Temperaturansprüchen der Organismen abgestimmt ist, so, wenn die Invertase der Obergärhefe das Maximum ihrer Wirkung bei höherer Temperatur als die der Untergärhefe entfaltet [Effront (25)]. Ebenso dürfte die Tatsache zu deuten sein, daß das Pepsin der Warmblüter nicht bei 0° wirkt und bei 50° optimale Wirkung entfaltet, während das der kaltblütigen Tiere noch bei 0° wirksam ist und sein Optimum bei 40° hat. In gleicher Weise ist die für Invertase optimale Säurekonzentration dem Bedürfnis verschiedener Mikroorganismen angepaßt [Effront (25)].

Die Fermentproduktion ist in hohem Maße von der Stickstoffernährung abhängig. Hochmolekulare Stickstoffquellen, die dem Eiweiß nahestehen, wirken im allgemeinen anregender auf die Absonderung von Fermenten als niedere Eiweißspaltungsprodukte, wie Aminosäuren oder gar Ammoniumsalze. So war Grünmalzextrakt für die Invertasebildung wirksamer als Trockenmalzextrakt; Pepton förderte sie, während Ammoniumphosphat hemmend zu wirken schien [Fernbach (17)]. Pepton steigerte auch die Bildung von Diastase [Krabbe (5)]. Die Labproduktion findet bei Monilia sitophila nur bei Ernährung mit Proteinstoffen statt [Went (21)]; die Abscheidung von Hefeinvertase ist auf Bierwürze und bei Peptonzusatz weit stärker als auf einfacher Rohrzuckerlösung [Effront (25)]. Besonders auffallend ist, daß die Zymase der Hefe und die einiger Schimmelpilze nur bei einer Stickstoffernährung gebildet werden kann, die aus Eiweiß oder dessen Spaltungsprodukten besteht [H. Pringsheim (26)].

Ganz besonders aber scheint die Sekretion des tryptischen Fermentes an die Anwesenheit von Eiweiß oder Pepton gebunden zu sein. Penicillium schied nur auf Zucker-

[1]) H. Pringsheim und G. Zemplén, Zeitschr. f. physiol Chem., Bd. 62 (1909), S. 179.

gelatine ein gelatinelösendes Ferment aus [Ad. Hansen (3)]; zahlreiche Bakterien gaben das leimlösende Ferment nur in Gegenwart von Eiweiß oder Pepton, nicht dagegen auf eiweißfreien Nährlösungen mit oder ohne Zucker [Fermi (7)]. Aspergillus gab auf Calciumlactat, mit Ammonsalz als Stickstoffquelle, oder auch auf Zucker kein proteolytisches Ferment, dagegen auf Milch [Duclaux (12)]. Das tryptische Ferment der Monilia sitophila wird nur bei Ernährung mit Proteinstoffen gebildet [Went (21)]. Im Hungerzustande produzieren die Mikroorganismen keine Fermente. Dasselbe findet auch statt, wenn im Nährmedium keine Substanzen vorhanden sind, welche der Wirkung der Fermente unterliegen. In Eiweißnährmedien mehrt sich die Produktion von proteolytischen Fermenten [Schmailowitsch (22)], Fuhrmann (24)]. Die Gelatineverflüssigung ist bei eiweißfreien Nährmedien geringer als bei eiweißhaltigen [Auerbach (36)]; auch bei Anwesenheit von Pepton ist sie durch Aspergillus und Penicillium reichlich [Butkewitsch (40)].

Andererseits wirkt Gegenwart von Zucker auf die Bildung des proteolytischen Fermentes, wenn auch nicht hindernd, so doch hemmend [Fuhrmann (42), Kuhn (31)]. Dies soll auf einer wahren Hemmung der Fermentproduktion und nicht auf einer Wirkungshemmung durch die aus dem Zucker gebildeten Säuren beruhen [Auerbach (36)].

Während die Bildung proteolytischer Fermente an die Anwesenheit von Eiweiß gebunden ist, werden die zuckerspaltenden auch in zuckerfreier Nährlösung abgesondert. Im Gegensatz zum Trypsin, das auch auf Eiweißspaltungsprodukten, den Peptonen, gebildet wird, hemmen die Zucker als Spaltungsprodukte der Stärke die Amylaseproduktion. Die Unterschiede sind hier also grundlegend und im wesentlichen neu. Meist wird die Diastase auch auf stärkefreiem Nährmedium gebildet, so vom Aspergillus orycae auf Bouillon oder zuckerhaltigen Nährlösungen [Büsgen (2)], von Penicillium glaucum und Aspergillus niger in Abwesenheit von Stärke [Katz (11)], von Aspergillus auf Calciumlactat [Duclaux (12)], nicht dagegen von Penicillium glaucum auf derselben Kohlenstoffquelle, nicht von Aspergillus auf Raulinscher Nährlösung [Bourquelot (13)]. Auch bei Ernährung ohne Kohlenhydrate bildete die Monilia sitophila Amylase [Went (21)].

Die Invertaseproduktion wurde in folgenden Fällen von der Ernährung mit Rohrzucker unabhängig gefunden: bei zahlreichen Bakterien auf glycerinhaltiger Bouillon [Fermi und Montesano (8)], bei Penicillium glaucum auf milchsaurem Kalk [Duclaux (12)], bei Monilia sitophila auf Glycerin, Essigsäure, Äpfelsäure und Pepton [Went 21)] auf invertiertem Zucker bei Hefe [Effront (25)], bei Mucor mucedo und Mucor corymbifer auf Milchzucker [Pringsheim und Zemplén (26a)]. Ebenso ist die Produktion verschiedener anderer zuckerspaltender Fermente, wie Maltase, Trehalase, Inulase, Lactase, Cellobiase, Raffinase, von der Ernährung mit diesen Zuckern bei zahlreichen Pilzen unabhängig [Bourquelot (13), Pringsheim und Zemplen (26a), Went (21)]. In einzelnen Fällen wurde dagegen gefunden, daß ohne die Ernährung mit dem betreffenden Saccharid kein entsprechendes Ferment gebildet wurde. Penicillium gab auf Zuckergelatine keine Diastase [Ad. Hansen (3)], ebenso verhielten sich Aspergillus auf Zucker [Duclaux (12)], Penicillium glaucum auf milchsaurem Kalk und Rohrzucker [Duclaux (12)], Penicillium Duclauxi auf Raulinischer Lösung (die Rohrzucker und Weinsäure enthält) [Bourquelot und Grazian (14)]. Bei einigen Bakterien, dem Bac. fluorescenz liquefaciens, dem des Kieler Hafens und Proteus vulgaris, setzte die Invertinbildung auf einfacher Bouillon aus. Weiterhin war es unmöglich, Hefezellen zu züchten, die keine Invertase oder Maltase bildeten, wie es andererseits auch nicht gelang, das Plasma der Hefezellen derart zu beeinflussen, daß sie Fermente bildeten, die sie vorher nicht besaßen [E. Chr. Hansen (16)].

Ein allgemeines Gesetz für die Beeinflussung der Produktion zuckerspaltender Fermente durch die Ernährung läßt sich also nicht aufstellen; meist werden sie unabhängig von der Ernährung mit den entsprechenden Sacchariden gebildet, manchmal aber ist doch eine Abhängigkeit in dieser Beziehung beobachtet worden.

Während die Gegenwart von Traubenzucker die Invertaseproduktion nicht hemmte [Fermi (7)], scheint die Abscheidung der Diastase in allgemein gesetzmäßiger Weise durch eine anderweitige Kohlenstoffquelle unterdrückt zu werden [Wortmann (1) und vor allem Katz (11), Beijerinck (6)]; bei genügend hoher Rohrzuckerkonzentration kann sie z. B. bei Penicillium durch diesen ganz aufgehoben werden [Katz (11)].

Daß ungünstige Lebensbedingungen die Fermentproduktion hemmen, kann durch verschiedene Beispiele belegt werden. Bei Proteus vulgaris, dem Bacillus des Kieler Hafens und Rosahefe kann durch Erhitzen auf 50° während zweier Stunden die Invertinproduktion, und zwar für mehrere Generationen, aufgehoben werden [Fermi (7)]. Ebenso schwächend wirken antiseptische Stoffe wie Kupfer, Cadmium und Quecksilbersalze auf das Inversionsvermögen des Amylomyces β [Iwanoff (23)] oder Carbolsäurezusatz auf die Gelatineverflüssigung [Hueppe und Wood (28)]. Fakultativen Anaeroben [Liborius (27), Sellards (41)] oder Aeroben (Sanfelice) geht bei Sauerstoffmangel das Gelatineverflüssigungsvermögen verloren, welches auch durch künstliche Fortzüchtung [Kamen (33), Behrens (34), Beijerinck (35), Mazuschita (37), Fuhrmann (42)] häufig geschädigt wird. Auch natürliche Varietäten bezüglich der Gelatineverflüssigung wurden beobachtet [Klein (32)], die man auch durch Elektivkultur in Gelatine sehr energisch und sehr schwach spaltende Formen zerlegen kann [Conn (39)]. Auf die Variabilität der Labproduktion sei hier nur mit einem Hinweis auf meine Literaturangaben aufmerksam gemacht.

Drei Fälle der Absonderung offenbar nicht arteigener Fermente müssen uns zum Schluß noch besonders beschäftigen. Es sind das die Beobachtung, daß Penicillium glaucum durch Zucht auf Holz zu Produktion des, den Hadromal-Celluloseäther spaltenden, Fermentes der „Hadromase" [Czapek (15)], Aspergillus und Penicillium durch Zucht auf Tannin oder Gallussäure zu der der „Tannase" [Fernbach (17), Pottevin (18)] und dieselben Pilze durch Züchtung auf inulinhaltigem Nährboden zu der Absonderung der „Inulase" [Dean (19)] gebracht werden können. Die Penicilliumarten mögen in der Natur schon Gelegenheit gehabt haben, auf Holz zu wachsen. Auch ist die Wirkungsweise der Hadromase noch zu wenig erforscht, als daß wir auf diesen Fall so großen Wert legen könnten. Es ist wahr, daß auch unter natürlichen Verhältnissen, z. B. durch Exposition an der Luft, Tanninlösungen von Schimmelpilzen überwuchert werden. Aber es scheint doch zweifelhaft, ob jede beliebige Kultur von Aspergillus niger, die nach eigener Nachprüfung nur auf Tanninlösung zur Produktion der Tannase gebracht werden kann, in ihrem Vorleben schon Gelegenheit gehabt haben dürfte, auf den doch verhältnismäßig seltenen gerbstoffhaltigen Medien zu wachsen. Und ebenso steht es mit der vielleicht noch geringeren Chance, unter Naturverhältnissen gerade das Inulin anzutreffen. Wenn man demgegenüber berücksichtigt, daß die Verbreitung von Aspergillus und Penicillium außerordentlich groß ist, so wird man sich dem Glauben schwer entziehen können, daß es sich hier um die Anpassung an eine neue Lebensweise, um die Schaffung eines Artcharakteristikums, das außerhalb der „natürlichen Variationsbreite" liegt, handelt und daß diese Pilze so einen Schritt in ihrer Evolution vorwärts gemacht haben.

Gestützt wird diese Anschauung durch die schon bei der Variabilität des Kolonienwachstums besprochene (vgl. S. 37) Erwerbung neuer Artcharaktere einer Torulahefe und verschiedener Bakterien. Wie dort eingehend geschildert, bilden diese Mikroorganismen auf zuckerhaltigen Nährmedien in ihren Kolonien auf festem Substrat Knötchen eigenartiger Natur, aus denen sich neue Rassen abimpfen lassen, welche nun die betreffenden im Nährsubstrat enthaltenen Zucker zu zersetzen imstande sind. So vergärt die Spaltungsrasse der Torula die ihr ursprünglich unzugängliche Maltose, so zersetzt das Bact. coli mutabile Milchzucker, der Typhusbacillus Rhamnose, der Paratyphusbacillus Raffinose, ohne daß diese Fähigkeit ein Charakteristikum der ursprünglichen Art gewesen wäre.

Es ist der Einwand erhoben worden, daß die neuentdeckte Koliart die Fähigkeit, Milchzucker zu zersetzen, im menschlichen Darm verloren haben könne, und daß es deshalb ratsam sei, solche Abänderungsversuche mit von natürlichen Standorten neu isolierten Kulturen vorzunehmen (Benecke, vgl. S. 37). Dieser Rat ist gewiß beherzigenswert. Unser Verdacht einer Regeneration verloren gegangener Eigenschaften durch die Kultur auf den speziellen Zuckern muß aber auf ein Minimum reduziert werden, wenn wir bedenken, daß gerade parasitische Bakterien wie der Typhus- und Paratyphusbacillus an die Verarbeitung so wenig verbreiteter Zucker wie Rhamnose und Raffinose angepaßt werden konnten, während andere Kohlenhydrate keine Veranlassung zu der erwähnten Knötchenbildung und der Zersetzung dieser Kohlenhydrate gaben. Auch in diesen Fällen dürfte daher die außerhalb der natürlichen Variationsbreite liegende Produktion nicht arteigener Fermente die einzig mögliche Deutung dieser Erscheinungen sein.

(Literatur Seite 177.)

XIV. Die Anpassung an Gifte.

Auf die Vorteile, welche niedere Organismen durch ihre meist exkreten Stoffwechselprodukte im Kampf ums Dasein gegen andere Mikroorganismen gewinnen, sind wir schon in einem speziellen Kapitel eingegangen. Ohne Frage rangieren die Fähigkeiten niederer Organismen, Konzentrationen ihrer eigenen Abwehrstoffe, welche andern gefahrvoll werden, zu ertragen, auch unter dem Begriff ihrer Anpassung an diese für sie selbst ursprünglich giftige Substanzen. Das geht schon daraus hervor, daß sie fast immer durch das Maximum der von ihnen produzierten Kampfeskonzentrationen dieser Körper selbst geschädigt werden. Die Anpassung ist also hier bis nahe an die Grenze der gebotenen Möglichkeit gediehen, und sie hat unter Bedingungen halt gemacht, welche zu verschärfen die Organismen keine weitere Möglichkeit mehr hatten; denn immer gelingt es ihnen, vermöge ihrer auch nach Erreichung des maximalen Wachstums noch wirksamen Fermente, die Konzentration der Abwehrstoffe über die Grenze, die für sie zuträglich ist, hinaus zu steigern. Man braucht hier nur an die Fähigkeit der Zymase zu denken, weit höhere Alkoholkonzentrationen, als der Hefe zuträglich sind, zu produzieren; und ebenso verhalten sich die Buttersäure-, Milchsäure- und andere Bakterien, deren wirksame Fermente wir nur postulieren können. Offenbar hat eine Regulation der Anpassung durch die Hemmungswirkung auf die vegetativen Zellen stattgefunden.

Hier interessiert jedoch vornehmlich die Akklimatisation an Giftstoffe, wie wir sie in Laboratoriumsversuchen verfolgen können. Auch wenn wir nicht erwarten können, daß die Mikroorganismen unter natürlichen Lebensbedingungen oft Gelegenheit haben dürften, sich an so energisch wirkende Antiseptica anzupassen, wie sie ihnen experimentell vorgesetzt wurden, so dürfen wir doch aus unseren Resultaten Rückschlüsse auf ihre allgemeinen Fähigkeiten ziehen und die geschaffenen Anpassungszustände als neu erworbene ansehen. Dazu kommt, um unser Interesse zu erhöhen, die Tatsache, daß diese in mehreren Fällen als vererbliche und zum Teil auch als definitiv fixierte erkannt wurden. Des weiteren gewinnen wir durch unsere Experimente einen Einblick in den Mechanismus der Anpassung, der, wie es scheint, besser als irgendein anderer Weg zu einer Erkenntnis des Mechanismus der Giftwirkung selbst führen kann.

Daß die verschiedenen Entwicklungsstadien ein und desselben Pilzes von verschiedener Resistenz gegen Giftstoffe sind, ist allgemein bekannt. Die Sporen und anderen Fortpflanzungszellen widerstehen im allgemeinen besser als die vegetativen Zellen, während die Ausbildung der Sporen dem sterilen Wachstum gegenüber eine gesteigerte Empfindlichkeit besitzt. Auch die Keimfähigkeit kann leicht durch Antiseptica behindert und aufgehoben werden. Bezüglich all dieser Eigenschaften gibt es auch eine Akklimatisation an ursprünglich hindernde Konzentrationen der Gifte.

Zur Auslösung des Wachstums, der Sporenbildung und Sporenkeimung bedarf es gewisser Reize, die sehr verschiedenartiger Natur sind und die zum Teil auch durch geringe Giftkonzentrationen gesteigert werden können [Raulin (4), Pfeffer (5), Richards (6)]. Einen Begriff von dieser Wirkung gewährt uns die Beobachtung[1]), daß auch selbst gebildete Stoffwechselprodukte als derartige Reizmittel dienen können.

Auf die gut erforschten Beziehungen zwischen Giftwirkung und Lösungszustand brauchen wir hier nicht einzugehen; uns beschäftigt zuerst die Akklimatisation an sich steigernde Konzentrationen desselben Giftstoffes. Am besten wird diese durch eine ganz allmähliche Konzentrationssteigerung erreicht, der man die Mikroorganismen in sukzessiven Generationen aussetzt. Doch muß betont werden, daß auch eine Resistenzverminderung durch eine Zucht des Ascendenten auf Giftlösungen beobachtet wurde. Ebenso gelingt es nicht immer, eine Vermehrung der Widerstandskraft durch häufiges Abimpfen und dauerndes Wachstum auf einer gewissen Anpassungshöhe zu erreichen. Doch ist gerade

1) Nikitinsky, Jahrb. f. wissenschaftl. Bot., Bd. **40** (1904), S. 1.

dieser Weg wohl noch nicht bis zu den Grenzen seiner Möglichkeit verfolgt worden, und wir können deshalb besonders in Hinblick auf die bei der Anpassung an hohe Temperatur gerade so gewonnenen außerordentlichen Resultate (Dallinger, vgl. S. 44) noch nicht abschätzen, wo die Grenze der Akklimatisationsfähigkeit niederer Organismen auch nur in einem einzelnen Falle, bei einem Organismus gegen irgendein Gift eigentlich liegt.

Bis darauf, daß allmähliche Erhöhung der Giftkonzentration am besten zum Ziele führt, lassen sich allgemeine Gesetze für die Anpassungsfähigkeit der Mikroorganismen hier nicht aufstellen. Jeder Organismus kann sich jedem Giftstoff gegenüber verschieden verhalten, und die leichte Akklimatisation an den einen verbürgt noch keine Anpassungsmöglichkeit an einen andern. Wenn der Versuch bei starken Antisepticis, z. B. Salicylsäure bei Schimmelpilzen, ganz versagt, so finden wir doch wieder gelungene Experimente bei Bakterien auf Sublimatlösungen. Optimale Wachstums- und Vermehrungsbedingungen werden die Akklimatisationskraft im allgemeinen erhöhen, andere Bedingungen, wie erhöhter Säuregrad der Nährflüssigkeit, können für den Grad der möglichen Gewöhnung von schwerwiegendem Einfluß sein.

Einige Einzelheiten sind in der Literaturzusammenstellung zu finden. Verschiedene Bakterien, der Pestbacillus, Tyrothrix scaber und tenuis, Bac. subtilis, ließen sich an Borax, Borsäure und Sublimat gewöhnen; doch gelang hier nie eine Erhöhung der Giftkonzentration auf den doppelten Wert, und selbst die $1\frac{1}{2}$ fache Menge konnte nur in wenigen Fällen erreicht werden [Kossiakoff (7)]. In anderen Versuchen mit Bakterien auf Sublimat wurden größere Ausschläge erzielt und die Virulenz nicht immer herabgesetzt gefunden [Trambusti (11)]. Auch farbstoffbildende Bakterien konnten an Antiseptica gewöhnt werden [Galeotti (12)]; ebenso war das arseniksaure Kali ein akklimatisationsmöglicher Giftstoff für einen Pilz [Raciborski (18)].

Mit den Versuchen, verschiedene Bakterien, wie Essigsäure-, Milchsäure- und Buttersäurebakterien, an die Fluorwasserstoffsäure oder deren Salz zu gewöhnen, treten wir in das Gebiet der den Gärungspraktiker interessierenden Hefegewöhnung an diese Stoffe ein. Es handelte sich hier darum, die Hefe in natürlichen Maischen vor der Konkurrenz der ihr schädlichen Bakterien zu bewahren und die übliche Milchsäurung durch künstliche Antiseptica zu ersetzen, wodurch zugleich mit einer erhöhten Sicherheit eine Ersparnis an den den Milchsäurebakterien zum Opfer fallenden Kohlenhydraten zu erreichen wäre. Diese Versuche waren auch vom Erfolge begleitet, denn es zeigte sich, daß die Hefe gegen Flußsäure oder deren Salze anpassungsfähiger war als die genannten, allerdings auch bis zu einem gewissen Grade akklimatisationsfähigen, Bakterien; ja die Hefe wurde durch die Reizwirkung des Antisepticums zu einer gesteigerten Alkoholproduktion angeregt. So gelang es, Hefe von einer Widerstandskraft von 200 mg Fluorammon pro Liter auf eine solche von 3000 mg zu bringen. Diese Resistenz geht aber im Verlaufe einer Züchtung auf fluorfreiem Nährboden allmählich, aber sicher wieder verloren. [Vor allem nach Effront (10), weiter Märker (15), Cluß (16) und verschiedenen anderen Praktikern.] Weitere Versuche, die jedoch keinen praktischen Erfolg gehabt zu haben scheinen, wurden mit Formaldehyd [Effront (10), Rothenbach (17)], schwefliger Säure [Rocques (19), Gimel (23), Rothenbach], Salzsäure [Rothenbach (17)] und den Kupfersalzen von Mineral- und organischen Säuren, sowie einem Gemenge von Ameisen- und Kieselfluorwasserstoffsäure gemacht, die alle eine Anpassungsmöglichkeit der Hefe an diese Stoffe ergaben. Ebenso gelang es, Hefe an die gärhemmenden Bestandteile der Melasse zu gewöhnen [Alliot (22)].

Trotzdem gewisse Pilze selbst aus Cyankalium ihr Stickstoffbedürfnis decken können[1]), gelang es nicht, den Aspergillus niger an dieses Gift zu gewöhnen [Schroeder (25)]. Dagegen sind dieser und andere Schimmelpilze, wie Mucor mucedo, Botrytis cinerea und Penicillium glaucum, an die Salze verschiedener Schwermetalle gut anpassungsfähig, ohne daß jedoch die Umstimmung bis zu dem Maße einer optimalen Entwicklungsfähigkeit auf starken Giftlösungen gelang [Pulst (20)]. In anderen Versuchen wurde gezeigt, daß die an größere Giftmengen gewöhnten Pilze durch Fernhalten solcher Stoffe nicht im geringsten gehindert wurden und daß sie normale Verhältnisse bevorzugen [Meißner (21)]. Die Anpassung ist hier also eine erzwungene, die von keiner Förderung des Organismus begleitet ist. Aus den zahlreichen mit Aspergillus niger, Penicillium glaucum und Mucor stolonifer gewonnenen Resultaten bei der Gewöhnung an Alkaloide, aromatische Säuren, Alkohole und Fluornatrium [Meißner (21)] gewinnen wir den besten

[1]) Pfeffer, Pflanzenphysiologie, Bd. I, S. 398.

Einblick in die Kompliziertheit der hier herrschenden Verhältnisse. Sehr verschieden war die Anpassungsfähigkeit an aromatische Säuren, gering die an Alkohol und wechselnd die an Amylalkohol. Gegen diesen ging die Resistenz von Aspergillus sogar zurück. Des weiteren ergaben die Versuche, welche an Stelle einer jeweiligen Steigerung der Giftkonzentration die einer dauernden Züchtung auf derselben schon gesteigerten Konzentration setzten, von den zuerst angeführten verschiedene Resultate. Auf dem letztgenannten Wege gelang z. B. die Anpassung an Alkohol; so war auch Penicillium an Pyrogallussäure anpassungsfähig zu machen, was durch steigernde Giftkonzentrationen nicht gelang, während die Keimfähigkeit der Sporen bei den drei Pilzen ganz verschieden beeinflußt wird. Sie kann sich abschwächen wie bei Mucor, auf Phenol unverändert bleiben wie bei Aspergillus oder sich steigern wie bei Penicillium. Ein Ersatz eines Giftstoffes durch einen andern in der Anpassungsreihe gelang nicht. Weitere Einzelheiten bei der Literatur [Meißner (21)].

Es ist von besonderem Interesse, daß die Gruppe der in bezug auf die Nahrungsaufnahme so variablen, in ihrer Anpassungsfähigkeit gegen hohe Temperatur so ausnehmend widerstandsfähigen Protozoen auch die in ihrer Akkommodationsfähigkeit für Gifte fügsamsten Organismen enthält. Hier wurde die erbliche Fixierung dieser Eigenschaft in einem Grade beobachtet wie bei keinem andern der von uns beigebrachten Beispiele irgendwelcher Art. Denn selbst jahrelang dauernde 350malige Tierpassage war nicht mehr imstande, Trypanosomen ihre Giftfestigkeit zu nehmen [Ehrlich (26)].

Schon früher war die Gewöhnung verschiedener Protozoen an gesteigerte Säure- und Alkalienkonzentrationen beobachtet worden. Sie ließ sich bei Chilomanus so weit treiben, daß diese Organismen von einer für unangepaßte tödlichen Alkalikonzentration angelockt wurden. Hier wurde auch gezeigt, welchen Vorteil im Kampf ums Dasein die akklimatisationsfähigeren Chilomanus gegenüber zwei weniger variablen Paramaecien haben [Hafkine (9)].

Es gelang, Trypanosomen gegen verschiedene Gruppen trypanocider Agenzien giftfest zu machen; und wohl mit Recht wurde die Vermutung ausgesprochen, daß dasselbe gegen alle derartigen Stoffe gelingen würde. Diese Giftfestigkeit war spezifischer Natur, insofern gewisse Agenzien durch andere aus derselben Gruppe,

Trypanrot durch andere Azofarbstoffe, Fuchsin durch andere Triphenylmethanfarbstoffe und Atoxyl durch andere Arsenikalien, keins der Gifte jedoch durch ein einer anderen Gruppe angehöriges zu ersetzen war. Ein Haupttriumph dieser Gewöhnungsmöglichkeit wurde in der gleichzeitigen Akklimatisation von Trypanosomenstämmen an alle drei Klassen von Giften gefeiert.

Vor allem ist auch folgender Versuch bedeutungsvoll. Ein arsanilfester Stamm wurde in zwei Gruppen gegabelt, indem er einerseits durch arsanilbehandelte, andererseits durch normale Mäuse passiert wurde. Nach 165 derartigen Passagen wurden diese beiden Stämme gegen Arsenikalien geprüft. Die quantitative Ausmittlung der Resistenz zeigte das absolut gleiche Verhalten beider Stämme. Es war also schon durch die vorherige Behandlung mit Atoxyl ein Maximum der Giftfestigkeit gegen diesen Stoff erzielt worden, das sich nicht mehr steigern ließ. Andererseits wurde diese Giftfestigkeit aber auch durch die wiederholte Tierpassage nicht mehr unterdrückt. Es war eine erblich fixierte Giftfestigkeit erlangt worden, welche unter normalen Verhältnissen und in Abwesenheit des Giftes bestehen blieb.

Die arsanilfesten Stämme sind nun gegen gewisse andere arsenhaltige Körper noch empfindlich. Mit einem solchen, dem Arsenophenylglycin, kann man solch feste Stämme wieder unter den Einfluß des Arsenrestes bringen und hiervon ausgehend eine neue Festigkeit dieses Stammes erzielen, die schließlich so groß wird, daß auch die allergrößten Gaben diesen Stamm nicht mehr zu beeinflussen vermögen (Stamm II).

Auch Antimonverbindungen, die chemisch den Arsenikalien nahestehen, töten Trypanosomen. Der Stamm II wird von Antimon noch angegriffen. Durch Behandlung mit arseniger Säure erhielt man eine neue Rasse, den Arsanilstamm III, der nun vollkommen fest war gegen Antimon, als Brechweinstein, der aber noch empfindlich geblieben war gegen arsenige Säure.

Wir sehen also, wie es gelang, durch sukzessive Behandlung mit immer giftiger werdenden Substanzen steigernde Giftfestigkeit zu erzielen. Besonders interessant ist hier der Ersatz des Arsens durch Antimon. Auch die Valenz des Elementes, welches die Giftwirkung veranlaßt, kann von Einfluß auf die Giftkraft sein. So zeigten die Versuche an Trypanosomen noch, daß nur das dreiwertige Arsen, nicht aber das fünfwertige giftig wirkt [Ehrlich (26)].

Der Mechanismus der Anpassung an Gifte.

Das Verständnis des Mechanismus der Giftwirkung selbst wird durch die Annahme der Labilität des Protoplasmas[1]) und die Beeinflussung der Lebhaftigkeit seiner Umlagerungen nicht wesentlich gefördert. Sicherlich befindet sich das lebende Eiweiß in einem dauernden Zustande von Aufbau und Abbau, wie das z. B. aus der fortwährenden Abspaltung von Aminosäuren bei Ernährung der Hefe mit Ammonsalzen hervorgeht[2]). In welcher Weise hier aber eine Einwirkung stattfindet, ist ganz unentschieden, und auch mit der Annahme einer katalytischen Beeinflussung dieser Umsätze, welche dadurch einerseits angeregt, andererseits zum Stillstand gebracht werden würden, kommen wir nicht weiter. Die Giftwirkung ist an das Eindringen in das Protoplasma gekettet[3]); die Giftfestigkeit aber wird nicht immer durch eine gesteigerte Imperiabilität des Protoplasmaschlauches erzielt. Allerdings zeichnete sich ein stark akklimatisierter Penicilliumstamm daduch aus, daß er Kupfer nicht in das Innere der Zellen eindringen ließ [Pulst (20)], andererseits aber waren die gegen Fluorverbindungen resistent gemachten Hefezellen wesentlich fluorreicher als die nichtangewöhnten. In letzterem Falle war also die Ausschaltung des Gifteinflusses nicht durch eine größere Imperiabilität gegen Fluorsalze, sondern durch eine Absättigung dieser vermittels gesteigerter Calciumaufnahme erreicht worden, wie der größere Calciumgehalt der Hefeasche im angepaßten Zustande erkennen ließ [Effront (10)]. Auch die Giftfestigkeit gegen Formaldehyd bei Hefe dürfte nicht auf ein Fernhalten dieses Giftes vom Protoplasten zurückzuführen sein, denn auch in diesem Falle wächst die Resistenz angepaßter Zellen nicht durch eine vermehrte Fernhaltung des Giftes vom Protoplasma der Hefezellen, sondern durch eine gehobene Oxydationskraft der Zelle gegen den ja leicht oxydablen Stoff [Effront (10)], und ebenso sollen die Verhältnisse bei der an die schon schwerer zu oxydierende schwefligen Säure bei angepaßten Hefe liegen [Gimel (23)]. Wir haben hier also den bei höheren Organismen ja nicht seltenen Fall, daß nicht der Organismus durch das Gift, wohl aber das Gift durch den Organismus

---

1) Loew, Ein natürliches System der Giftwirkung. München 1893.

2) H. Pringsheim, Biochem. Zeitschr., Bd. **3** (1907), S. 121.

3) Pfeffer, Pflanzenphysiologie, Bd. I, S. 82.

und zwar durch den angepaßten Organismus im gesteigerten Maße zerstört wird.

Interessant sind die Vorstellungen, die auf Grund der Anpassungsfähigkeit von Trypanosomen im Anschluß an die Ehrlichsche Seitenkettentheorie gewonnen wurden. Die Giftwirkung selbst wird durch Absättigung gewisser Aviditäten, die als „Chemoceptoren" bezeichnet werden, erklärt. Die Anpassung beruht auf einem teilweisen Verlust dieser bindenden Gruppen. Ein vollkommener Verlust kann nicht angenommen werden, weil die im Mäuseorganismus giftfesten Stämme im Reagensglas durch die betreffenden Agenzien, gegen die sie fest sind, noch abgetötet werden. Wie der geschilderte Spaltungsversuch zeigte, gelang es nicht, die Giftfestigkeit noch weiter heraufzusetzen. Die Erklärung für diese Tatsache wird auf folgende Weise gegeben: „Der Arsanilstamm wird im Mäuseorganismus nicht im mindesten vom Arsanil in seinem Wachstum gehemmt, er reißt also kein Arsanil mehr an sich und man muß annehmen, daß seine Avidität der Arsenoceptoren hochgradig verringert ist. Es bleibt daher ein solches Trypanosom trotz der den Tieren zugeführten großen Mengen von Arsanil hiervon selbst vollkommen frei, und es ist für sein Schicksal vollkommen belanglos, ob es sich in einem normalen oder in einem mit Arsanil überschwemmten Körper entwickelt. Daraus erklärt sich, daß beide Stämme divergenter Passage sich vollkommen gleich verhalten.

Im Organismus findet eine Verteilung der Giftstoffe zwischen dem Mäuseorganismus und den Trypanosomen statt. Die Trypanosomen schützen sich durch eine progressive Verringerung ihrer Avidität, die bei konsequenter Behandlung so weit geht, daß bei der Verteilung zwischen Parasit und Organismus der Verteilungskoeffizient unendlich groß für den Organismus, unendlich klein für den Parasiten wird. Ist dieser Punkt erreicht, so ist die Festigkeit eine absolute geworden und sie kann durch jahrelange Behandlung nicht mehr gesteigert werden. Eliminiert man die ablenkende Kraft des Organismus, so unterliegen die angepaßten Parasiten im Reagensglas der tötenden Wirkung der geeigneten Stoffe; aber erst bei weit größeren Mengen als die gewöhnlichen Parasiten."

Man sieht also, daß die Anpassung an Arsanil im Organismus auch eine solche im Reagensglasversuch nach sich zieht.

Auch diese Erklärung setzt also ein Eindringen des Giftes in den Protoplasten voraus; sie geht in theoretischer Beziehung aber weiter als die bisher versuchten, da sie bestimmte Gruppen annimmt, an denen das Gift angreift. Auf einem Einziehen dieser Angriffsstellen von seiten des Protoplasten soll dann die Anpassung beruhen.

Nach all dem Gesagten kann die Erklärung der Anpassung an Gifte, und die des Mechanismus der Giftwirkung überhaupt, keine chematisch eindeutige sein. Gesteigerte Absättigungsmöglichkeit eines Kations durch ein Anion, vermehrte Oxydationskraft des Organismus oder auch, allgemein ausgedrückt, verstärktes Fernhalten des Giftes von Protoplasten sind uns begegnet. Und sicher werden noch andere Möglichkeiten vorhanden sein.

Literatur Seite 185.

XV. Die Variabilität der Farbstoffbildung.

Die variabelste Eigenschaft niederer Organismen ist ohne Frage die Farbstoffbildung. Fast alle Autoren, welche sich mit pigmentproduzierenden Mikroorganismen befaßt haben, erwähnen die eine oder die andere Veränderung im Farbstoffbildungsvermögen der hier meist in Betracht kommenden Bakterien; die Schwankungen können verschiedener Natur sein. Es kann vorübergehender, beständiger oder dauernder Verlust des Farbstoffes eintreten, es können sich Verstärkungen der Pigmentproduktion einstellen, und eine Farbe kann in eine andere, eine Nuance in eine andere übergehen. Sicher ist weiterhin, daß zahlreiche Bakterien ohne die Funktion der Farbstoffbildung gedeihen können, während unter anderen Bedingungen bei Sauerstoffmangel noch farblose Leukosubstanzen gebildet werden, die selbst, nachdem die Lebenskraft der sich produzierenden Bakterien erschöpft ist, zu den Farbstoffen oxydiert werden können [Christomanus (45a)].

Trotz zahlreicher Untersuchungen ist die chemische Konstitution der Bakterienfarbstoffe, auch die der bestuntersuchten, wie Prodigiosin und Pyocyanin, noch völlig unaufgeklärt[1]). Auch die physiologische Funktion, welche die Farbstoffbildung im Leben der Mikroorganismen bedeutet, ist noch recht unklar. Die

---

[1]) Vgl. hierzu Czapek, Biochemie der Pflanzen. Jena 1905. Bd. II, S. 495.

wahrscheinlichste Auslegung für eine Anzahl der farbstoffproduzierenden Bakterien dürfte die sein, daß sie den Farbstoff als Sauerstoffstapelungskörper benutzen. Falls sie in sauerstofffreien Raum gelangen, veratmen sie dann den so aufgespeicherten Sauerstoff; er dient ihnen also als Sauerstoffreserve ebenso wie das Hämoglobin den tierischen Organismen. Und andere Mikroorganismen können daraus ihren Vorteil ziehen. Durch zahlreiche Bakterien wird das Pyocyanin reduziert, wobei sie seinen Sauerstoff an sich reißen und es entfärben [Christomanus (45a), Mühsam und Schimmelbusch (4)]. Jedenfalls fällt diese Speicherung weg, wenn den Bakterien die Farbstoffbildung abgezüchtet wird, sie ist aber noch vorhanden, wenn die Bakterien mit Äther oder durch Erwärmen auf 80° getötet wurden[1]). Aber auch diese Funktion kann nicht der einzig ökologische Wert der Farbstoffbildung sein, denn es gibt Bakterienspezies, welche nur bei Sauerstoffmangel Farbstoff bilden [Limbeck (43)].

In weit zahlreicheren Fällen bewirkt dieser Mangel aber Farbstoffverlust, und in der Tat wird das Pigmentbildungsvermögen durch Sauerstoffmangel am leichtesten sistiert [Liborius (42)]. Farblose Kulturen wurden unter anaerober Züchtungsverhältnissen bei Micrococcus pyogenes α aureus [Lubinski (44), Neumann (8)], Micr. amantiacus, einer ursprünglich gelben Sarcina [Neumann (8)], Bac. prodigiosus [Luckhardt (47)], Bac. Kieliensis [Laurent (45)] und gewiß auch in zahlreichen anderen Fällen beobachtet. Aber gerade hier dürfte Rückschlag zur Farbstoffproduktion bei Rückkehr zu normalen Verhältnissen die Regel sein.

Gewiß verlockend scheint es, die Farbstoffbildung mit der Produktion oxydierender Fermente in Zusammenhang zu bringen. Wir können in dieser Richtung mit der fortschreitenden Erkenntnis der Oxydasen wohl noch manche Aufklärungen über die Farbstoffproduktion erwarten. Vorläufig müssen wir uns mit der Tatsache begnügen, daß eine dunkle Varietät des Bac. pyocyaneus nur auf tyrosinhaltigem Nährboden oder auf Tyrosin enthaltenden Proteinen Farbstoff bildete, so daß hier an die Wirkung der Tyrosinase zu denken wäre [Gessard (10)]. Auch bildeten die farblosen Rassen von Actinomyces chromogenes keine Tyrosinase [Lehmann und Jano (19)].

[1]) Pfeffer und Ewardt, Kgl. sächsische Gesellschaft der Wissenschaften. Leipzig, 27. Juli 1896. Kp. 7, S. 51.

Im allgemeinen geht die Farbstoffproduktion Hand in Hand mit guter Ernährungs- und Vermehrungsmöglichkeit. Auch hier hemmen wieder schädliche Einflüsse, wie zu starke Alkalität des Nährbodens, supraoptimale Temperatur, Gegenwart von Giftstoffen und Sauerstoffmangel.

Eine durchgängige Bedingung für die Farbstoffbildung ist nach wiederholten Versuchen [Thumm (58), Samkow (66)] sowohl bei Bac. pyocyaneus [Jordan (59)] wie bei Bac. prodigiosus [Kuntze (62), Noesske (63)] und verschiedenen gefärbten Hefen [Kossowicz (65)] der Gehalt des Nährbodens an Magnesiumionen. An welche Säure das Magnesium dabei gebunden ist, ist gleichgültig [Noesske (63)], was nach der Ionentheorie ja nur natürlich erscheint. Daß der Ersatz des Magnesiums durch Aluminium für die Farbstoffbildung möglich sei, dürfte trotz dahingehender Angaben [Woolley (61)] noch nicht bewiesen sein. Derartige Untersuchungen sind nur ausschlaggebend, wenn sie mit der Genauigkeit von Atomgewichtsbestimmungen ausgeführt werden. Noch weit weniger glaublich erscheint die Abhängigkeit der Pigmentproduktion von der Anwesenheit von Phosphorsäure [Gessard (10)] und Schwefelsäure [Noesske (63)] im Nährboden; ohne Schwefel und Phosphor können die Mikroorganismen überhaupt nicht gedeihen; so kann durch sie auch die Farbstoffproduktion nicht reguliert werden.

Das Bedürfnis der Bakterien nach Magnesium, welches einen Übergang dieses Elementes in den Farbstoff voraussetzt, bildet ein interessantes Analogon zu dem neuesten Befunde[1]), der dasselbe Element als einen jeweiligen Bestandteil des Chlorophylls festgestellt hat. Wir können hier nur ahnen, daß das Magnesium, welches nach den Ergebnissen der organischen Chemie eins der reaktionsfähigsten Elemente ist, auch in diesen Farbstoffen als Reaktionsträger dient.

Ein dauernder Verlust des Farbstoffbildungsvermögens bei Bakterien, der erblich fixiert und der durch keine Züchtung auch auf magnesiumhaltigen Nährböden ausgeglichen wird, ist eine bewiesene Tatsache [Luckhardt (64)]. Dieser Verlust kann nun aus unbekannten Ursachen als Fluktuation auftreten, er kann aber auch durch Züchtung bei Gegenwart von Giftstoffen erworben werden [Wolf (33)]. Deutlich tritt hier zutage, wie schwer es

[1]) Willstätter, Liebigs Annalen, Bd. **350** (1906), S. 48.

ist, derartige Unterschiede bei Mikroorganismen zu machen. Wir kennen ja im ersten Falle die Ursache für das Ausbleiben der Farbstoffbildung nicht, und es ist schließlich nur ein Ausweichen diese Unkenntnis als innere Ursache zu bezeichnen.

Zahlreiche Autoren beschrieben natürliche Varietäten der farbstoffbildenden Bakterien, die zum Teil unerwartet auftraten, zum Teil durch Selektion verstärkt wurden. So gelang die Spaltung in dunkelrote und weiße Prodigiosusrassen [Schottelius (1), Scheurlen (5)]. Selektionsreihen ergaben Varietäten von citronenfarbenen, weißen und fleischfarbenen Rassen von Micrococcus pyogenes et aureus, weiße und orange des farblosen Micrococcus aurantiacus, eine weiße und eine orange aus Micrococcus bicolor und eine strohgelbe und weiße aus Sarcina mobilis [Neumann (8)]. Selektierende Plattenkultur führte zu zahlreichen Varietäten des Bac. rosaceus, die teils farblos wuchsen, teils ein sehr dunkles Pigment, teils die verschiedenen Abstufungen zwischen diesen Extremen bildeten [Nelson (12)]. Ebenso traten „Sports“ des Bacillus rosaceus metalloides auf, welche helle und dunkle Farbenvarietäten darstellten [Davis (14)]; ähnliche Beobachtungen wurden an zahlreichen anderen Bakterien gemacht [Hefferan (17)], und eine weiße Varietät des Bac. methylicus wurde selbst in der Natur sehr verbreitet aufgefunden [Katayama (16)].

Das natürliche Auftreten derartiger Varietäten steht also fest. Von dem neuesten Forscher [Wolf (33)] auf diesem Gebiete wird aber behauptet, daß die Selektion variierender Striche nur dann zu einem Resultate führen könne, wenn die verschiedenen Rassen schon präformiert in der Ausgangskultur vorhanden waren, nicht dagegen, wenn von reinen Linien, d. h. hier also von einer Einzelzelle ausgegangen wurde. So würde bei Selektionsversuchen keine allmähliche Steigerung der selektierten Eigentümlichkeit, sondern nur eine Begünstigung der schon vorhanden gewesenen Abweichung in der gesuchten Richtung bei einzelnen Zellen erfolgen, die dadurch die Oberhand gewinnen. Man würde so nicht von einer Anzüchtung des Farbloswerdens bei Mikroorganismen, sondern nur von einer Auslese farbloser Varietäten sprechen können. Dieser Standpunkt mag, trotzdem er nur durch eine Versuchsreihe belegt ist, seine Berechtigung haben. Gewiß beruht die Umwandlung nicht darauf, daß der Farbstoff der selektierten Bakterienkulturen dauernd heller wird, sondern vielmehr darauf, daß die farblosen Varietäten mit der Zeit mehr und mehr vorherrschen. Auch dieser Autor beobachtete beim Fortzüchten seiner reinen Linie von Staphylococcus pyogenes α bei der 22. und 23. Generation weiße Rassen, die ihre Entfärbung unverändert bewahrten; sie entstanden nach ihm durch Mutation, waren also auch nicht präformiert. Wer beweist ihm, daß andere Autoren nicht glücklicher als er selbst waren, daß in ihren Versuchen solche anders gefärbte Rassen nicht bald auftraten und dann durch Selektion weiter ausgesondert wurden? Sobald überhaupt aus einer gefärbten Bakterienzelle nachweislich durch Kultur eine farblose hervorgehen kann, sind solche Unterschiede in der Erklärung nur künstlicher Natur, besonders wenn wir nicht wissen, ob die farblose Zelle nicht doch durch irgendeinen äußeren Einfluß, z. B. in der Zusammensetzung des Nährbodens ihrer Entwicklungszone entstanden ist. Denn es ist doch sehr auffallend, daß, nach demselben Autor, das Auftreten seiner Mutanten durch Giftstoffe im Nährboden so sehr vermehrt wurde.

Häufig sind verschiedene Nährsubstrate die Ursache für die Bildung verschiedener Farbstoffe, worüber die Literaturzusammenstellung das Wesentliche enthält [Tiry (6), Radais (7), Charrin und Nittis (9), Gorham (11), Zickes (18)]. Auch durch Tierpassage ging die Pyocyaninbildung verloren, nach drei Monate langer Züchtung auf künstlichen Nährmedien wurde sie aber wieder gewonnen [Radais (7)]; andererseits war die Farbstoffbildung des Bac. pyocyaneus durch Tierpassage wieder hervorzurufen, wenn ihr Ausbleiben nicht durch lange Kultur schon zu sehr gefestigt war. Hier war also die Farbstoffproduktion nur sistiert, und zwar in erblicher Weise aufgehoben, bis sie durch Fortzüchtung dauernd fixiert wurde. Auch das sieht nicht nach einer sofort vererbbaren Mutation aus.

Die Zusammensetzung des Nährmediums ist häufig von Einfluß auf die Farbstoffproduktion. Zucker wirkt bei verschiedenen Bakterien hemmend [Woolley (21)], der Bac. cyanogenus bedarf zur Farbstoffbildung außer Pepton aber einer besonderen Kohlenstoffquelle [Beijerinck (20)]. Ebenso kennen wir eine Abhängigkeit von der Stickstoffernährung; Eiweiß ist zur Fluorescenzerzeugung von Bac. pyocyaneus nötig, Pepton dagegen schließt sie aus und begünstigt die Pyocyaninbildung. Bei ungenügender Stickstoffernährung wuchs z. B. der Prodigiosus farblos [A. Fischer (23)]. Auch zu stark saure oder alkalische Reaktion des Nährbodens kann Farbstoffverlust [Wasserzug (24)] oder Änderung der Farbennuance [Milburn (26)] zur Folge haben. Farbstoffverlust tritt auch durch langdauerndes Fortzüchten auf künstlichen Nährmedien ein [Behr (28), Löhnis und Kuntze (30), Rohrer (29)]. Die Anwesenheit von Giftstoffen ruft Farbstoffverlust hervor [v. Kuester (32)], der in manchen Fällen nur vorübergehend [Galeotti (31)], in anderen zu Modifikationen unbeständiger oder „Fluktuationen" beständiger Natur führen kann [Wolf (33)]. Ebenso waren die an verschiedenen Bakterienspezies beobachteten Farbstoffverluste durch Wachstum bei hoher Temperatur häufig latent, in verschiedenen Fällen aber auch dauernd fixiert [Beijerinck (35), Gessard (36), Boeckhout und de Vries (38), Luckhardt (39), Wolf (41), Milburn (40), Laurent (37)].

Den besten Begriff von der Kompliziertheit der die Farbstoffbildung betreffenden Variabilität gewährt ein Einblick in die Wirkung des Lichtes. Verschiedene Mikroorganismen verhalten sich hier durchaus abweichend. Direkte Sonnenstrahlen, welche die Entwicklung der Organismen sehr ungünstig beeinflußten, dürften fast in allen Fällen auch hindernd auf die Farbstoffbildung sein. [Grotenfeld (49), Laurent (50), Beck und Schultz (52)]. Nach einstündiger Bestrahlung erfolgte bei Bac. Kieliensis bald Rückschlag zu roten Kolonien; fünf Stunden genügten, um den Bacillus abzutöten, nach drei Stunden aber resultierte eine farblose Rasse, die ihre neue Eigenschaft während 32 Generationen beibehielt [Laurent (50)].

Das diffuse Tageslicht wirkt verschieden. Bei Belichtung blieb die Rosenfarbe des Bac. lactis erythrogenes ganz aus [Grotenfeld (49)], Bac. prodigiosus [Dieudonné (51), Milburn (56)] und pyocyaneus [Dieudonné (51)] bildeten bei Belichtung keine Farbstoffe. Auch die ins Dunkle gebrachten Kulturen kehrten erst nach zweimaliger Umzüchtung zur Pigmentproduktion zurück [Dieudonné (51)]. Bei einer ganzen Reihe von Mikroorganismen trat ungünstige Beeinflussung der Farbstoffbildung durch einfarbiges Licht, unter Ausschluß der Wärmestrahlen, ein [Beck und Schultz (52)]. Dagegen begünstigte in denselben Fällen diffuses Tageslicht die Entwicklung und Farbstoffproduktion, die durch langdauernde Einwirkung der Dunkelheit bei Staph. aureus und Bac. fluorescens geschädigt wurde [Beck und Schultz (52)]. Bei Staph. pyogenes aureus störte Lichtabschluß nicht sichtlich, dagegen wuchs Staph. citreus unter diesen Bedingungen regelmäßig farblos und Bac. violaceus mehr oder weniger ohne Pigmentbildung [Luckhardt (53)]. Der im Dunkeln gezüchtete Microc. ochroleucus ist farblos, ja bei ihm hemmt selbst direkte Bestrahlung mit Sonnenlicht die Farbstoffbildung nicht [Prove (48)].

Wir sehen also, es gibt alle Zwischenstufen von der dauernden Schädigung durch Sonnenlicht bis zur völligen Einflußlosigkeit starken Lichtes, von der Schädigung durch diffuses Tageslicht bis zum Bedürfnis nach Belichtung und schließlich vollkommene Sistierung der Farbstoffproduktion im Dunkeln. Und noch verwickelter werden diese Ergebnisse durch die Beobachtung, daß verschiedenfarbiges Licht die wechselndsten Veränderungen sowohl in bezug auf die Intensität der Färbung, wie auch bezüglich der Farbe und Farbennuance hervorrufen kann [Oliver (54)].

Wir stehen also dem Gebiete der Farbstoffvariabilität noch als Neulinge gegenüber. Das meiste ist auf diesem vielbearbeiteten, aber noch wenig erforschten Wissenszweige unklar, und viel Arbeit wird nötig sein, um in systematischerer Weise, als das bisher geschah, Licht in die Dunkelheit der physiologischen Funktion der Farbstoffbildung zu bringen und die wechselvollen Einflüsse verschiedener Faktoren auf dieselbe selbst zu klären. Und deshalb glauben wir nicht, daß gerade dieses Gebiet eine besonders gute Handhabe bietet, an der der Hebel der Deszendenzforschung schon jetzt angreifen sollte.

(Literatur Seite 190.)

XVI. Die Variabilität der Virulenz.

Die Virulenz, d. h. die Fähigkeit gewisser Mikroorganismen, auf den von ihnen befallenen Wirt krankheitserregend zu wirken, ist sicherlich eine durch Anpassung erworbene Eigenschaft. Das Eindringen niederer Organismen in den Körper höherer Tiere und Pflanzen ruft in allen Fällen eine Veränderung der physiologischen Leistungen sowohl der Eindringlinge wie des Wirtes hervor. In einzelnen Fällen kann sich hieraus eine Anpassung ableiten, die beiden zum Vorteil gereicht; solch symbiotisches Zusammenleben, wie das der Knöllchenbakterien und der Leguminosen bei höheren Pflanzen oder z. B. die Ansiedlung celluloselösender Bakterien im Blinddarm der Wiederkäuer, welche diesen das unlösliche Kohlenhydratmaterial zugänglich machen, bei höheren Tieren ist jedoch verhältnismäßig selten. Verbreiteter ist die Ansiedlung harmloser Bakterien im Dickdarm höherer Tiere, welche wohl hauptsächlich durch ihre schützende Wirkung gegenüber dem Eindringen anderer Mikroorganismen, besonders denen der Fäulnis, für das Wirtstier von Wert ist. In bei weitem der zahlreichsten Menge der Fälle wirkt jedoch Entwicklung von Mikroorganismen im Pflanzen- und Tierkörper krankheitserregend; die Veränderung der physiologischen Funktion des Wirtes äußert sich hier durch die Absonderung von Abwehrstoffen. Durch die künstliche Steigerung der Produktion solcher Antitoxine, welche zu den Errungenschaften der modernen Medizin gehört, gewinnen wir den besten Einblick in diese Form der Anpassung.

In welcher Weise sich Mikroorganismen an das Leben im Tierkörper anpassen, können wir auf zweifache Weise verfolgen. Erstens kennen wir bei verschiedenen Mikroorganismenarten solche, die neben einem ganz saprophytischen Leben nur gelegentlich als Parasiten auftreten, während andere ganz an die parasitische Lebensweise angepaßt sind, so daß sie außerhalb des Wirtes gar nicht mehr oder nur auf dem Wirt arteigenen Nährsubstraten gedeihen. Zwischen diesen Extremen sind die verschiedensten Arten von Zwischenformen bekannt, welche teils mehr zur saprophytischen, teils mehr zur parasitischen Lebensweise hinneigen. Wir kennen daher zahlreiche Formen der sich steigernden Anpassung an die Virulenz.

Zweitens kennen wir für die verschiedenen Pathogenen mehr oder weniger saprophytische Stammeseltern, welche die medizinische Bakteriologie wegen ihrer nahen Beziehung zu den Pathogenen eingehend zu erforschen gezwungen war. Sie werden als Pseudoformen der Pathogenen zusammengefaßt.

Um die zuerst geschilderte Art der Anpassung durch Beispiele zu belegen, wollen wir, die Stufenleiter von den gelegentlichen parasitischen Saprophyten zu den echten Parasiten hinaufsteigend, einige der bekanntesten Formen anführen. Ein paar der in der Natur sehr verbreiteten Schimmelpilze aus der Klasse der Mucorineen und Aspergillaceen, wie Mucor rhizopodiformis und corymbifer oder Aspergillus fumigatus und flavus, ja das Hauptversuchsobjekt der Pilzphysiologie, der Aspergillus niger, können in Gestalt ihrer Sporen in den Tierkörper injiziert lokale Mycelentwicklung hervorrufen, die mit Krankheitserscheinung Hand in Hand geht. Andere Schimmelpilze bewirken Hautkrankheiten. Selbst die harmlose Hefe versetzt den mit ihr injizierten Körper in einen Krankheitszustand, während der Soorpilz schon mehr parasitisch angepaßt aus eigenem Eintriebe zum Erreger der Mundschwämmchenkrankheit der Säuglinge wird. Der Pest- sowie der Cholerabacillus sind in ihrer tropischen Heimat Unrat- und Wasserbewohner, die auch auf künstlichem Nährboden noch gut gedeihen. Erst durch den Übertritt auf den Tierkörper werden sie zu pathogenen Krankheitserregern. Mit dem Typhusbacillus nähern wir uns schon den fakultativen Saprophyten, da er nur gelegentlich und bei großer Aussaat im Wasser gedeiht. Je mehr wir der rein parasitischen Lebensweise näher kommen, desto anspruchsvoller werden die Mikroorganismen an die Form der Kohlenstoff- und Stickstoffnahrung und desto mehr entfernen sie sich von den Gärerregern. So bewirkt das Bact. coli commune noch Zuckervergärung, wohingegen dem naheverwandten Typhusbacillus keine Gasentwicklung mehr zukommt. Zu den metatrophen Organismen gehört auch der Milzbrandbacillus, der selbst im Kuhmist und in verunreinigter Erde noch üppig wächst und Sporen bildet. Von den saprophytischen Buttersäurebacillen leiten sich einige Pathogene ab, die anaerob leben, wie der Tetanusbacillus, der Ödembacillus und der Rauschbrand. Die Anpassung an die parasitische Lebensweise tritt z. B. beim Tetanusbacillus dadurch zutage, daß er mit Ammoniak- und Amidstickstoff, mit dem die Buttersäurebakterien noch auskommen, nicht mehr gedeihen kann. Es fordert neben Zucker Pepton als Stickstoffquelle. Den Übergang zu den in der Natur nicht mehr gedeihenden Eitererregern bildet der Staphylococcus pyogenes, welcher im Kanalwasser und verunreinigten Boden in Form entwicklungsfähiger Keime vorkommt. Auch er ist ein Peptonorganismus, der aber sonst an Ernährung und Temperatur keine besonderen Ansprüche stellt. Der eitererregende Streptococcus pyogenes zeigt seine höhere parasitische Anpassung dadurch, daß er in Kultur schon nach wenigen Wochen eingeht, und daß er ohne Hinzufügung von Körperflüssigkeit nur dürftig gedeiht. Ein Wachstum in der freien Natur ist hier schon ausgeschlossen, ebenso wie beim Micrococcus gonorrhoeae, der als Begleiter des Menschengeschlechts nur durch Berührung übertragen werden kann. Dieser wächst nur noch in Gegenwart von Serum; noch anspruchsvoller ist der Bacillus influencae, welcher nur auf Blut gedeiht und Körpertemperatur verlangt. Der Tuberkelbacillus wächst aber selbst unter optimalen Ernährungs- und Temperaturbedingungen nur äußerst langsam, während die Reinkultur des ihm ähnlichen Erregers der Lepra noch nicht mit Sicherheit gelungen ist. Und die höchste Form der Anpassung an die parasitische Lebensweise kann man wohl in jenen pathogenen niederen Tieren, den Protozoen, sehen, die nur in Gemeinschaft mit gewissen im Tierkörper lebenden Bakterien, die ihnen als Nahrung dienen, fortzukommen imstande sind. Diese Stufenleiter gibt also einen Einblick in die fortschreitende Gewöhnung an die parasitische Lebensweise, deren höchste Stufe noch nicht erklommen zu sein braucht.

Der evolutionelle Zusammenhang zwischen pathogenen Mikroorganismen, speziell den Bakterien, und ihren Pseudoformen wird durch die Tatsache verdeutlicht, daß die Pseudovarietäten allgemein an denselben Orten vorkommen, an denen die Krankheitserreger sich finden. Durch ihre an dieselben Lebensbedingungen angepaßten Temperatur- und Ernährungsforderungen, vor allem aber durch einen häufig auftretenden schwächeren Virulenzgrad, bilden sie die Brücke zu den Saprophyten. Dabei bleibt jedoch zu bedenken, daß auch ein Rückgang des Virulenzgrades möglich ist, daß also Pseudovarietäten rückgebildete Hochpathogene sein können. In der Tat scheinen beide Möglichkeiten realisiert zu sein. So kennen wir typhusähnliche Bakterien, die einen Übergang zu den Kolibakterien bilden und die sich mit dem echten Typhus vergesellschaftet vorfinden [Babes (8)]. Solche Formen nähern sich auch bezüglich des Fermentationsvermögens und anderer physiologischer Leistungen den Koliarten [Germano und Maurea (10)]. Andererseits gibt es Kolistämme, die ihre Gärfähigkeit eingebüßt haben, was durch schädigende äußere Einflüsse wenigstens vorübergehend erreichbar ist [Neufeld (11)]. Stark variabel treten die Bakterien der Proteusgruppe auf, die sich unter geeigneten Umständen an die Pathogenität anpassen und als Erreger der Weilschen Krankheit auftreten [Jäger (9)]; zwischen dem pathogenen Bac. pyocyaneus und dem Wasserbakterium, Bac. fluorescens liquefaciens, soll kein grundlegender Unterschied bestehen, der Bac. pyocyaneus müßte danach die pathogene Form des Bac. fluorescens sein [Ruzicka (19)]. Auch bei Streptokokken gibt es einen Übergang von saprophytischen zu stark pathogenen [Pasquale (14)], ja ein Anaerober, der sich vom Tetanusbacillus nur durch das Fehlen der pathogenen Eigenschaften unterschied, war, nachdem er auf einen Nährboden mit Tetanusgift gewachsen war, gleichfalls pathogen [Sanfelice (15)]. Der Tuberkelbacillus tritt in einer saprophytischen Rasse auf, die manchmal auf kaltblütigen Tieren pathogen ist [Bataillon und Terre (16)]. Von 42 isolierten Kulturen der Diphtheriebacillen gehörten vier der Pseudoform an. Die echten Diphtheriebacillen zeigten sehr verschiedenes Wachstum [Slawyk und Manicatide (17), Zupnik (18)]. Diese Beispiele des Vorkommens von Pseudoformen ließen sich für andere pathogene Arten, wie Choleravibrionen, Gonokokken usw., vermehren. Sie alle würden dasselbe zeigen, nämlich, daß zwischen den saprophytischen und pathogenen Formen verschiedenartige Übergänge bestehen, die als Beweis für die Evolution der Saprophyten zu den Parasiten dienen könnten.

Noch weit deutlicher wird das durch die Tatsache, daß wir auf künstlichem Wege sowohl pathogenen Bakterien ihre virulenten Eigenschaften nehmen, wie die schwach virulenten durch Anpassung in ihrer Virulenz verstärken können. Ja es gelingt, rein saprophytische Bakterien durch Tierpassage pathogen zu machen. Dasselbe glückte mit einigen nicht pathogenen Arten gegenüber Pflanzen, die in ihrem Wachstum geschwächt waren, während sie gewöhnlich im Pflanzenkörper rasch zugrunde gehen.

Der Verlust der Virulenz ist die Folge ungünstigerer äußerer Lebensbedingungen, vor allem der Züchtung bei supraoptimaler Temperatur [Toussaint (21), Pasteur, Chamberland und Roux (22), Chauveau (24), Weil (31) für Pest und Milzbrand, Belfanti und Coggi (33) für Tuberkelbacillen] oder bei Zusatz antiseptischer Substanzen [Chamberland und Roux (23); Gaffky und Löffler (25) für Milzbrand]. Besonders die letzte Methode der Erzielung avirulenter Bakterien ist geeignet, den Verlust der Virulenz dauernd zu fixieren, so daß sie auch bei günstigen Lebensbedingungen, ja bei wiederholter Tierpassage, nicht zurückgewonnen wird. Anaerobe werden unter der Wirkung des Sauerstoffs, der für sie ein Gift ist, avirulent [Wosnessenski (26), Phisalix (28), v. Hibber (30)], während in manchen Fällen schon Kultur auf künstlichen Nährmedien zum Verlust der Virulenz führt [Migula (29), Kolle (32)].

Im Gegensatz dazu gelingt es, durch Tierpassage eine Steigerung der Virulenz für empfängliche Tiere zu erzielen, wenn die Virulenz dem speziellen Wirt gegenüber noch nicht maximal gewesen ist. War jedoch der Maximalwert schon von vornherein vorhanden, so ließ sich auch durch häufige Tierpassage keine Steigerung mehr erreichen [Kruse (36) für Diplokokkus der Pneumonie], was nur natürlich erscheint, da ja das Experiment schon unter den Bedingungen der Natur angestellt worden war. Durch Züchtung auf bluthaltigen Medien wurde der harmlose Bac. subtilis für Meerschweinchen pathogen [Charrin und Nittis (37)], durch Injektion derselben Tierart mit faulem Fleisch konnte ein Mikrobe so angepaßt werden, daß er sich wenigstens noch einmal auf die Tiere übertragen ließ [Roger (37a)]. Am besten gelang das Experiment der Pathogenmachung durch die Verwendung von Kollodiumsäckchen, in denen die Bakterien der Wirkung der tierischen Säfte ausgesetzt sind, ohne daß sie den Leukocyten zum Opfer fallen können. Durch diese Methode wurden Kartoffelbakterien stark virulent; ja diese Bakterien waren dann imstande, Kaninchenblut so zu verändern, daß es den pathogen gewordenen Bacillus agglutinierte. Besonders bemerkenswert ist, daß die von vegetativen Zellen befreiten Sporen zu neuen virulenten Kulturen auskeimten. Zugleich mit der Umwandlung in eine pathogene Form fand eine Anpassung an die anaerobe Lebensweise und die Fäulniserregung statt [Vincent (38)].

So kann man sich an der Hand dieser Experimente sehr gut ein Bild von der Erwerbung der Virulenz machen, sei es, daß dadurch neue Krankheiten zustande kommen oder bekannte wiederaufleben. Und der vorübergehende oder dauernde Verlust der Virulenz zeigt uns, daß diese Eigenschaft ein Anpassungszustand ist.

Besonders bemerkenswert sind in dieser Hinsicht noch einige in allerneuester Zeit an Ruhrkranken gemachte Beobachtungen [Kuhn und Woithe (38a)]. Im Darm eines ruhrkranken Irren fand sich mit den Ruhrbakterien vom Typus Flexner ein echter Kolibacillus vergemeinschaftet, der wie der Ruhrbacillus Mannitlackmußnährboden rötete. Dieser Bac. coli wird durch ein hochwertiges Ruhrserum stark agglutiniert, und zwar quantitativ ebenso stark wie ein echter Ruhrstamm. Derselbe Bacillus wurde bei einem alten Ruhrkranken wiedergefunden.

Weiter wurden in den meisten der Ruhrfälle auf Agarplatten zahlreiche kleine Kokkenkolonien gefunden. Diese Kokken werden ebenfalls vom Ruhrserum agglutiniert. In diesem Falle ist die Agglutination streng spezifisch; die Kokken werden weder spontan agglutiniert noch durch Typhus-, Paratyphus B-, Paratyphus A-Kaninchenserum beeinflußt, was bei dem genannten Kolibacillus, wenn auch weniger hochwertig als durch Ruhrserum der Fall gewesen war.

Bei immunisatorischem Behandeln von Kaninchen mit diesen drei Bakterienstämmen ergab sich fernerhin, daß die Kolibacillen und Kokken die Bildung von reichlichen Agglutininen gegen sich selbst, dann aber, wenn auch in etwas geringerem Maße, gegen die echten Ruhrstämme auslösen.

Die Autoren nehmen an, daß die heterogenen Mikroorganismen im Körper des Ruhrkranken unter dem Einfluß der spezifisch veränderten Körpersäfte allmählich Eigenschaften annehmen, wie wir sie sonst nur bei Ruhrbacillen finden. Sie stellen sich nach der Ehrlichschen Seitenkettentheorie vor, daß den Bakterien dabei allmählich Receptoren für die Agglutinien des Ruhrserums angezüchtet werden. Sie schlagen für die Erscheinung den Namen „Paragglutination“ vor.

Im Anschluß an diese Beobachtungen kommen die Autoren zu Anschauungen über die Erwerbung der Virulenz, die sich mit vielem des von uns vorher Ausgeführten decken. Sie bringen in Erinnerung, daß z. B. Kolistämme aus dem darmkranken Menschen bisweilen durch geringes oder gar völliges Fehlen der Gasbildung ausgezeichnet sind. Diese Eigenschaft leitet scheinbar das Pathogenwerden des Bacterium coli ein.

In Weiterführung dieses Gedankenganges kann man von der Möglichkeit des Entstehens neuer Krankheiten im Anschluß an altbekannte reden. Es wäre dabei nicht an die typischen Infektionen mit wohlcharakterisierten Erregern und eindeutigen ätiologischen Beziehungen (Typhus, Cholera), sondern an Erkrankungen, wie Brechdurchfall, Sommerdiarrhöe, die keine einheitliche Ätiologie haben und die sich epidemiologisch oft nicht direkt auf gleichartige Fälle zurückführen lassen. Ähnliches gilt vielleicht für die Paratyphusinfektion.

Wir sind im vorstehenden den Betrachtungen von Kuhn und Woithe gefolgt, weil durch sie am besten gezeigt wird, von welcher Bedeutung die Erforschung der Variabilität der Virulenz auch für die praktische Medizin werden kann.

Bei den morphologisch stärker differenzierten Protozoen läßt sich die Anpassung an die Virulenz auch in Veränderung der Körperform erkennen. Diese niederen Tiere verlieren im Tierkörper, in dem sie sich nur durch Osmose vermehren, ihre Mundöffnungen; weiterhin werden die nun nutzlosen Bewegungsorgane zurückgebildet. Dafür entwickeln sie Haken, Saugscheiben, Bohrformen und Spitzen, welche ihnen das Eindringen in die Zellen ermöglichen. Weiterhin beantworten sie die Anpassung an die parasitische Lebensweise durch Beschleunigung ihrer Vermehrungsweise [Döflein (39)].

Wie durch Versuche gezeigt wurde, gelingt es, tierpathogene Formen, die spezifisch auf eine Tierart virulent wirken, durch Anpassung auch für andere Tiere, denen gegenüber sie ursprünglich unwirksam waren, giftkräftig zu machen. So wurde bei niederer Temperatur gezüchteter Milzbrand für Frösche, bei höherer Temperatur gehaltener für Tauben virulent [Dieudonné (40)]. Andererseits werden Frösche für den bei 10° gedeihenden Bac. ranicida empfänglich, wenn sie selbst dieser niederen Temperatur ausgesetzt werden [Petruschky (42)]. Im Gegensatz dazu bewirkt Passage durch den Körper kaltblütiger Tiere. — Tuberkelbakterien auf Frosch (Lubarsch (43)] oder auf Blindschleiche, Frosch und Fisch [Bataillon und Terre (44)] — Verlust der Virulenz gegen

Warmblütler, der so gefestigt werden kann [Möller (45), Tuberkelbakterien auf Blindschleiche], daß er durch Tierpassage auf Kaninchen nicht wieder ausgeglichen wird. Sehr wirksam ist hier wieder die Verwendung der Kollodiumsäckchen, mit deren Hilfe man der Menschentuberkulose ganz den Charakter der Hühnertuberkulose zu geben imstande ist [Nocard (46)].

Durch Züchtung auf Kartoffeln, die vorher in alkalische Lösung eingelegt waren, kann man das Bact. coli, den Bac. fluorescenz putidus und den Typhusbacillus für Kartoffelpflanzen pathogen machen [Laurent (47)]; auf ähnliche Weise werden die an eine Leguminosenart angepaßten Knöllchenbakterien durch künstlich hervorgerufene Knöllchenbildung auf einer anderen, für diese Art virulent und zu kräftigen Stickstoffsammlern. [Nobbe und Hiltner (48)]. Steigung des Virulenzgrades der Knöllchenbakterien drückt sich dann auch in geschwächtem Wachstum auf künstlichem Nährboden aus [Gerlach und Vogel (49)].

Von den Verfechtern des Lamarckschen Prinzips für sich sexual fortpflanzende Organismen wurde früher die Vererbung der Immunität durch die Sexualzellen als Beweis herangezogen. Es hat sich aber herausgestellt, daß es keine Vererbung der Immunität durch die Spermatozoen gibt, und daß die Übertragung der Immunität durch die Eizelle ebensowenig möglich ist. Durch das Muttertier kann eine vorübergehende Immunität durch Mitgabe materner Antikörper übertragen werden [P. Ehrlich (50)]. Dagegen scheint sich eine Steigerung der Fähigkeit gegen Mikroorganismen anzukämpfen, von den Leukocyten auf ihre Nachkommenschaft zu vererben [Everard, Demoor und Massart (51)].

(Literatur Seite 198.)

Rückblick.

A. Fluktuierende Variationen und funktionelle Anpassungen.

In der Einleitung haben wir die Behauptung ausgesprochen, daß sich alle die an Mikroorganismen beobachteten Variabilitäten als fluktuierende Variationen und funktionelle Anpassungen deuten lassen. Für diese Anschauung müssen wir jetzt aus unserem Material den Beweis erbringen, indem wir die gewonnenen Resultate entweder in die eine oder die andere Gruppe einordnen. Der Klarheit wegen nehmen wir ein Hauptresultat vorweg; es findet seinen Ausdruck in der Tatsache, daß die allerwenigsten der aufgeführten Varietäten den fluktuierenden Variationen zuzurechnen sind, die durch bloße Selektion ohne die Teilnahme von außen wirkender Faktoren zu einer Abscheidung varianter Rassen führten. Das mag aber zum Teil seinen Grund in dem Mangel zahlreicher auf dieses Ziel hin gerichteter Untersuchungen haben. Sicher gehören zu den Fluktuationen die durch Auslese variierender Einzelzellen geschaffenen morphologischen Rassen von Saccharomyces anomalus und Bact. coli commune (vgl. S. 30) und die pathologische Variation des zur abnormen Kettenbildung neigenden Paramaecium (vgl. S. 32), wie einige andere weniger scharf untersuchte morphologische Varietäten.

Mit diesen Aufzählungen wären die den fluktuierenden Varietäten ohne Zweifel zuzurechnenden Fälle schon erschöpft. Auch farblose Rassen farbstoffbildender Bakterien sind durch bloße Selektion erhalten worden. Da wir aber wissen, daß sich Verlust des Farbstoffbildungsvermögens durch verschiedene Einwirkungen, wie hohe Temperatur, schlechte Ernährungsbedingungen und den Einfluß von Giftstoffen erzielen läßt, da wir im besonderen uns der Beobachtung erinnern, daß schon langdauernde Zucht auf künstlichen Kulturmedien zum Farbstoffverlust führen kann, so möchten wir auch in den Fällen, in denen scheinbar ohne äußere Einflüsse farblose Kolonien auftreten, deren Auslese dann zu den hellen Rassen führte, am liebsten an eine zurückliegende Beeinflussung durch äußere Faktoren glauben.

Auf diese Zwischenstufe müssen wir auch den Verlust der Sporenbildung bei Saccharomyceten stellen. In einer Reihe von Versuchen wurde er bekanntlich durch Züchtung bei für die Sporenbildung supramaximaler Temperatur erzielt, und es wurde durch die Beobachtung, daß sich aus jeder Zelle der ursprünglichen Kultur sporenbildender Nachwuchs heranziehen ließ, der Beweis einer an die Temperaturwirkung gebundenen Transformation geliefert (vgl. S. 159). In andern Versuchsreihen aber gelang es bei bloßer Aussaat auf Würzeagarplatten durch die Färbung der Kolonien zwischen asporogenen und sporogenen Rassen zu unterscheiden (vgl. S. 57). „Die direktwirkenden Ursachen der Bildung der asporogenen Hefeart sind — in diesem Falle — noch unbekannt“[1]). „Auch in der Natur werden sporogene wie asporogene Zellen von Saccharomyces octosporus gebildet, so daß deren Entstehen zunächst nicht durch unsere Kulturmethoden bestimmt wird, sondern auf inneren Umständen beruhen muß, auf Reizen also, welche durch unbekannte Vorgänge im Zellprotoplasma ausgelöst werden“[2]). Die Trockenerhitzung, welche hier die Trennung der sporogenen Rasse von der asporogenen bewirkt, war in diesem Falle nur eine Selektion der sporenbildenden, bei der hohen Temperatur noch lebenskräftigen Zellen, während umgekehrt durch häufiges Umimpfen eine Auslese der asporogenen Individuen erreicht wurde. Mit einem gewissen Recht kann man daher annehmen, daß sich asporogene Heferassen sowohl durch Selektion fluktuierender Varietäten wie durch die in der ersten Reihe der Versuche genannte Adaption an hohe Temperaturen erzielen lassen.

Weit klarer liegen die Verhältnisse bei allen andern noch nicht erwähnten Variationserscheinungen. Es handelt sich hier ausnahmslos um Adaptionen. Wir unterscheiden hier zwischen Gewöhnungen, im engsten Sinne des Wortes, und Reizauslösungen. Der letztere Ausdruck muß uns ein tieferes

---

[1]) Beijerinck, Ökologie. Berlin. Institut f. Gärungsgewerbe 1907, S. 153.

[2]) Ibid. S. 157.

Verständnis für den Vorgang vorläufig ersetzen. Aber auch bei den Gewöhnungen können wir die Ursachen, welche es den Zellen ermöglichen, unter den neuen äußeren Bedingungen zu leben, im tiefsten Grunde nicht erfassen. Die Gewöhnungen setzen nur eine Anpassung an wechselnde äußere Bedingungen voraus, während die Reizauslösungen auf dem Umwege einer die neue Funktion auslösenden Mobilisierung aktiver Substanz, meistens wohl von Fermenten, zustande kommen müssen.

Zu den Gewöhnungen zählen wir die Verschiebung der Kardinalpunkte der Temperatur und die Umzüchtung Anaerober in Aerobe und vice versa, die Akkommodation an erhöhte Konzentrationen wie das wenige, was wir über die Anpassung an die ursprünglich schädigende Wirkung des Lichtes wissen. Genau so verhält es sich mit den Variabilitäten der Virulenz, die wir beliebig abschwächen und bis zu einem Maximum nach Belieben verstärken können, wenn wir nur die geeigneten Bedingungen dazu wählen. Die Akklimatisation an Gifte bildet schon den Übergang zu den Reizauslösungen; denn, wie uns der Mechanismus dieser Adaption gezeigt hat, findet hier ein manchmal verfolgbarer Vorgang im Zellinneren statt, der auf eine durch die Giftwirkung veranlaßte Reizauslösung zurückgeführt werden muß (vgl. S. 90). Auf dieselbe Weise kann eine Ausnutzung artfremder Nährstoffe und eine Absonderung für die Art neuer Fermente und eine Steigerung der Stoffwechselproduktabsonderung erklärt werden. Immer aber sind es die Bedingungen der Züchtung, die Wirkungen ungewöhnter Außenumstände, welche die Ursache solcher Umwälzungen sind.

Wir haben schon in der Einleitung erwähnt, daß die zuerst durch ein eigenartiges Kolonienwachstum bemerkbar gewordene Mobilisierung des milchzuckerspaltenden Fermentes bei Bac. coli mutabile zuerst als Mutation angesprochen wurde. Nachdem aber durch systematische Versuche gezeigt worden ist, daß es das Vorhandensein der spaltbaren Kohlenhydrate und ähnlicher Substanzen war, das bei verschiedenen Mikroorganismen eine Absonderung ihrer Spaltungsfermente verursachte, müssen wir auch diese Neuerwerbungen als Anpassungen deuten. Der Erforscher dieser Vorgänge nennt sie zwar noch Mutationen, wenn er sagt[1]: „Wir haben also bei diesen Mutationen bestimmte chemische

[1]) Reiner Müller, Münchn. med. Wochenschrift 1909, Nr. 17.

Stoffe als Reagenzien auf bestimmte Bakterien. Für die Biologie dürfte es von hervorragender Bedeutung sein, daß es mit der Sicherheit einer chemischen Reaktion gelingt, zahlreichen Lebewesen künstlich eine ganz bestimmte neue Eigenschaft hinzuzufügen, die dann vererbt wird und in unabsehbaren Generationen konstant bleibt."

Schon der Referent dieser Untersuchungen hat sich dagegen ausgesprochen, diese Vorgänge als Mutationen zu bezeichnen[1]):

„Ist also die Tatsache der Abspaltung von Deszendenten mit veränderten physiologischen Eigenschaften nicht mehr zu bezweifeln, so erhebt sich nun die Frage, ob man dieselben wirklich mit Recht als Mutationen nach de Vries bezeichnen darf.

Zunächst wird man bei Übertragung dieses für höhere Pflanzen geprägten Begriffes auf die Mikrobenwelt nicht vergessen dürfen, ‚daß die vegetative Vermehrung der einzelligen Organismen nicht unmittelbar mit der Vermehrung der höheren Pflanzen durch Gameten verglichen werden darf' (Johannsen, Erblichkeitslehre, S. 345). Im besonderen gilt ferner: Die Mutationen höherer Pflanzen verlaufen ‚richtungslos' (S. Reichenbach, Bakt. Zentralbl. I. Abt. 1908, Bd. 42, S. 58) und die Versuche, sie willkürlich durch künstliche Eingriffe hervorzurufen, sind augenblicklich noch nicht über den ersten Anfang hinausgekommen. Im Gegensatz dazu können die geschilderten Veränderungen bei den Bakterien durch Zugabe eines bestimmten Stoffes mit der ‚Sicherheit eines physikalischen Versuches' hervorgerufen werden, und sie verlaufen nicht richtungslos, sondern charakterisieren sich als Anpassungen an den betreffenden Stoff, sie sind adaptiver Natur. Daß auf diese Weise durch ‚direkte Anpassung' Stämme entstehen, die ihren Ahnen im Kampf ums Dasein überlegen sind, läßt sich wohl nicht leugnen, während infolge von Mutation bei höheren Pflanzen bekanntlich nur dann, wenn sie zufällig die Pflanze im Kampf ums Dasein besser stellen und nachher Selektion jätend eingreift, eine Förderung erzielbar ist. Behält man diese Unterschiede im Auge, so möchte der Ref. immerhin ebenfalls der Meinung sein, daß es erlaubt sei, diese stoßweise erfolgenden und erblich sich übertragenden Veränderungen der Spaltpilze als Mutation zu bezeichnen, wenigstens vorläufig, bis vielleicht eine

[1]) Benecke (Zeitschr. f. induktive Abstammungs- und Vererbungslehre Bd. 2 [1909], S. 215).

genauere Untersuchung des Vorganges uns eines Besseren belehrt. Denn es muß betont werden, daß über die Art und Weise, wie diese Mutanten entstehen, noch fast gar nichts bekannt ist, und daß auch die Bedingungen, unter denen sie entstehen, noch genauer analysiert werden müssen. Vor allem erhebt sich die Frage, warum immer nur ein kleiner Teil der Zellen einer Kultur mutiert und warum nicht alle es tun. Hier gibt es zwei Alternativen: Entweder sind nur an einigen wenigen Stellen der Kultur die äußeren Lebensbedingungen (Sauerstoffspannung, o. ä.) derartige, daß sie gemeinsam mit der Milchzuckerzufuhr die Mutation auslösen, oder aber es kommt in Betracht, daß die Zellen einer Kultur nicht als gleichartig zu betrachten sind, und nur solche, die jeweils in einem geeigneten inneren Entwicklungszustand sich befinden, infolge Milchzuckerzusatzes mutieren.

Mit Bezug auf diesen letzten Punkt bedarf es wohl kaum des Hinweises, daß die Einzelzellen einer Bakterienkultur, selbst wenn sie alle von einer Mutterzelle abstammen, also eine ‚reine Linie' darstellen, nicht alle als gleichwertig zu betrachten sind, daß sie sich vielmehr, wie durch das Alter der Querwände, so vielleicht auch in anderer Hinsicht, Zellteilungsgeschwindigkeit, Nährstoffaufnahme u. ä. unterscheiden können, daß sie also aus inneren Gründen auf gleiche äußere Beeinflussung verschieden reagieren können. — Zahlenangaben über den Prozentsatz von Mutanten wären ebenfalls von größter Bedeutung für die genaue Kenntnis dieses Vorganges."

Wir möchten nach unseren eingehenden Betrachtungen den Ausdruck „Mutation" für derartige *funktionelle Anpassungen* ganz fallen lassen, denn auch in vielen andern Fällen sind wir über die Art und Weise, wie diese Anpassungen entstehen, nicht genauer informiert. Auch bei ihnen kennen wir nur die äußeren Bedingungen, welche sie geschaffen haben. Wir können deshalb keine Unterschiede machen und ordnen die beobachteten Varietäten unter den Begriffen „*fluktuierende, Plus- und Minus-Variationen*" und „*funktionelle Anpassungen*" ein.

Zu was für unrichtigen Schlüssen man kommt, wenn man auf Grund einer vorgefaßten philosophisch-theoretischen Anschauung die Anpassungsfähigkeit aller Organismen ausnahmslos wegzuleugnen versucht, ersieht man am besten aus der vermeintlichen Kritik, welche Detto in seinem sonst wertvollen Buche an den Tatsachen der direkten Anpassung bei Bakterien, Pilzen und Euglenen geübt hat[1]). Wir können nur ein paar Beispiele herausgreifen, um das zu beweisen. Daß es gelingt, durch Kultur bei hohen Temperaturen (vgl. S. 57) konstant asporogene Heferassen zu züchten, wird sehr einfach mit der Behauptung abgeleugnet: „daß solche asporogene Rassen, sich selbst überlassen, wahrscheinlich in die ursprüngliche Art zurückschlagen" (S. 102), während die keine Sporen bildende Hefe ihr neues Merkmal schon während 17 Jahren, also einer sehr großen Zahl von Generationen, konstant bewahrt hatte.

Die Verschiebung der Kardinalpunkte der Temperatur bei Bakterien (vgl. S. 43) wird wie folgt ausgelegt: „Daß die Bakterien in diesen Versuchen eine das Maß ihrer potentiellen Variationsbreite überschreitende, absolute und zweckmäßige Umbildung eingegangen wären, wird man nicht annehmen dürfen, ohne gegen unseren obersten Grundsatz zu verstoßen. Es liegt dazu jedoch keine Veranlassung vor; denn entweder liegt es überhaupt im Vermögen dieser Organismen, weite Temperaturschwankungen zu ertragen, oder es handelt sich um eine Selektion der extremen Varianten" (S. 98).

Aus der Tatsache, daß gewisse Bakterienspezies extrem niedrige, andere sehr hohe Temperaturen ertragen können, aus der weiteren Tatsache, daß die Sporen mancher Erdbakterien gegen hohe Hitzegrade sehr resistent sind (S. 98 u. 99), folgert Detto, daß die Fähigkeit der geprüften Bakterienarten, sich neuen Temperaturforderungen anzupassen, ihrer konstitutionell begründeten Variationsbreite zuzuschreiben ist.

Die Verwirrung der einfachsten mikrobiologischen Grundgesetze ist hier eine außerordentliche. Von der Thermotoleranz einiger Bakterienspezies schlußfolgert Detto auf eine gleiche bei ganz anderen Arten, ja er wirft selbst die Resistenz der Sporen gegen Hitze mit dem Temperaturbedürfnis der vegetativen Zellen und dazu noch der vegetativen Zellen differenter Arten zusammen. Auf diese Beweisführung brauchen wir gar nicht weiter einzugehen.

---

[1]) Detto, Die Theorie der direkten Anpassung und ihre Bedeutung für das Anpassungs- und Deszendenzproblem. Jena 1904.

Schon früher haben wir begründet (S. 10), warum in diesen Fällen auch eine bloße Selektion extremer Varianten ausgeschlossen ist. Diese vorausgesetzt und die Adaption ausgeschaltet, müßte es gelingen, von den normalen Temperaturbedingungen zu den durch Anpassung erreichten extremsten in einem Sprunge überzugehen, welche Temperaturen dann ja diesen Varianten sofort zugänglich sein müßten. Daß das unmöglich ist, wurde in den Versuchen an Bakterien, in noch schärferer Weise aber an denen mit Flagellaten (vgl. S. 44) bewiesen. Weiter setzt die Verschiebung der Temperaturkardinalpunkte durch Selektion die mögliche sofortige Rückkehr der ausgelesenen Varianten zu den ihnen ja anfangs zugänglichen ursprünglichen Temperaturgrenzen voraus (vgl. S. 46) welche in Wahrheit ausgeschlossen war.

Die Anpassungsfähigkeit der Schimmelpilze an Gifte soll sich dadurch erklären lassen, daß sie die Giftstoffe, z. B. das Kupfersulfat, überhaupt nicht aufzunehmen vermochten. „Die problematische, direkte Anpassung an Gifte bestand in diesem Falle also darin, daß die Plasmahaut ihnen den Durchtritt verwehrte, eine Eigenschaft, die sie gegenüber dem Sublimat, Cadmium, Nickel u. a. nicht in demselben Maße besaß. Also gewiß ein im vollen Sinne des Wortes ‚zufälliges' Zusammentreffen". Das Penicillium war aber auch nicht von Anfang an resistent gegen die angewandte Kupfersulfatlösung, an die es allmählich angepaßt werden konnte. Wir sahen weiter, daß in andern Fällen, z. B. bei der Hefe, gerade eine Anreicherung der Zellen mit dem Giftstoff bewiesen werden konnte (vgl. S. 90). In diesem Falle schützt sich die Hefe auf durchaus nicht zufällige Weise durch eine gesteigerte Aufnahme des das Fluor absättigenden Calciums. Die Anpassung wird also durch eine adaptive Aufnahmefähigkeit der Zellen für diese Substanz reguliert. Ferner dürfte es schwer werden, die außerordentlich große Akkommodationsfähigkeit verschiedener Mikroorganismen an Gift, besonders auch die extreme der Trypanosomen (vgl. S. 89) durch solches „zufälliges" Zusammentreffen zu erklären. Denn wir erfuhren, daß sie sich auf Grund der chemischen Konstitution der Giftstoffe in durchsichtiger Weise steigern läßt und keinen Zufälligkeiten ausgesetzt ist.

Diese Bemerkungen mögen genügen, um den zum Teil auf fehlerhafter Basis ruhenden, z. B. durchaus gesuchten Kritiken einer möglichen Adaptionsfähigkeit niederer Organismen an von außen wirkende Einflüsse die Basis zu entziehen.

B. Die Vererbung fluktuierender und adaptiver Varietäten.

1. Vererbbarkeit der Adaptionen.

Die Erkennung der Anpassungsfähigkeit niederer Organismen an extraordinäre Lebensverhältnisse und der Aneignung außerartlicher Lebensfunktionen setzt eigentlich schon eine Vererbung erworbener Eigenschaften bei diesen Lebewesen voraus. So schnell folgen hier Generationen auf Generationen, daß wir den Wert der Anpassungen gar nicht bemerken würden, wenn er nur in der ersten Generation zutage träte. Anpassung und Leben müssen eins sein, Leben und Vermehrung fallen hier auch in eins zusammen, und schon die Dauer eines Akklimatisationsversuches muß sich notwendigerweise über zahlreiche Generationen erstrecken, sobald die rein vegetative Teilungsvermehrung in Frage kommt. Hier, d. h. bei der Vererbung der funktionellen Anpassungen, ist also die Weismannsche Forderung (vgl. Einleitung S. 4) einer Übertragung aller erworbenen Eigenschaften erfüllt, soweit nämlich die Veränderungen, welche eine direkte Folge der von außen wirkenden Einflüsse sind, in Frage kommen. Die Anpassung an solche Wirkungen hat auch wirklich, wenn sie dem Elternorganismus gelingt, eine Vererbung auf die Kindesorganismen zur Folge, die ja zu einem Teil, meistens zur Hälfte, noch Elternorganismus selbst sind: denn eine partielle Adaption der Eltern, die nur gewisse Körperabschnitte derselben trifft, ist offenbar unmöglich. Die Gesamtheit des Lebewesens muß sich den neuen Verhältnissen anpassen, so daß kein Abschnitt desselben unbeeinflußt bleibt. Die Folge davon ist, daß auch kein unveränderter Abschnitt Körperhälfte eines Kindes werden kann. So hat Jensen[1]) recht, wenn er sagt: „Es braucht nicht besonders bemerkt zu werden, daß bei niederen Organismen im allgemeinen wohl eine Vererbung ‚erworbener Eigenschaften' zur Geltung komme, da hier das den Einwirkungen der Außenwelt ausgesetzte Soma selbst die Substanz darstellt, aus der die Körper der Nachkommen gebildet werden."

Der Unterschied zwischen ungeschlechtlich und geschlechtlich sich vermehrenden Organismen tritt also, sobald die Vererbung erworbener Eigenschaften in Frage kommt, klar zutage,

[1]) Paul Jensen, Organische Zweckmäßigkeit, Entwicklung und Vererbung vom Standpunkte der Physiologie. Jena 1907. S. 23.

wenn es sich um die Adaption an von außen wirkende, die ganze Zelle der sich ungeschlechtlich Vermehrenden treffende Wirkungen handelt. Mit der Trennung zwischen Keim- und Somazellen geht bei den höheren Organismen eine Unvererbbarkeit, mit der Gemeinschaft von Keim- und Somazellen bei niederen eine Vererbbarkeit erworbener Eigenschaften Hand in Hand. Die potentielle „Unsterblichkeit" der Einzelligen[1]), die „Kontinuität" der lebendigen Substanz ihrer Deszendenten[2]) sichern den niederen Organismen unter diesen Umständen eine allmähliche Verschiebung ihrer Artcharaktere, da sich jedes Glied der Kette ihrer Generationen gewissermaßen durch das nächste Glied hindurchzieht, während bei geschlechtlicher Vermehrung eine Einschiebung des somatischen Körpers zwischen die einzelnen Glieder der Kette, eine Unterbrechung der Kontinuität stattfindet.

Wir sagten schon in der Einleitung, daß es den Gesetzen der Vererbung funktioneller Anpassungen nicht widerspricht, wenn es uns gelingt, eine veränderte Art wieder zum Urtypus zurückzuführen, sobald wir den zum Zwecke der Adaption gegangenen Weg wieder zurückschreiten. In der Tat zeigt sich auch, daß diese Abgewöhnung häufig erreichbar war. Der Verlust der Virulenz beim Zurückgehen auf die saprophytischen Lebensbedingungen, die Rückkehr an hohe Temperatur angepaßter Organismen zu den normalen Temperaturforderungen, die Wiederkehr der ursprünglichen Sauerstoffspannungsbedingungen, vor allem aber das, was wir als Regeneration verloren gegangener Eigenschaften unter der Wirkung von Normalverhältnissen bezeichneten, entsprechen dieser Gesetzmäßigkeit.

Nicht immer aber wird es gelingen, den Rückweg schneller als den Hinweg zu durchlaufen, so daß die Lebensgewohnheiten extrem veränderter Organismen denjenigen des Urtypus schon zu entfremdet sein können, wenn man sie direkt von den neuen Bedingungen in die alten zurückbringt. So waren z. B. die an hohe Temperaturen angepaßten Flagellaten (vgl. S. 46) bei der der Urform entsprechenden Zimmertemperatur nicht mehr lebenskräftig, so keimten manche an hohe Konzentrationen adaptierte Schimmelpilzsporen in schwachkonzentrierter Lösung weniger gut (vgl. S. 59);

[1]) Weismann, Vorlesungen über Deszendenztheorie, Bd. I. Jena 1902. S. 283.

[2]) Verworn, Allgemeine Physiologie. Jena 1897. S. 349.

so ist besonders die Rückkehr hochvirulenter Arten zur nicht parasitischen Lebensweise nicht mehr möglich. Die Dauer und Größe der Veränderung entscheiden also über den Grad der Fixierung der neuen adaptiven Eigenschaften, und wir können sagen, je extremer die Anpassung, desto schwerer, je schwächer die Anpassung, desto leichter ist die Rückkehr zu den Bedingungen des Urtypus.

2. Die Vererbbarkeit fluktuierender Variationen.

Die Vererbarkeit fluktuierender Variationen ist bekanntlich bei höheren Organismen eine sehr wechselnde. Alles das, was die Botaniker als Mutationen bezeichnen, ist unbedingt erblich fixiert, während andere Variationen, wenigstens nach der Auffassung der Zoologen, vererbbar und nicht vererbbar sein können. Soweit uns die wenigen Untersuchungen auf diesem Gebiete einen Einblick erlauben, ist das bei Mikroorganismen genau so. Einige der richtungslos verlaufenden Variationen gestatteten bei der Selektion die Heranzucht neuer Rassen, wie die langgestreckten Anomalushefen und Kolibakterien (vgl. S. 30). Durch Auslese ließen sich auch sporogene von asporogenen Hefenrassen trennen, und in einem Falle gelang es, von einer asporogenen Zelle des Bac. megatherium ausgehend[1]), eine „sporenfreie Rasse" heranzuziehen. Schon diese erblich fixierten Variationen waren den Hefen und dem Bac. megatherium im Kampf ums Dasein nicht nützlich. Noch deutlicher tritt das hervor bei der vererbbar befundenen Variation von Paramaecium, dessen neu auftretendes Kettenwachstum zum baldigen Untergange der durch Selektion gewonnenen Rasse führte. Die Bedingungen des richtungslosen Verlaufes dieser Variationen sind also erfüllt.

Noch häufiger aber waren, ebenso wie bei höheren Organismen, die fluktuierenden Variationen nicht vererbbar. Schon die durch Auslese einer langgestreckten Zelle gewonnene Typhusbakterienrasse schlug am 53. Tage zurück[2]). Die zahlreichen Isolierungen besonders großer Zellen der Anomalushefe führten nie zu einer vererbbaren Variation. Vor allem aber ist wichtig, daß auch die Art der Variationen, welche in einzelnen Fällen bei der Auslese zu neuen Rassen führte, nämlich die Lang-

[1]) Barber, Kansas University Bull. Vol. IV (1907), S. 38.

[2]) Barber, S. 37.

streckung der Zellen, in der weit größeren Anzahl der Fälle nicht vererbbar war, sondern zum Urtypus zurückschlug. Diese fluktuierenden Varietäten können also erblich fixiert oder durch das Regulationsvermögen der Zelle leicht ausmerzbar sein. Die Ursachen für die Verschiedenheit im Verhalten der einzelnen Varianten sind vollkommen dunkel. Jeder Erklärungsversuch wird hier beim heutigen Stande unserer Kenntnis scheitern. Wir können nicht ergründen, ob diese Variationen einem zurückliegenden Einfluß der Außenwelt ihr Dasein verdanken. Da hier bei der nicht amphimiktischen Fortpflanzung nur die Chromosomen einer Zelle vorhanden waren, kann von einem Kampf der Vererbungssubstanzanlagen um die Nahrung, von einer Germinalselektion, nicht gesprochen werden, und es bleibt uns nichts übrig, als anzunehmen, daß im Falle der Vererbbarkeit die Ursache der Variabilität von den Chromosomen ausging, während das bei den unvererbbaren Varianten nicht der Fall war. Wir sind uns aber bewußt, daß auch diese Erklärung gezwungen erscheint, weil die Variationen, soweit wir das beurteilen können, wenigstens nach ihren äußeren, wahrnehmbaren Merkmalen, völlig gleich waren.

Ebenso liegen die Verhältnisse bei den meisten Abnormitäten der Formgestaltung von Paramaecium, welche die Zelle sehr bald zu regulieren imstande war. Aber auch hier gab es einige vererbbare Abnormitäten. Daß in einem Falle eine Steigerung der Abnormität bis zur Ausbildung eines langen Fortsatzes stattfand, der dann auf die Deszendenten der umgestalteten Zelle überging, ohne reguliert zu werden, hat mit den Gesetzen der Vererbung viel weniger als mit einem speziellen Mangel der Regulationsfähigkeit in diesem extremen Falle zu tun. Daß die Ausbildung eines derartigen Fortsatzes auf die Vererbungssubstanz der Paramaeciumzelle so wirken würde, daß sie dadurch zur Ausbildung weiterer solcher Fortsätze in ihren Nachkommen angeregt würde, war von vornherein nicht zu erwarten. Es mag sich hier um eine Verstümmelung aus innerer Ursache, z. B. veranlaßt durch zu dünne Zellhaut an einer Stelle der Körperoberfläche, gehandelt haben. Daß an derselben Art vorgenommene Verstümmelungen durch äußere Einflüsse, durch Verletzung mit einem feinen Glasstab, zu keinen dauernd vererbbaren Variationen führten, braucht aus demselben Grunde nicht zu befremden.

Zusammenfassend kann man also sagen: Es gibt vererbbare und nicht vererbbare fluktuierende Variationen bei Mikroorganismen, genau wie bei hochentwickelten Tieren und Pflanzen. Keimzelle und somatische Zelle fallen zwar in eins zusammen; aber jeder Reiz, der die Keimzelle trifft, hat noch keinen Einfluß auf die Vererbungssubstanz, welche sie einschließt. Keimplasma und Keimzelle sind also scharf zu unterscheiden.

C. Vererbbarkeit durch Dauerorgane.

Bisweilen wird die Teilungsvermehrung niederer Organismen durch die Ausbildung von Verbreitungs- und Dauerorganen unterbrochen, die meist auf ungeschlechtlichem, manchmal aber auch auf geschlechtlichem Wege zustande kommen. Für unsere Betrachtungen muß es von Interesse sein, die Frage zu beantworten, ob sich die im vegetativen Leben erworbenen Eigenschaften über die Dauerorgane hinaus übertragen lassen; ob die auf die vegetativen Zellen wirkenden Einflüsse auf die Dauerorgane übergehen und von diesen aus an die neuen aus ihnen hervorgehenden Vegetationszellen weitergegeben werden. Bei endogener Sporenbildung sind die Bedingungen des Zusammenfallens von Keim- und Somazellen genau wie bei vegetativer Vermehrung erfüllt, während das bei exogener Sporenbildung, speziell bei der Entwicklung der Sporen in besonderen Organen, nicht der Fall zu sein braucht. Diese letztgenannten Verhältnisse kommen also denen der geschlechtlichen Vermehrung in einem Punkte schon näher.

Von vornherein sei bemerkt, daß es für das Gelingen eines Anpassungsexperimentes gleichgültig ist, ob wir in der Heranzucht einer Kultur von einem Dauerorgan oder einer vegetativen Zelle ausgingen. Die Tendenz zur Ausbildung von Dauerorganen wohnt jedoch den von ihnen resultierenden Kulturen z. B. bei Saccharomyceten in stärkerem Maße inne als den vegetativen Zellen.

Die Erfahrungen, die wir zur Beantwortung der oben gestellten Fragen beibringen können, sind noch wenig zahlreich. Mit einer Ausnahme waren die vererbbaren Variationen auch über die Dauerorgane hinaus übertragbar, gleichgültig, ob es sich um fluktuierende Varietäten oder um Adaptionen handelte.

So wurde die Vererbbarkeit, der zur ersten Gattung gehörenden Variationen, der langgestreckten Anomalushefe, wie die langer Filamente des Bac. Breusteri beobachtet. Zur zweiten Gattung gehört die Anpassung von Schimmelpilzen an Gifte und an höhere Konzentrationen, welche durch Fortzüchtung der Kultur auf dem Wege der Sporenübertragung nicht gehemmt wurden. Am bemerkenswertesten sind die hierher gehörigen Resultate bei der Verschiebung der Keimesperiode angepaßter Schimmelpilzsporen. Es gelang nämlich nicht nur durch Züchtung der Schimmelpilze auf konzentrierten Nährmedien eine Verzögerung des Auskeimens der Sporen auf solchen Substraten zu beheben, sondern es zeigte sich auch, daß die aus angepaßten Sporen hervorgehenden Pilzmycelien unter normalen Ernährungsbedingungen schwächer waren als auf den konzentrierten, an die sich die Sporen angepaßt hatten. Hier war also eine Übertragung der adaptiven Eigenschaft über die Spore hinaus auf den neuen Vegetationskörper geglückt. Ebenso ging die Pathogenität der für Pflanzen pathogen gemachten Kartoffelbakterien über die Sporen auf die neue Generation über.

Dagegen zeigte sich, daß die Kolonienwachstumsformen, welche bei Hefen je nach der Art des Vorlebens als Kernhefe oder Kamhefe sehr verschiedenartig sind und welche durch langdauernde Kultur sehr gefestigt werden, bei der Dauerformbildung wieder ausgeglichen werden. Denn die aus den Dauerformen hervorgegangenen Kolonien sind sehr mannigfaltig, und es treten hierbei sämtliche Wachstumsformen auf.

Wir sehen also, daß in einigen Fällen eine Übertragung der variablen Eigenschaften über die Dauerformen stattfindet, während in dem zuletzt genannten Falle gerade durch die Einschiebung der Sporenbildung eine Verwischung der Neigung zum Variieren in bestimmter Richtung eingetreten war. Weitere Resultate sind erforderlich, um hier Gesetzmäßigkeiten aufzufinden.

Betrachtungen über die Bedeutung der Amphimixis.

In unserer Einleitung haben wir die Hoffnung ausgesprochen, daß es uns gelingen würde, aus unseren Ergebnissen über die Variabilität sich ungeschlechtlich fortpflanzender Mikroorganismen und deren Vererbbarkeit einiges Licht auf den „Wert der Amphimixis" zu werfen. Die Beurteilung der Einführung dieses Vorganges in die Organismenwelt und seiner Aufrechterhaltung bei der Mehrzahl der lebenden Tier- und Pflanzenarten ist bisher vornehmlich vom Standpunkte der bei sich amphimiktisch vermehrenden Arten aufgefundenen Variabilitäts- und Vererbungserscheinungen unternommen worden. Es ist aber klar, daß man diese Vorgänge auch von der Seite der sich vegetativ vermehrenden Lebewesen aus betrachten und von hier aus sich die Frage vorlegen kann: Welchen Nachteil haben diese im Kampf ums Dasein durch das Fehlen der geschlechtlichen Vermehrungsweise?

Die Bedeutung der Amphimixis wird auf drei Weisen gedeutet. Weismann (1) sagt darüber folgendes: „Amphimixis hat heute in der gesamten Organismenwelt, von den Einzelligen bis zu den höchsten Pflanzen und Tieren hinauf, die Bedeutung einer Erhöhung der Anpassungsfähigkeit der Organismen an ihre Lebensbedingungen, indem erst durch sie die gleichzeitige harmonische Anpassung vieler Teile möglich wird. Sie bewirkt dieselbe durch die Vermischung und stete Neukombinierung der Keimplasmaide verschiedener Individuen und bietet den Selektionsprozessen die Handhabe zur Begünstigung der vorteilhaften und zur Ausscheidung der nachteiligen Variationsrichtungen, sowie zur Sammlung und Vereinigung aller für die richtige Weiterentwicklung einer Art nötigen Variationen. Diese indirekte Wirkung der Amphimixis auf die Erhaltungs- und Umbildungsfähigkeit der Lebensformen ist der

Hauptgrund ihrer allgemeinen Einführung und Beibehaltung durch das ganze bekannte Organismenreich von den Einzelligen aufwärts." Und weiter sagt er: „In jedem Falle hat Amphimixis nicht die Bedeutung einer Erhaltung des Lebens selbst, wohl aber die einer ohne sie nicht erreichbaren Fülle und Mannigfaltigkeit der Lebensformen." Weismann setzt sich also in scharfen Gegensatz zu der Verjüngungshypothese anderer Forscher. Diese Hypothese sagt in ihrer ursprünglichen Fassung aus, daß das Leben auf die Dauer ohne Kopulation nicht möglich sei. Diese Anschauung ist heutzutage im allgemeinen verlassen, und wir werden auf sie nicht im speziellen eingehen, da es uns bewiesen erscheint, daß zahlreiche niedere Organismenarten in einer unbegrenzten Reihe von Generationen ohne Zellverschmelzung auskommen, daß es viele gibt, bei denen die Amphimixis überhaupt nicht ausgebildet ist. Auch die für diese Auslegung der Verjüngungshypothese ins Feld geführten Versuche von Maupas (2) erscheinen uns nicht beweiskräftig. Denn wenn auch die an der Konjugation gehinderten Infusorien nach einer gewissen Anzahl von Generationen zugrunde gingen, so geht daraus eben höchstens hervor, daß diese Tiere auf Konjugation angelegt sind und beim Ausscheiden derselben entarten, ganz ähnlich wie die Samenzelle oder Eizelle abstirbt, wenn sie nicht zur Amphimixis gelangt." (Weismann, Bd. I. S. 270.) Auch läßt sich, meiner Meinung nach, schwer beurteilen, ob nicht schon die äußeren Umstände, welche die Konjugation hinderten, bei der Dauer der Einwirkung einen schädlichen Einfluß hatten.

Demgegenüber beherrscht heutzutage eine modifizierte Verjüngungshypothese die Anschauungen verschiedener Forscher. Diese sind der Meinung, daß durch die Amphimixis ein Ausgleich der individuellen Abweichungen zustande kommt, eine Ausschaltung zu stark variierender Eigenschaften. So sagt Jost (3): „Ob aber die Bedeutung der Mischung darin zu suchen ist, daß die individuellen Charaktere ausgeglichen werden, oder darin, daß durch Kombination der zwei Organe neue Charaktere geschaffen werden, darüber wird noch gestritten." Andere lassen den an sich ungeschlechtlich vermehrenden Organismen gewonnenen Beobachtungen schon eine gewisse Berücksichtigung widerfahren; so Strasburger (4), wenn er schreibt: „Für mich liegt der Hauptwert der Befruchtung im Ausgleich, den die individuellen Abweichungen durch sie erfahren." Und weiter: „Durch extreme Einflüsse können die morphologischen und physiologischen Merkmale der Bakterien nicht unwesentlich verändert werden[1]). Bei der Gleichmäßigkeit der Einflüsse, welchen die Pangene (Keimsubstanzen) in den Vegetationspunkten einer höher organisierten Pflanze oder den Keimbahnen der Tiere ausgesetzt sind, wird ihre Veränderung sich dort unmerklich vollziehen, daher auch ein tausendjähriger Baum noch immer aus seinen Knospen die nämlichen Triebe entfaltet. Immerhin dürfte die ununterbrochene Ergänzung der Substanz nicht ganz wirkungslos bleiben und von dem wandelbaren Zustande der Ernährungsbedingungen sicherlich beeinflußt werden. Daher ein Ausgleich, wie ihn die Amphimixis bietet, unter allen Umständen erwünscht ist. Im besondern wird letztere auch stärkere Abweichungen der Nachkommen durch Verteilung übereinstimmend abgeänderter Pangene auf verschiedene Geschlechtsprodukte abschwächen und so eine pathologische Steigerung ihres Zusammenwirkens hindern."

Ganz ähnlich äußert sich Rosen (5): „Aber zwei Wirkungen der Sexualität kennen wir, die vielleicht genügen, ihr Daseinsberechtigung zu geben. Durch die geschlechtliche Vereinigung und die mit ihr verknüpfte vollkommene Neuordnung in der Zelle und besonders im Zellkern tritt eine gewisse Verjüngung ein: der Ballast der erst im Leben erworbenen Eigenschaften wird abgestreift. Im Daseinskampf verschleißt sich das Individuum, in der Zeugung gewinnt es seine Jugendkraft wieder. Die individuellen Verschiedenheiten gleichen sich in der ständigen Mischung aus, und statt immer neue differente Individuenreihen zu bilden, wie wir sie von manchen ungeschlechtlichen Pilzen und Bakterien kennen[1]), erhält die Sexualität die Arten als solche, sichert ihnen ihre Dauer trotz aller wechselnden Einwirkungen des Lebens. Damit aber wird das Bewährte geschützt gegen übereilte Preisgabe zugunsten noch unsicherer Neuformungen." „Je höher ein Organismus steht oder, was dasselbe bedeutet, je komplizierter er ist, desto mehr und größere Möglichkeiten hat er, vom reinen Typus abzuweichen, desto dringender bedarf er des Steuers, das ihn in seinem Kurs hält."

[1]) Von mir gesperrt.

Nach diesen Anschauungen wird also die modifizierte Verjüngungshypothese zu einer Deutungstheorie des bestehenden Wertes der nun nicht mehr als unbedingt erforderlich angesehenen Amphimixis. Die ihr anhängenden Forscher leugnen nicht den ihr fraglos zukommenden Nutzen der möglichen Vereinigung differenter Vererbungstendenzen zweier Individuen, welche ihre Nachkommen mit kombinierten Waffen im Daseinsstreit ausstatten kann. Aber sie stehen nicht auf dem Weismannschen Standpunkt, einer besonderen Begünstigung der Ausbildung variabler Eigenschaften durch die Amphimixis, die er aus seiner Germinalselektion herleitet. So ist nach Spencer (6a) der Hauptzweck der geschlechtlichen Zeugung, eine neue Entwicklung durch Zerstörung des annähernden Gleichgewichtes herbeizuführen, auf welchem die Moleküle des elterlichen Organismus angekommen sind, womit die Störung des Gleichgewichtes durch die Kombination der individuellen Varianten gemeint ist. In diesem Sinne kann nach Hertwig (6) die Befruchtung auch als ein Verjüngungsprozeß betrachtet werden. Der Nutzen der Befruchtung besteht nach ihm in der Vermischung der unbedeutenden verschiedenen physiologischen Elemente unbedeutend verschiedener Individuen.“ Ebenso äußert sich Boveri (7).

Zusammenfassend können wir also jetzt drei Momente unterscheiden, welche die Bedeutung der Amphimixis bedingen sollen. Erstens die Mischung variabler Eigenschaften, deren Vorteil einstimmig zugegeben wird. Zweitens der Ausgleich individueller Abweichungen, der im Sinne einer allmählich sich steigernden Konstanz auch von Weismann zugegeben wird (vgl. Bd. II. S. 170), und drittens die Verstärkung der Variabilität durch die Germinalselektion, die hauptsächlich von Weismann verfochten wird.

Den ersten unzweifelhaften Punkt brauchen wir nicht zu diskutieren. Es ist klar, daß geschlechtlich sich vermehrende Organismen durch die mögliche Vereinigung günstiger variabler Eigenschaften gegenüber den Asexuellen im Vorteil sind. Für den zweiten Punkt können wir aus unseren Erfahrungen an niederen Organismen weiteres Beweismaterial erbringen. Der dritte aber, die Verstärkung der Variabilität bei sich amphimiktisch fortpflanzenden gegenüber den sich durch Teilung vermehrenden Organismen, wird durch unsere Erfahrungen an diesen nicht gestützt. Auf diesen gehen wir der Klarheit wegen zuerst ein.

Die Voraussetzung für die Ursache der Amphimixis als Variabilitätsverstärkung ist zuerst natürlich eine tatsächliche größere Variabilität sich sexuell vermehrender Organismen gegenüber den asexuellen. Aber schon diese Voraussetzung ist durchaus nicht erfüllt. Wie wir in unseren Betrachtungen gesehen haben, sind die niederen Organismen in hohem Maße variabel. Besonders in Berücksichtigung der Tatsache, daß ihnen nur eine beschränkte Zahl von Eigenschaften innewohnt, daß die Arbeitsteilung, die Formgestaltung ihres Körpers und die Menge ihrer physiologischen Funktionen in vieler Beziehung beschränkter sind als die höherer Lebewesen, muß zugegeben werden, daß die Ausgestaltung variabler Charaktere, die vom mittleren Artcharakter abweichen, bei ihnen erstaunlich groß ist. Hier könnte vielleicht der Einwand erhoben werden, daß ihre Variabilität eine stark einseitige ist. Das muß auch in gewissem Maße zugegeben werden; es ist ja bedingt durch das Fehlen der Möglichkeit einer Kombination variabler Eigenschaften zweier Individuen. Wir sahen aber, daß auch die durch Selektion geschaffenen neuen Rassen vermöge innerer Korrelationen in weit mehr als einer Hinsicht vom Arttypus abwichen, so daß eine Fortentwicklung dieser Rassen im Lebensstreit sehr wohl möglich ist. Dazu kommt, daß ihnen die gegenüber höher Entwickelten sehr viel größere Anpassungsfähigkeit an äußere Bedingungen auch eine gesteigerte Variabilität in dieser Richtung sichert. Wir glauben also, daß die Voraussetzung für die Einführung der Amphimixis auf Grund einer verstärkten Variabilität der sie besitzenden Organismen nicht besteht, und daß diese Erklärungsweise so nicht gestützt werden kann.

Sehen wir nun, daß die Möglichkeit, Varianten auszubilden, bei ungeschlechtlicher Vermehrung ebenso groß ist wie bei geschlechtlicher, so könnte auf den ersten Blick die Tatsache der gesteigerten Formenausbildung und Differenzierung bei sexuellen Organismen befremdend wirken. Die Frage liegt auf den Lippen, warum bei gleicher Variationsmöglichkeit die asexuellen nicht zu ebenso spezialisierter Organausgestaltung, mit ihrer höheren Leistungskraft, fortgeschritten sind. Aber auch diese Bedenken werden bei tieferem Eindringen in die Differenzierungsmöglichkeit bei asexueller Fortpflanzung bald schwinden. Gerade die Unabhängigkeit der verschiedenen Organe von der abgetrennten Keimzelle bei amphimiktischer Vermehrung gestattet ihnen eine Ausgestaltung, welche die Geschlechtszellen unbeeinflußt lassen kann. Bei asexueller Fortpflanzung dagegen ist eine viel größere Abhängigkeit der zur Teilungsvermehrung befähigten Zellen von diesem Akt notwendig; diese Abhängigkeit muß hemmend auf eine weitgehende Organspezialisierung gewirkt haben.

Gegenüber dem Nichtbestehen einer gesteigerten Variabilität bei sexuellen Organismen wird der zweite Punkt einer Erklärungsmöglichkeit der allgemeinen Verbreitung der Amphimixis im Organismenreiche, der Ausgleich extremer individueller Abweichungen, durch unsere Erfahrungen zu einem erweiterten Grunde. Die Adaption niederer Organismen an äußere Lebensbedingungen zieht eine Ausbildung stark variabler Eigenschaften nach sich, die unter Normalverhältnissen im Kampf ums Dasein nur von Nachteil sein kann. Die Vererbbarkeit dieser Adaptionen ist dazu geeignet, diesen schädlichen Einfluß zu steigern. Besonders gefahrvoll aber ist, daß diese Variationsrichtungen meist durchaus einseitig sind. Sie gestatten keine Ausbildung von Variabilitäten in verschiedener Richtung, wie sie durch die zur Komplizierung der Organe höherer Lebewesen nötigen Bedingungen gefordert werden. Das rasche und einseitige Abweichen vom Durchschnittstypus kann nicht zum Nutzen gereichen. Sicher wäre die Entwicklung einer harmonischen Organismenwelt ohne die Einführung der Amphimixis gescheitert, und bald hätten sich Abweichungen eingestellt, die in eine Differenzierung der einzelnen Individuen ausgeartet wären, welche das Bestehen von scharf differenzierten Arten in Gefahr gebracht haben würden. Einer der Hauptvorzüge der amphimiktischen Fortpflanzung ist also die Ausschaltung der Vererbung erworbener Eigenschaften und der erzwungene Ausgleich der variablen Merkmale spezieller Individuen.

Ich möchte diesen Vorgang nicht mehr als Verjüngung bezeichnen, denn er hemmt gerade in einer Weise die Beibehaltung junger Neuartmerkmale; er ist ein konservatives Element.

Die kompliziert zusammengesetzten Körper und Funktionen höherer Organismen konnten nur entstehen durch eine Paarung der variablen Eigenschaften zweier und im Laufe vieler Generationen zahlreicher Individuen. Eine einseitige Richtung dieser Entwicklung wurde durch die Amphimixis gehemmt und Bedingungen geschaffen, unter denen durch eine Verzögerung der asexuell möglichen, zu rapiden Anpassung relative Konstanz der Arten erzwungen wurde, ohne die eine Einstellung der verschiedenen Organismen aufeinander, die Wechselwirkung zwischen Tier und Pflanze und vieles mehr gehindert worden und die ganze Organismenwelt in ein Chaos entgleist wäre.

Diese Gründe scheinen mir für die Einführung und Beibehaltung der Amphimixis ausreichend zu sein.

Zum Schluß können wir als Stütze für unsere Auffassung, daß die ungeschlechtliche Vermehrung zu einer Zersplitterung der Gattungen in viele kleine Arten führt, auch tatsächliche Beobachtungen anführen. Ein großer Teil der Schwierigkeit, welche sich der Systematik der Pilze und Bakterien in den Weg stellen, ist dieser Ursache zuzuschreiben. In einzelnen Gruppen sind die Unterschiede so gering, daß eine Auflösung in Arten nur schwer gelingt. Wir finden das bei zahlreichen Bakteriengruppen und z. B. bei den Penicilliumarten. Ebenso ist die Zersplitterung höherer Pflanzen in denjenigen systematischen Gruppen, welche entweder von der Befruchtung ganz unabhängig sind oder die wenigstens zur Selbstbefruchtung übergegangen sind, wie die der Hieracium, Viola, Leontodon, Alchemilla, Erophila usw., eine besonders große. Vornehmlich tritt diese Erscheinung auch in den Gattungen auf, welche zu Kulturzwecken gezüchtet wurden und die asexuell vermehrt werden, wie Zuckerrohr, Kartoffeln, Äpfel, Birnen und so weiter.

Ausblick.

Durch unsere theoretischen Betrachtungen glauben wir den Beweis geliefert zu haben, daß eine eingehende Erforschung der Variabilität niederer Organismen und der Vererbbarkeit variabler Eigenschaften bei dieser Klasse von Lebewesen für die Förderung unserer philogenetischen Erkenntnis der Gesamtorganismenwelt von großer Bedeutung ist. Die Tatsache, daß die Belebung der mineralischen Substanz von den niederen Lebewesen ausgegangen sein dürfte, die nicht nur durch die einfache Formengestaltung dieser, sondern vor allem auch durch ihre Anspruchslosigkeit gegenüber den komplizierten Lebens- und speziell Ernährungsbedingungen sehr wahrscheinlich gemacht wird, sichert ihnen eine besondere Beachtung als die Wurzel des ganzen Organismenstammbaumes. Bei alledem müssen wir nie vergessen, daß wir weit davon entfernt sind, die Brücke von der unbelebten zur belebten Welt schlagen zu können; denn selbst die einfachsten und anspruchslosesten Organismen schließen schon eine Differenzierung der Lebensfunktionen ein, sie verfügen schon über eine Selbstregulation und über so fein präzisierte richtunggebende Einflüsse in der Vererbung, wie sie selbst den kompliziertesten Maschinen abgehen. Alles das ist dazu noch auf einen äußerst engen Raum zusammengedrängt. Ob es selbst, wenn wir mit einem kaum annehmbaren Fortschritt der Eiweißchemie rechnen, jemals gelingen wird, diese Raumverhältnisse zu umgehen und unter größeren ein belebtes Eiweißmaterial zu schaffen, ist ebenso Glaubenssache wie die Ursache der Urbelebung der mineralischen Substanz, mag sie nun auf unserem Planeten oder in andern Teilen des Weltalls stattgefunden haben. Daß wir mit dem Gelingen dieses Experimentes, welches wir immer nur den Eigenschaften der dazu verwandten Substanz verdanken könnten, der Lösung des

Welträtsels nur um einen Schritt näher kommen würden, braucht kaum erwähnt zu werden. Sicher ist, daß wir auf dem Wege von der unbelebten zur belebten Natur jetzt kein geeignetes Arbeitsfeld finden können. Die Lebenserscheinungen selbst sind es, die wir erforschen müssen, um weitere Klarheit über die Evolution zu erlangen. Die größere Kompliziertheit höherer Organismen ist gegenüber den einfachen Formen der niederen augenscheinlich, die höhere Leistungskraft verschiedener Funktionen geht Hand in Hand mit ihrer Verlegung in getrennte Organe; daß sich aber bei höheren Lebewesen auch eine erweiterte Spezialisierung der chemischen Leistung einstellt, erkennen wir aus der Wirkung ihrer Fermente. Denn das peptolytische Ferment einiger Pilze war noch imstande, aus Polypeptiden diejenigen optischen Komponenten der Aminosäuren herauszuspalten, welche in der Natur, z. B. auch den Eiweißsubstanzen niederer und höherer Tiere, nicht vorkommen, während die peptolytischen Fermente der höheren Lebewesen nur Bindungen der natürlichen Antipoden zu lösen vermögen[1]). Man gewinnt in diesem Verhalten also einen Einblick in die „Evolution der Fermentwirkung", für die weitere Belege aufzufinden ein anziehendes Forschungsgebiet der Enzymologie wäre. Diesen Tatsachen gegenüber sei erwähnt, daß die Zusammensetzung der Eiweißsubstanz niederer und höherer Organismen, wenigstens was ihr Gehalt an Aminosäuren und die Art der optischen Komponenten dieser angeht, eine im allgemeinen übereinstimmende ist.

Die besondere Eignung niederer Organismen zur Anstellung von Variabilitäts- und Vererbungsversuchen resultiert vornehmlich aus zwei Umständen. Einmal gelingt es bei ihnen wie bei keiner andern Klasse von Organismen, in verhältnismäßig kurzer Zeit viele Generationen heranzuziehen, und zweitens ist der zu solchen Versuchen notwendige Apparat ein wesentlich einfacherer als der bei höheren Tieren und Pflanzen erforderliche. Bei asexuellen Organismen sind Bastardierungen von vornherein ausgeschlossen, und alle auftretenden Veränderungen sind bei Beobachtung der Regeln der Reinkultur auf echte Variabilität zurückzuführen, während bei höheren Tieren und Pflanzen die

---

[1]) E. Abderhalden und H. Pringsheim, Studien über die Spezifität peptolytischer Fermente bei verschiedenen Pilzen. Zeitschr. f. physiol. Chem. Bd. **59** (1909), S. 249 und weitere noch unveröffentlichte Resultate.

Verwendung von einwandfreiem Ausgangsmaterial, von reiner Herkunft, eine der am schwersten zu erfüllenden Bedingungen ist. Die hochentwickelten Kulturmethoden niederer Organismen erlauben auch eine viel bessere Präzisierung und Konstanthaltung der Außenbedingungen, als das bei Aufzucht von Pflanzen im Freien oder von Tieren im Stalle möglich ist. Dazu kommt, daß wir mit Hilfe niederer Organismen nicht nur die Fragen nach den Einflüssen äußerer Umstände und der Variabilität innerer Anlagen, und weiterhin nicht nur solche der Vererbbarkeit bei asexueller, sondern auch bei sexueller Vermehrung werden entscheiden können. Wir kennen verschiedene Mikroorganismen, welche sich unter Laboratoriumsverhältnissen zur Konjugation bringen lassen, und wir sind in der Lage, in solchen Versuchen nicht nur Arten zur Verwendung zu bringen, die sich bei der geschlechtlichen Fortpflanzung durch die Vereinigung zweiergleichwertiger Zellen, z. B. bei Mucorineen, Conjugaten, Diatomeen, sondern auch durch die zweier verschiedener Zellen, von Ei und Spermium z. B. bei Saprolegniaceen, Vancheriaccen, in ähnlicher Weise wie die höheren Organismen vermehren. Es fragt sich, ob ein Einfluß dieser Unterschiede der Vermehrungsart auf die Vererbung von Varietäten vorhanden ist; ferner ob und in welcher Weise variable Eigenschaften bei der geschlechtlichen Vermehrung niederer Organismen auf die Deszendenz übergehen. Vor allem aber scheint eine Versuchsanstellung von Interesse, welche dazu geeignet ist, experimentelle Belege für den Wert der Amphimixis zu bringen. Die Vereinigung von Teilungs- und Verschmelzungsvermehrung bei niederer Organismen, in der selben Art, gestattet es, die Probe auf das Exempel des Einflusses der amphimiktischen Vermehrung zu machen. Es muß gelingen, in dieser Hinsicht pleomorphe Arten, während sie sich asexuell vermehren, an äußere Bedingungen zu adaptieren und ihren Artcharakter zu verändern. Nachdem das geschehen ist, müßten sie unter Verhältnisse gebracht werden, welche ihnen die sexuelle Vermehrung gestatten, um zu erforschen, welche Eigenschaften den auf diese Weise entstandenen Sporen und ihren Keimprodukten zukommen. Es wird sich dann zeigen, ob diese die Eigenschaften der im asexuellen Leben erworbenen Abänderungen des Artcharakters noch besitzen, ob diese verschwunden oder gefestigt worden sind? Zahlreiche derartige Versuche werden anzustellen sein, ja Forscher werden sich für dieses Gebiet spezialisieren müssen; das Resultat aber muß ein bei weitem geläutertes Verständnis für die Bedeutung der Amphimixis, für die Frage nach der Vererbung im asexuellen Leben erworbener Eigenschaften sein. Man wird besser verstehen lernen, ob der Wert der Amphimixis im Ausgleich individueller Eigenschaften oder in der Kombination verschiedener Varianten liegt? Dieses Ziel wird die Mühe sehr zeitraubender und schwieriger Experimente lohnen.

Unser Material gestattet es, auch gewisse Fingerzeige für die Anstellung neuer Versuche über die Anpassung und Vererbung variabler Eigenschaften bei ungeschlechtlicher Vermehrung zu geben. Allgemein läßt sich hierzu folgendes bemerken. Bei Gewöhnungsversuchen ist die Dauer der Einwirkung ein ausschlaggebender Faktor; eine ganz allmähliche Steigerung der neuen Einflüsse wird immer zu besseren Resultaten als ein sprungweises Vorgehen führen. Um die Grenze der Anpassungsfähigkeit zu ergründen, genügt es aber noch nicht, die beeinflussenden Werte dauernd zu steigern. Ein längeres Verweilen bei einem bestimmten Steigerungsgrade vermehrt die Wahrscheinlichkeit einer weiteren möglichen Steigerung, ja in manchen Fällen wird es nötig sein, zu niederen Einflußkonzentrationen zurückzugehen und dort während einiger Generationen zu verharren, ehe eine neue Steigerung möglich sein wird.

Ist die Grenze der Anpassungsmöglichkeit erreicht, so empfiehlt es sich in allen Fällen, zu prüfen, ob die adaptierten Organismen noch bei den Bedingungen des Urtypus lebensfähig sind? Sollte das nicht der Fall sein, dann ist der Versuch zu machen, ob und auf welchem Wege es gelingt, sie diesen Bedingungen wieder zugänglich zu machen?

Eine gute Bearbeitung der Umstimmungsmöglichkeiten haben schon folgende Gebiete gefunden: Die Verschiebung der Kardinalpunkte der Temperatur, die Anpassung an Giftstoffe, die Veränderung des Sauerstoffbedürfnisses und die Schaffung asporogener Rassen. Damit soll nicht gesagt sein, daß Experimente mit andern als den geprüften Mikroorganismenspezies auch in dieser Richtung nicht erwünscht wären. Am wenigsten scheint sich für die Variabilitätsversuche das Farbstoffbildungsvermögen der Bakterien zu eignen, da es sich hier um eine schon aus innerer, oder jedenfalls unbekannter Ursache, leicht variable Eigenschaft handelt. Je mehr es gelingt, scheinbar gefestigte Funktionen zu verändern, und je mehr der Versuch von Erfolg gekrönt ist, den Mikroorganismen neue Eigenschaften zu geben, desto wertvoller werden die Resultate sein. Es liegt in der Natur der Sache, daß Eigenschaftsverlust für die Beurteilung einer Evolution geringen Wert hat und daß auch die Vererbung von Veränderungen, an Neuerwerbungen besser als an Verlustumänderungen abzuschätzen ist. Von ganz besonderem Interesse ist die Schaffung neuer Rassen, welche mit so ausgeprägten Neucharakteren, wie dem Besitze der Urspezies zugehöriger Fermentwirkungen, ausgestattet sind. Man wird sich in solchen Fällen die Fortschritte der Biochemie zunutze machen und Beispiele von Fermentwirkungen auswählen müssen, die chemisch scharf nachzuweisen sind. In allen solchen Fällen empfiehlt es sich, auf frisch isolierte Kolonien zurückzugehen und diese zu verwenden, nachdem man sie in Reinkultur gewonnen hat; auf diese Weise weicht man der Gefahr am besten aus, daß die zur Prüfung verwandten Arten im Laboratoriumsleben einen Eigenschaftsverlust zu beklagen haben, der dann eine Neuerwerbung vorspiegeln könnte.

Theoretisch interessant wären Versuche, welche die Adaption an eine Eigenschaft durch die an eine andere zu vermitteln versuchten. Man könnte z. B. daran denken, eine Art durch die Angewöhnung an eine neue Bedingung mürbe zu machen, ehe man ihr eine weitere aufzwingt. Es wäre dann zu prüfen, ob beide Neuerwerbungen zu gleicher Zeit bestehen könnten? Weiter ließe sich daran denken, einen Einfluß in speziellerer Weise durch einen andern zu ersetzen, während man die Stufen einer Adaptionsreihe hinaufsteigt. So ließe sich der Ersatz eines Giftstoffes durch einen andern, eines giftigen Elementes durch ein anderes, einer giftigen Konfiguration durch eine andere in Erwägung ziehen. So könnte man durch die Mobilisierung eines neuen Fermentes zu der weiterer gelangen und die Anpassung an eine Ernährungsform durch die an eine andere vorbereiten. So kann es gelingen, durch die Erzeugung der Virulenz auf wenig resistenten Wirten die auf widerstandskräftigeren in Szene zu setzen und zahlreiche Versuche in all diesen und den verschiedensten andern Richtungen zu kombinieren, so daß eine schier unabsehbare Menge von Versuchen eine Auswahl der wichtigsten und erreichbarsten gestatten.

Nicht weniger wichtig als die Adaptionsexperimente ist die Suche nach Varietäten inneren Ursprungs, die sich durch Selektion in neue Rassen überführen lassen. Gerade auf diesem Gebiete sind in der allerjüngsten Zeit die ersten entscheidenden Versuche gemacht worden, deren Erweiterung mit Hilfe der neugeschaffenen Isolierungsmethoden von variablen Einzellorganismen sehr vielversprechend wäre. Hier ist die Konstatierung nicht nur der Zahl vererbbarer Variationen, sondern auch die der vererbbaren Varianten einer Variationsrichtung und der sich abändernden Zellen von Bedeutung. Wir müssen erfahren, bis zu welcher Grenze eine Eigenschaft variieren kann, wenn sie noch vererbbar sein soll; wir müssen erforschen, ob eine neue Rasse nach einem langdauernden Leben als solche neue Variationsrichtungen eingeht, die sich weiter auslesen und zu neuen Merkmalen machen lassen?

In allen Fällen, denen der Schaffung neuer Rassen durch Adaption wie durch Selektion, empfiehlt sich eine Analyse möglichst verschiedener Eigenschaften der Urform und der neuen Form. Auf diese Weise kann die Frage beantwortet werden, ob die Veränderung einer Lebensbedingung die anderer nach sich zieht? Ferner ist es wichtig, die alte Form und die neue Rasse unter verschiedenen Bedingungen konkurrieren zu lassen, um zu sehen, welche von beiden im Kampf ums Dasein den Sieg davonträgt? Diesen Kampf in die natürlichen Verhältnisse hinein zu verfolgen, gestatten weitere Versuche, in denen man unter Bedingungen, die nicht zu sehr die eine oder die andere Art begünstigen, zwei oder mehr Spezies zusammenbringt. So kann es gelingen, nicht nur den Antagonismus der Arten, sondern auch ihr Ergänzungsverhältnis, z. B. in der gegenseitigen Zuführung der Nährstoffe, genauer zu verfolgen. Denn der Wert der Reinkulturmethodik besteht nicht nur darin, daß sie gestattet, die Lebensbedingungen einer Art, sondern auch die verschieden zusammenwirkender wohl definierter Arten zu erforschen.

Zum Schluß empfiehlt sich die Verwendung möglichst zahlreicher Mikroorganismenspezies und Mikroorganismengattungen. Wir müssen neben den am häufigsten kultivierten Klassen, wie Bakterien, Hefen und Schimmelpilzen, auch die weniger oft gezüchteten, wie Algen, Flagellaten, Diatomeen, Amöben usw., in den Bereich unserer Untersuchung ziehen, um schließlich das ganze Gebiet zu überblicken. So bildet unser Forschungsbereich ein weites Arbeitsfeld, das zahlreiche Forscher für Jahre hinaus beschäftigen kann. Dem Erreichbaren gegenüber ist das Erreichte gering, und mit Recht haben wir im Vorwort gesagt, daß unser Versuch einer Zusammenfassung der gewonnenen Ergebnisse über die Variabilität und deren Vererbbarkeit bei niederen Organismen seine Hauptbegründung in der Darlegung eines Arbeitsprogramms findet.

Die Entstehung der Arten ist eine der Grundfragen der gesamten Lebenserscheinungen, die Ergründung der Wurzel ihres Stammbaumes aber das Fundament, auf dem wir das Gebäude aufrichten müssen. Die Förderung unserer Erkenntnis der Evolution ist seit den Zeiten Darwins eines der anziehendsten Gebiete der Naturwissenschaft gewesen; wirkt sie doch weit über die Grenzen der Spezialwissenschaft hinaus richtunggebend auf die philosophische Denkungsart des Menschengeschlechts. Daß diese aber für den Fortschritt, den das Ebenbild Gottes auf der Erde macht, bedeutungsvoller ist als die materiellen Erfolge unserer Zeit, muß man sich immer ins Gedächtnis zurückrufen.

Inhaltsverzeichnis der Literaturangaben.

Literatur und spezielle Angaben über die Variabilität.

Allgemeine Literatur.

K. J. bedeutet: **Kochs Jahresbericht über die Fortschritte in der Lehre von den Gärungsorganismen.** — **B. J.** bedeutet: **Baumgartners Jahresbericht über die Fortschritte in der Lehre von den Pathogenen Mikroorganismen.**

A. Über Deszendenztheorien.

1. **Charles Darwin.** The origin of species. London 1858.
2. **August Weismann.** Die Bedeutung der sexuellen Fortpflanzung für die Selektionstheorie. Jena 1886.
3. **v. Wettstein.** Handbuch der systematischen Botanik. Leipzig und Wien 1901. (Bd. I S. 19 zieht die direkte Anpassung der Bakteriaceen als Beweis für seine Anschauungen über die Vererbbarkeit erworbener Eigenschaften heran.)
4. **L. Plate.** Über die Bedeutung des Darwinschen Selektionsprinzips und Probleme der Artbildung. Leipzig 1903. (S. 214 sieht im Verlust der Sporenbildungsfähigkeit und der Virulenz keine Anpassungen.
5. **G. Klebs.** Willkürliche Entwicklungsänderung bei Pflanzen. Jena 1903.
6. **Carl Detto.** Die Theorie der direkten Anpassung und ihre Bedeutung für das Anpassungs- und Deszendenzproblem. Jena 1904.
7. **August Weismann.** Vorträge über Deszendenztheroie. Jena 1905.
8. **C. Correns.** Über Vererbungsgesetze. Berlin 1905.
9. **J. P. Lotsy.** Vorlesungen über Deszendenztheorie mit besonderer Berücksichtigung der botanischen Seite der Frage. Jena 1906.
10. **Eduard von Hartmann.** Das Problem des Lebens. Sachsa im Harz 1906.
11. **O. Hertwig.** Allgemeine Biologie. Jena 1906. (Vgl. besonders S. 265.)
12. **Paul Jensens.** Organische Zweckmäßigkeit, Entwicklung und Vererbung vom Standpunkte der Physiologie. Jena 1907.
13. **C. Correns.** Bestimmung und Vererbung des Geschlechts. Berlin 1907.
14. **Peter Kropatkin.** Gegenseitige Hilfe in der Tier- und Menschenwelt. Leipzig 1908. S. 8: („Wir müssen darauf gefaßt sein, eines Tages von den Mikroskopikern Tatsachen von unbewußter gegenseitiger Unterstützung selbst aus dem Leben der Mikroorganismen mitgeteilt zu bekommen.")
15. **O. Hertwig.** Der Kampf um Kernfragen der Entwicklungs- und Vererbungslehre.

B. Über niedere Organismen.

16. **E. Duclaux.** Traité de Microbiologie. Paris 1897.
17. **W. Pfeffer.** Pflanzenphysiologie. 2. Aufl. Leipzig 1897. (Bd. I S. 27 weist darauf hin, daß sich schnell vermehrende Organismen für die prinzipielle Entscheidung deszendenztheoretischer Fragen vornehmlich eignen.)
18. **Oltmanns** Morphologie und Physiologie der Algen. Jena 1904.
19. **Alfred Fischer.** Vorlesungen über Bakterien. Jena 1903.
20. **L. Jost.** Vorlesungen über Pflanzenphysiologie. Jena 1904.
21. **Kolle-Wassermann.** Handbuch der pathogenen Mikroorganismen. Jena.
22. **Lafar.** Handbuch der technischen Mykologie. Jena 1904—1909.

Einleitung.

(Text S. 1.)

1. **Darwin.** The origin of species.
2. **Weismann.** Vorträge über Deszendenztheorie.
3. **Verworn.** Allgemeine Physiologie. Jena 1897.
4. **O. Bütschli** in Bronns Klassen und Ordnungen des Tierreichs. Bd. I, Abt. III, Infusoria. Leipzig 1887/89. S. 1636.
5. **Weismann.** Die Bedeutung der sexuellen Fortpflanzung für die Selektionstheorie. Jena 1886. S. 31.
6. **H. de Vries.** Die Mutationstheorie. Leipzig 1901/1903.
7. **Johannsen.** Elemente der exakten Erblichkeitslehre. Jena 1909.
8. **E. Chr. Hansen.** Centralbl. f. Bakteriologie. II. Abt., Bd. **15** (1906), S. 359. Bd. **18** (1907), S. 277.
   Weitere Angaben vgl. S. 146.
9. **Barber.** Kansas University Bull. Vol. 4 (1907), No. 3.
10. **Massini.** Archiv f. Hygiene. Bd. **61** (1907), S. 250.
11. **Fritz Wolf.** Zeitschr. f. induktive Abstammungs -und Vererbungslehre. Bd. **2** (1909), S. 90.
12. **Jennings.** Journ. of experiment. Zoology. Bd. **5** (1908), p. 577.
13. **Hansen.** Comptes rend. de Karlsberg vol 5 (1909), S. 1. K. J. Bd. **11**, S. 125.
14. **Beijerinck.** Kon. Acad. v. Wetenschappen-Amsterdamm. 1900. 27. Okt. Ref. Centralbl. f. Bakt. II. Abt., Bd. **7** (1901), S. 363.
15. **Dallinger.** Journ. of the Royal. Microscopical Soc. II. Serie, Bd. **7** (1887), S. 185.
16. **H. Pringsheim.** Centralbl. f. Bakt. II. Abt., Bd. **16** (1906), S. 795. Bd. **20** (1908), S. 248. Bd. **23** (1909), S. 300. Bd. **24** (1909), S. 488. Ber. d. Deutsch. bot. Gesellsch. Jg. 24a (1908), S. 547.

I. Der Kampf ums Dasein bei niederen Organismen.

(Text S. 14.)

Geologische Befunde.

1. **van Tieghem.** Sur le ferment butyrique à l'époque de la houille. Annales de science nat. Botan. 6 Serie, Bd. **9** [1880].)
2. **Renault** und **Bertrand.** Sur une bactérie coprophile de l'époche permieune. (Compt. rend. de l'acad. T. **119** [1894], p. 377. K. J. **5,** S. 63.)
3. **Renault.** Compt. rend. de l'Acad. I. **122** (1896), p. 1226 und T. **123** (1896), p. 953. Annales des sciences nat. (Ser. 8), T. **2** (1896), p. 275. Bull. du Muséum d'hist. natur. (Paris) **1896.** p. 201, 285. K. J. **7,** S. 21/22.
4. **Cohn** (Max Schultzes Archiv Bd. **3,** zitiert nach Zopf) fand im Carnallit von Staßfurt Einschlüsse, die mit leptothrixartigen Spaltpilzen die größte Ähnlichkeit haben. Doch ward ihre organische Natur noch nicht wissenschaftlich sichergestellt.
5. **Zopf** und **W. Müller** (nach Zopf, Morphologie der Spaltpilze, Leipzig 1882, S. 3) zeigten, daß im Weinstein der Zähne ägyptischer Mumien, durch die Kalkmasse geschützt, wohlerhaltene Spaltpilze vorkommen, die mit unserem heutigen Leptothrix buccalis vollkommen identisch sind, sowohl nach Form als nach Dimensionen der Entwicklungszustände. Im Laufe von mehreren Jahrtausenden scheint dieser Spaltpilz also keine merkliche Formveränderung erfahren zu haben.

---

6. **Reinhardt.** Jahrbücher f. wissenschaftliche Bot. Bd. **23** (1891), S. 479.
7. **Wehmer.** Bot. Zeitung. **1891,** S. 233. K. J. Bd. **2,** S. 110. (Die Oxalsäurebildung einiger Pilze setzt sie für die Fernhaltung empfindlicher Konkurrenten in Vorteil.)
8. **Kossowitsch.** Bot. Zeitung. Bd. **52** (1894), S. 97. K. J. Bd. **5,** S. 257.
9. **E. Chr. Hansen.** Annals of Botany **1895,** p. 249. K. J. Bd. **6,** S. 60.
10. **Rothenbach.** Zeitschr. f. Spiritusindustrie. Bd. **18** (1895), S. 26. K. J. Bd. **7,** S. 124.
11. **Strohmeyer.** Die Algenflora des Hamburger Wasserbeckens; 2. Über den Einfluß einiger Grünalgen auf Wasserbakterien. Ein Beitrag zur Frage der Selbstreinigung der Flüsse. Leipzig 1897. K. J. Bd. **8,** S. 69.
12. **Emmerich** und **Loew.** Zeitschr. f. Hyg. Bd. **31** (1899), S. 1.
13. **Wortmann.** Ber. der Kgl. Lehranstalt Geisenheim 1900—1901, S. 92. K. J. Bd. **12,** S. 172.
14. **Falck.** Beiträge zur Biologie der Pflanzen. Bd. 8 (1902), S. 307.
15. **Lode.** Centralbl. f. Bakt. I. Abt., Bd. **33** (1903), S. 196. K. J. Bd. **14,** S. 190.
16. **Bonska.** Landw. Jahrbücher der Schweiz. Bd. **4** (1903), S. 7. K. J. Bd. **14,** S. 340.
17. **Omeliansky.** Centralbl. f. Bakt. II. Abt., Bd. **11** (1904), S. 369. K. J. Bd. **15,** S. 462.
18. **Molisch.** Die Purpurbakterien. Jena 1904. S. 72.

19. **H. Pringsheim.** Centralbl. f. Bakt. II. Abt., Bd. **23** (1909), S. 300.
20. **H. und E. Pringsheim.** Erscheint im Centralbl. f. Bakt. II. Abt.

Vgl. weiter noch:

21. **Nenski.** Centralbl. f. Bakt. Bd. **11** (1892), S. 225. K. J. Bd. **3**, S. 55.
22. **Salkowski.** Centralbl. f. med.Wissensch. Bd. **30** (1892), S. 305. K. J. **3**, S. 56.
23. **E. Küster.** Über die chemische Beeinflussung der Organismen durcheinander (Vorträge und Aufsätze über Entwicklungsmechanik der Organismen. Leipzig 1909).

III. Die morphologische Variabilität.

(Text S. 25.)

A. Pleomorphismus.

1. Ältere Anschauungen: **Nägeli.** Die niederen Pilze in ihrer Beziehung zu den Infektionskrankheiten. München 1877. Untersuchungen über niedere Pilze. München und Leipzig 1882.
2. **Zopf.** Morphologie der Spaltpilze. Leipzig 1882. Beide nehmen die Form als außerordentlich variabel an und glauben, daß dasselbe Bakterium bald in Form von Kugeln, bald als Stäbchen- oder Schraubenform auftreten kann.
3. **H. Buchner** (Nägelis Untersuchungen über niedere Pilze. 1882) behauptete die Umwandlung des Milzbrandbacillus in Heubazillen und umgekehrt.
4. **Billroth** (Untersuchungen über die Vegetationsformen von Coccobacteria septica, Berlin 1874) faßt alle Bakterienformen als Entwicklungsstadien einer einzigen sehr pleomorphen, zu den Oscillarien gehörigen Art auf, die jedoch mit Pilzen und Hefen keinerlei Verwandtschaft habe.
5. Demgegenüber hebt **Cohn** (Beiträge zur Biologie der Pflanzen, **1872**, Bd. I, Heft 2; ibid. **1875**, Bd. I, Heft 3) zum ersten Male mit aller Schärfe hervor, daß es sich auch hier um distinkte Arten handelt.
6. Eingehende Angaben über: „Die Lehre vom Pleomorphismus der Bakterien“ bei **Migula** (in Lafar, Handbuch der technischen Mykologie Bd. I, S. 42).
7. In dieses Kapitel möchten wir auch die neueste Arbeit über Pleomorphie von **Dunbar** „Zur Frage der Stellung der Bakterien, Hefen und Schimmelpilze im System“ (München und Berlin 1907) verweisen, welche die Entstehung von Bakterien, Hefen und Schimmelpilzen aus Algenzellen annimmt. Besonders auffallend ist hier z. B., daß aus ein und derselben Algenzelle nicht nur eine, sondern verschiedene Bakterienformen hervorgehen. Bei solchen Behauptungen faßt man sich an den Kopf, um sich zu versichern, daß er noch auf den Schultern sitzt. Das ganze Gebäude unserer Wissenschaft droht zusammenzustürzen.

B. Natürliche morphologische Varietäten.

8. **G. Firtsch** (Archiv f. Hyg. Bd. 8, S. 369) vermochte aus allen Gelatinekulturen des Vibrio proteus (Finkler-Priors Kommabacillus der Cholera nostris) drei nach mikroskopischer Form und besonderer Art

Kolonienbildung verschiedene Vibrionen neben dem echten Proteus herauszuzüchten, die sich im genauen Verfolg ihrer Wachstumsäußerungen als „Variationen“ des ursprünglichen Vibrio proteus zu erkennen gaben, Variationen, die den ungünstigen Bedingungen einer 300 Tage alten Kultur ihre Entstehung zu verdanken schienen. Es wohnte denselben ein gewisses Maß von Beständigkeit, ein Festhalten ihrer Veränderungen inne.

9. **R. Pfeiffer** (Zeitschr. f. Hyg. Bd. **7** [1889], S. 347) begegnete bei Prüfung einer Kultur des Vibrio Metschnikoff zwei nach Wachstum und Verflüssigungsart unterscheidbaren Formen desselben Keimes, die bei weiterer Fortzüchtung wechselweise wieder ineinander übergingen. Bei beiden war unentschieden, warum diese Erscheinungen auftraten.

10. **Kruse** und **Pansini** (Zeitschr. f. Hygiene Bd. **11** [1892], S. 279) fanden den Diplococcus lanceolatus variabel. Es gibt eine Menge Abarten, Spielarten dieses Mikrokokkus; aber trotzdem gelingt es nicht, wirklich distinkte Varietäten mit aller Schärfe zu unterscheiden. Mit wiederkehrender Virulenz erscheinen auch die alten morphologischen Eigenschaften wieder. In Fällen, in denen es nicht gelingt, die verlorene Virulenz im Tierkörper wieder aufzufrischen, sind auch die experimentell erhaltenen Änderungen der Form und Anordnung dauerhaft.

11. **Pasquale** (Zieglers Beiträge zur pathologischen Anatomie, Bd. **12** [1893], S. 449) fand Streptokokken in bezug auf die Fähigkeit, kurze oder lange Ketten zu bilden, sehr variabel.

12. **Metschnikoff** (Ann. de l'inst. Pasteur 1894, S. 257; B. J. Bd. **10**, S. 351) rechnet die Choleravibrionen zu den pleomorphen Bakterien. Er beobachtete zwei Typen: die kurze gekrümmte und die mit langen dünnen Fäden. Durch Tierpassage gelang es zwar die lange Form in die kurze überzuführen; die Tendenz, in die alte Form zurückzukehren, kehrt aber immer wieder. Durch Kultur in Peptonwasser kann man auch die kurze in die lange umwandeln, welche Form sie nunmehr mit großer Konstanz beibehält.

13. **Cunningham** (Scientific Memoirs by Medical Officers of the Army of India. Vol. VIII [1894], p. 1; B. J. Bd. **10**, S. 355) leugnet überhaupt die Einheit der Cholerabacillen.

14. Ebenso verhält sich **Sanarelli** (Rivista d'Igiene e di Sanità pubblica 1894, No. 1, 2, 3; B. J. Bd. **10**, S. 409). Sie fanden morphologisch sehr abweichende Charaktere dieser Bakterien.

15. **Friedrich** (Arbeiten aus dem Kaiserlichen Gesundheitsamt, Bd. **8** [1893], S. 87) tritt den Angaben Cunninghams über den Pleomorphismus des Cholerabacillus entgegen. Der Choleravibrio zeigt in der Tat nach längerem Wachstum auf künstlichen Nährmedien Abweichungen vom Formentypus, zu konstanten Veränderungen kommt es aber dabei nicht. Man kann sonach weder von Bildungen einer Formen„variation“ noch von „Anpassungs“vorgängen reden.

16. **Wiltschur** (Centralbl. f. Bakt., I. Abt., Bd. **16** [1894], S. 158) beobachtete morphologische Veränderungen des Cholerabacillus. Einzelne waren 3—4mal größer als der Normaltypus, dazu bemerkte er Stäbchen.

Der Kommabacillus gehört zu den Bakterien, die die Fähigkeit besitzen, unter dem Einflusse verschiedener äußerer Einwirkungen seine morphologischen und biologischen Eigenschaften bis zur Unkenntlichkeit zu verändern.

17. **Arloing** und **Chantre** (La Semaine médicale 1894, p. 179; B. J. Bd. **10**, S. 27) heben den Polymorphismus des Streptococcus pyogenes hervor. Sie konnten bemerken, daß derselbe in manchen Fällen der Bacillenform zustrebt und sie bisweilen auch in vollkommener Weise erreicht, indem er eine Menge Übergangsformen durchmacht. Unter geeigneten und verschiedenen Bedingungen gelang die Umwandlung von der Kokken- in die Bacillenform, die sich beide als gleich virulent verhielten.

17a. **Baumgartner** widerspricht dieser Möglichkeit. B. J. Bd. **10**, S. 27.

18. **Kutscher** (Centralbl. f. Bakt. Bd. **18** [1895], S. 614; B. J. Bd. **11**, S. 427) beschrieb zwei Varietäten des Spirillum undula, die er als Spir. undula majus und minus bezeichnet. Sie unterscheiden sich durch ihr sehr verschiedenes Kolonienwachstum.

18a. **Migula** (Lafar, Handbuch der technischen Mykologie, Bd. I, S. 37) hält diese für ganz verschiedene Formen und keine Varietäten.

19. **Bordoni-Uffreduzzi** und **Abba** (B. J. Bd. **11** [1895], S. 384) beobachteten eine natürliche Varietät des Cholera-Vibrio; in gewissen Fällen zeigt er eine so große morphologische und biologische Abweichung vom klassischen Typus, daß die Diagnose schwerfallen kann.

20. **Bonhoff** (Archiv f. Hyg. Bd. **26** [1896], S. 162) fand reingezüchtete feinste Spirillen, die besonders oft in Cholerastühlen, aber auch im gewöhnlichen Darminhalt vorkommen und welche auf Agar in Form koliartiger dicker Kurzstäbchen auftreten.

20a. **Hashimoto** (Zeitschr. f. Hyg. Bd. **31** [1899], S. 85) beschrieb das Bact. Fränkeli, welches teils in Form eigenbeweglicher kleiner Stäbchen, teils in Gestalt unbeweglicher dicker Kokken und Sarcinen auftritt (?).

21. **Escherich** und **Pfaundler** (in Kolle-Wassermann, Handbuch der pathogenen Mikroorganismen, Bd. 2, S. 338). Kapselbildung wurde nur bei einigen Kolistämmen beobachtet, so bei solchen aus Säuglingsstühlen. Die Eigentümlichkeit bleibt auf künstlichen Nährmedien bei mehrfacher Übertragung erhalten.

22. **Levi** und **Steinmetz** (Archiv f. experim. Pathologie, Bd. **97** [1896], S. 89) fanden eine Spielart des Fränkelschen Diplokokkus, die auf Gelatine bei 16—18° und zwar sofort wächst. Die Lungenentzündung, von der diese Spielart stammte, zeigte nicht den typischen Verlauf. Trotzdem sind sie der auch von Kruse und Pansini vertretenen Meinung, daß es keine unwandelbaren Varietäten des Diplococcus lanceolatus gibt, denn sie hatten Gelegenheit, zahlreiche Übergänge zwischen den einzelnen Spielarten zu bewirken.

23. **Graßberger** (Centralbl. f. Bakt. I. Abt., Bd. **23** [1898], S. 353; B. J. Bd. **14**, S. 318, mit ausführlicher Literatur über Scheinfädenbildung bei Influenzabacillen) beobachtete bei zwei extremen Fällen, die er aus 40 aussuchte und bis in die 70. Generation verfolgte, bedeutende Abweichung in der Form der Fäden und Bakterien. Er konnte die beiden Arten

nicht ineinander überführen und hält an der Aufstellung der „Pseudoinfluenzabacillen“ fest.

24. **De Simoni.** Centralbl. f. Bakt. I. Abt., Bd. **27** (1900), S. 493. Unter dem Namen Mucosus-Bacillen der Ozaena sind Variationen beschrieben worden, die alle zu ein und derselben Art gehören. Alle diese Variationen lassen sich in drei Hauptgruppen einordnen, zwischen denen Übergangsformen vorkommen: Der Hauptstamm aller dieser ist der Friedländersche Pneumobacillus. Durch die Einwirkung physikalischer Agenzien kann man eine Variation in eine andere überführen, so daß die Mikroorganismen, die ganz verschieden zu sein schienen, in bezug auf die Entwicklung gleich werden. Der Polymorphismus ist abhängig von vielerlei Faktoren, wobei die besonderen biochemischen Bedingungen der pathologischen Nasenschleimhaut, die Anpassung an diese und die Vergesellschaftung mit verschiedenen Bakterien nicht ausgeschlossen sind.

25. **Kolle** (Zeitschr. f. Hyg. Bd. **36** [1901], S. 397; B. J. Bd. **17,** S. 269) gibt an, daß schon die geringsten Abweichungen in den Züchtungsbedingungen genügen, um die Form der Pestbacillen ausgesprochen zu verändern.

26. **Duclaux.** Traité de Microbiologie. T. III, p. 546 (28. Kap.). Die morphologischen Größenunterschiede der Hefen, z. B. die größeren und kleinen Zellen in Kulturen aus einer Zelle in Gelatinekultur sind mehr akzidenteller Natur. Sie verschwinden wieder. Die größeren Zellen in Gelatinekultur entstehen z. B., wenn die Nahrung noch reichlich war. Schon ausgeprägter und dauerhafter sind die langgestreckten Zellen, die bei der Unterhefe Nr. 1 Carlsberg an Stelle der ovalen erscheinen. Bei Aussaat auf Würze geben beide Zellformen wieder die beiden Formen mit Vorherrschen der ovalen. Die langen Zellen erscheinen in Kulturen und im Hefezuchtapparat immer wieder; erst im Gärbottich verschwinden sie. Sie sind daher an gewisse Bedingungen gebunden. Ähnlich gibt die Unterhefe Sacchar. cerevisiae bei 27°, wo sie schlecht gedeiht, normale bei 7 bis 5° aber mycelartige Zellen. Aber auch diese sind nicht erblich. Die Rückkehr ist nicht wunderbar. Sie ist wie der Magnetismus des weichen Eisens. Sie wird leicht erworben und verschwindet wieder ebenso leicht.

27. **Lepeschkin I.** Zur Kenntnis der Erblichkeit bei einzelligen Organismen (Centralbl. f. Bakt. II. Abt., Bd. **10** [1903], S. 145; K. J. Bd. **14,** S. 65).

28. **Lepeschkin II.** Zur Kenntnis der Erblichkeit bei einzelligen Organismen. Die Verzweigung und Mycelbildung bei einer Bakterie (Centralbl. f. Bakt. II. Abt., Bd. **12** [1904], S. 641; K. J. Bd. **15,** S. 50).

29. **Henneberg** (Centralbl. f. Bakt. II. Abt., Bd. **13** [1904], S. 150) beobachtete beim Aufbewahren von Hefe in Reinkultur manchmal abnorme Hefeindividuen, besonders interessante amöbenartige, die sich bei höherer Temperatur durch Aussaugen der unterliegenden Zellen bildeten. Sie sprossen meist nicht mehr und sind offenbar Krankheitserscheinungen.

30. **M. A. Barber.** On heredity in certain microorganisms (Kansas University Science Bulletin Vol. **4** [1907], No. 3; ref. von H. Pringsheim in Centralbl. f. Bakt. III. Abt., Bd. **23** [1909], S. 221).

31. **H. S. Jennings.** Heredity, Variation and Evolution in Protozoa. Journ. of experiment. Zoology. Vol. **5** (1908), S. 577; ref. von Plate im Archiv f. Rassen- und Gesellschafts-Biologie. Jg. Bd. **6** (1909), S. 96.
32. **Beijerinck.** Centralbl. f. Bakt. II. Abt., Bd. **20** (1908), S. 643. Die Hefe Saccharomyces muciparus ist bemerkenswert durch ihre eigentümliche Variabilität; man kann beinahe sagen durch ihre Pleomorphie. Man findet nämlich, daß alte Gelatinekulturen sich regelmäßig in zwei durchaus verschiedene Formen spalten, nämlich in eine Form mit runden elliptischen Zellen, welche mit der Hauptform identisch sind und eine zweite, welche aus wahren Mycelfäden besteht. Übrigens stimmen diese beiden Formen in physiologischer Hinsicht nahe überein. Dennoch kann man sich kaum zwei Hefearten denken, die mehr voneinander verschieden wären, als Hauptform und Variante eben dieser Art.

---

33. Angaben über die Variabilität der Saccharomyceten finden sich bei **Klöcker** (Lafar, Handbuch der technischen Mykologie. Bd. **3**, S. 156).
Die Abstammung der Saccharomyceten und die Frage der sogenannten Mucorhefe wird im dritten Abschnitt S. 141 behandelt.

---

34. **E. Chr. Hansen** (Oberhefe und Unterhefe. Studien über Variabilität und Erblichkeit, Centralbl. f. Bakt. II. Abt., Bd. **15** [1906], S. 353 und Bd. **18** [1907], S. 577) zeigte, daß es einen Übergang von der Ober- zur Unter- und von der Unter- zur Oberhefe gibt. Er nimmt an, daß die Oberhefen die älteren in der Natur seien, die Unterhefen aber die jüngeren, welche sich aus jenen entwickelt haben. Was die Faktoren betrifft, welche diese Variationsbewegung hin und her in Gang bringen, hat er noch keine eigentliche Aufklärung bringen können. Er spricht sie deshalb als Mutationen im de Vriesschen Sinne an.
35. **Schönfeld** und **Roßmann.** Vererbung und Anerziehung von Eigenschaften bei obergärigen Bierhefen (Wochenschr. f. Brauerei, Jg. **25** [1908], S. 525 und 541; ref. Centralbl. f. Bakt. II. Abt., Bd. **24** [1909], S. 214). Die charakteristischen Merkmale der Oberhefen, nämlich das Verhalten beim Verrühren mit Wasser, die Art der Sprossung, die Auftrieberscheinungen und das Verhalten gegen Melitinose vererben sich verhältnismäßig konstant und gleichmäßig nur bei ausgesprochenen Auftriebhefen. Bei nicht ausgesprochenen Auftriebhefen vererbt sich konstant nur die erste Eigenschaft, während die drei übrigen dem Wechsel unterworfen sind. Die Art der Sprossung und die Auftriebbildung lassen sich durch geeignete Behandlung anerziehen.

C. Beeinflussung der Gestalt durch die Ernährungsweise.

36. Die hierhergehörigen Angaben sind von **Benecke** (in Lafar, Handbuch der technischen Mykologie, Bd. I, S. 37 und 345) gesichtet worden. Es handelt sich wohl in allen Fällen um vorübergehende, meist degenerative und manchmal direkt pathologische Erscheinungen, die uns am wenigsten interessieren.

Die folgenden Angaben mögen ergänzend wirken.

37. **Wasserzug.** Annal. de l'Inst. Pasteur. T. 1 (1887), p. 525. Der Schimmelpilz Fusarium verändert seine Wachstumsform je nach Anwesenheit von Zucker in bezug auf das Mycel und die Conidien. Die Fäden sind ohne Zucker lang und verhältnismäßig dünn, auf Invertzucker werden sie kurz und sie wachsen stark. In der Tiefe nehmen sie mucorähnliche Gärungszellenform an, wobei zu gleicher Zeit Gärung einsetzen kann.

Eine Art der Conidien bildet sich im Mycel, die andere wächst auf der Oberfläche und wird von Fäden getragen. Man kann die Bildung der Luftconidien durch Kultur oberhalb 33° in armer Nährlösung verhindern. Man kann weiter gehen und die Bildung beider Arten in dauerhafter Weise durch Kultur oberhalb 35° in mineralischer, zuckerfreier Nährlösung verhindern.

Eine dritte Art von Conidien wurde nur unterhalb 30° in alkalischer Minerallösung, und zwar erst nach 6 Wochen oder 2 Monaten gewonnen. Man trifft sie nie in saurer Lösung oder in zuckerhaltiger. Diese Art wächst auf der Oberfläche und ist dunkel gefärbt, während die anderen hell sind.

38. **Ray** (Rev. générale de Botan., T. **9** [1897], p. 193, 245 und 282; Bot. Jahresbericht, Bd. **25**, 1 [1897], S. 227) kultivierte Sterigmatocytis alba (v. Tieghem) auf den verschiedensten Nährmedien und unter verschiedenen äußeren Bedingungen. Die Hyphen waren mit Ausnahme der fadigen Gliederung des Mycels verschiedenen Veränderungen unterworfen. Jedes Nährmedium bedingte eine bestimmte Formbildung. Fixiert wurde diese erst nach mehreren Kulturgenerationen. In stark bewegten Nährmedien wurden die Membranen dicker, die Verzweigungen enger anliegend, der Mycelrasen nahm kugelige Form an.

39. Die formativen Erfolge erhöhter Konzentration betreffend vgl. **Benecke** (in Lafar, Handbuch der technischen Mykologie, Bd. I, S. 234).

Einfluß der Temperatur auf die Formbildung.

40. **Roeser** (Arch. de méd. exp. et d'anat. pathol. **1890**, p. 139; K. J. Bd. **1**, S. 39) beschreibt einen typhusähnlichen Bacillus, der sukzessive bei immer niederen Temperaturen von 25—26° kultiviert in ganz kurzen Stäbchen wächst, während durch sukzessive Kultur bei 25—42° lange Fäden erzogen werden. Das fadige Wachstum bei hoher Temperatur sieht Verfasser als beginnende Evolution an.

41. **Escherich** und **Pfaundler** (in Kolle-Wassermann, Handbuch der pathogenen Mikroorganismen, Bd. **2**, S. 338). Bei Bact. coli commune begünstigen alkalische Reaktion und Temperaturen von 42—46° das Auftreten langer, saure Reaktion und 31° das kurzer Stäbchen.

Einfluß des Sauerstoffmangels auf die Formbildung.

42. **Schoffer.** Archiv f. Hyg. Bd. **30** (1897), S. 298. Ein langandauerndes anaerobes Wachstum bewirkt bei Bact. lactis aerogenes eine starke Verlängerung des Bakterienkörpers.

Einfluß von Giftstoffen auf die Formbildung.

43. **Guignard** und **Charrin** (Compt. rend. de l'Acad., T. **105** [1887], p. 1192) brachten durch Zusatz von Giftstoffen zum Nährboden den Bac. pyocyaneus zu morphologischen Veränderungen, wie Bildung von kurzen und langen Bacillen, Fäden, Spiralen, Mikrokokken, die aber alle bei Rückkehr zur normalen Lebensweise wieder verschwanden.

Formveränderung durch Tierpassage.

44. **Chauveau** und **Phisalix** (Compt. rend. de l'Acad. T. **120** [1895], p. 801) beobachteten eine Veränderung des Bac. anthracis, die morphologischer und physiologischer Natur war. Sie entstand durch Passage in Lymphgefäßen und zeigte kurze zugespitzte, mehr an Tetanus erinnernde Kulturen. Die hatten ihre Virulenz verloren und zeigten nur ein sehr abgeschwächtes Immunisierungsvermögen. Es gelang auf keine Weise, die Form wieder zu wechseln, die Immunisierungskraft zu steigern oder Rückkehr zur Virulenz zu erreichen.

IV. Variabilität des Kolonienwachstums.

(Text S. 36.)

45. **Jäger.** Zeitschr. f. Hyg. Bd. **12** (1892), S. 525. Plattenkulturen des Vibrio Metschnikoff und des Bac. proteus fluorescens (des Erregers der Weilschen Krankheit) enthalten gleichzeitig typhusähnliche, häutchenartige und verflüssigende Kolonien regellos durcheinander.
46. **Celli** und **Sartori** (Centralbl. f. Bakt. I. Abt., Bd. **15** [1894], S. 789 und
47. **Nordkook** (Diss. Utrecht 1894) beobachteten atypische Kolonien im Sinne echter Rassen- und Abartenbildung, besonders beim Choleravibrio.
48. **M. Wilde** (Diss. Bonn 1896) fand in einer Untersuchung über den Bac. pneumoniae Friedländers und verwandte Bakterien verschiedenen Ursprungs morphologisch nur geringe Abweichung. Kapselbildung trat immer auf, nie dagegen Sporen, Bewegung oder Farbstoffbildung. Nach Gram waren alle entfärbbar. Die hauptsächliche Variabilität zeigte sich beim Wachstum auf Gelatineplatten, und zwar in zwei Richtungen, 1. sie nähern sich dem Kolityphus, 2. bei einigen Kulturen mit porzellanartigen Kolonien tritt ein mehr schleimiges, den Kolonien der Sklerom- und Ozaenabacillen ähnliches Wachstum auf.

    Er nimmt an, daß die Bakterien nur Varietäten ein und derselben Art sind, die sich in der Natur noch weit mehr als im Laboratorium differenzieren können.
49. **Zubnik** (Berliner klin. Wochenschr. **1897**, Nr. 40; Centralbl. f. Bakt. I. Abt., Bd. 23 [1898], S. 660);
50. **Slawyk und Manikatide** (Zeitschr. f. Hyg. Bd. **29** [1898], S. 181) und **Kurth** (Ibid., Bd. **28** [1898], S. 432) beobachteten atypische Kolonien des Diphtheriebacillus.
51. **Graßberger** (Centralbl. f. Bakt. I. Abt., Bd. **23** [1898], S. 353) beobachtete dasselbe am Influenzabacillus.

52. **E. Gotschlich** (Zeitschr. f. Hyg. Bd. **35** [1900], S. 234) fand das mikroskopische Bild der jungen Kolonien des Pestbacillus auf Agar immer typisch.

Nur in zwei Fällen traten Ausnahmen bei wochenlangem Fortbestehen lebender Pestbacillen im Sputum von Rekonvaleszenten ein, in dem entweder der Rand der Kolonien auffallend glatt war, oder die Körnung im Zentrum der Kolonien ein gröberes, an Glasbröckchen erinnerndes Aussehen hatte. Diese atypischen Kolonien lassen sich trotz mehrfacher Übertragungsversuche auf neuem Nährsubstrat absolut nicht fortzüchten.

In alten Agarkulturen bemerkte man auch einige große, dicke und schleimig werdende Kolonien, während die anderen das ursprüngliche Aussehen feiner durchscheinender Tröpfchen beibehalten. Eine solche Kultur macht ganz und gar den Eindruck, als ob sie durch fremde Eindringlinge verunreinigt worden sei. Impft man von jeder der zwei Kolonienarten ab, so entwickeln sich aus jeder aufs neue große und kleine Kolonien.

53. **H. Will.** Zeitschr. f. das gesamte Brauerwesen, Bd. **22** (1899), S. 223. Das Wachstum der von vier Hefen in Einzelkultur entwickelten Kolonien auf festem Nährboden ist verschieden, je nachdem ob es sich um Abstammung verschiedener Art (Kernhefe aus Bottich, mit Kahmhaut überzogene Kolonien) handelt.

Je gefestigter eine Hefe in ihren Eigenschaften durch langdauernde Kultur unter den gleichen Bedingungen ist, desto weniger variiert sie auf verschiedenen Substraten in der Wachstumsform, je jünger eine Hefe ist, in desto höherem Grade hat das Substrat Einfluß auf letztere.

Die Wachstumserscheinungen der aus den „Dauerformen" hervorgegangenen Kolonien sind sehr mannigfaltig, und es treten sämtliche Wachstumsformen auf.

Die Anschauung fand eine Bestätigung, daß bei der Aussaat von Zellen aus alten Kulturen mit Kahmhaut die Verschiedenheit der Wachstumsformen der Kolonien in sehr engem Zusammenhang steht mit den im Laufe der Entwicklung der Kulturen nacheinander auftretenden Generationen.

Ohne die Variationen der Hefezellen und die Entstehung neuer Rassen in Abrede stellen zu wollen, geht aus den Untersuchungen doch hervor, daß es sich nicht um neue Variationen des gleichen Entwicklungszustandes, sondern um verschiedene Generationen und verschiedene Entwicklungszustände handelt.

Auftreten von Mutationen in Kolonien.

54. **Hartmann.** Eine rassespaltende Torulaart, welche nur zeitweise Maltose zu vergären vermag. (Wochenschrift f. Brauerei 1903, S. **113**; K. J. Bd. **14**, S. 220.)

55. **Massini.** Arch. f. Hyg. Bd. **61** (1907), S. 250. Über einen in biologischer Beziehung interessanten Kolistamm (Bact. coli mutabile).

56. **A. Burk.** Mutation bei einem der Koligruppe verwandten Bakterium (Archiv f. Hyg. Bd. **65** [1908]).

57. **Reiner Müller.** Künstliche Erzeugung neuer, vererbbarer Eigenschaften bei Bakterien (Sitzungsber. d. physiol. Vereins zu Kiel. 8. Februar 1909; Münch. med. Wochenschr. 1909, Nr. 7). Vererbung erworbener Eigenschaften bei Bakterien (Die Umschau, Bd. **13** [1909], S. 402); ref. von

57a. **Benecke** (Zeitschr. f. induktive Abstammungs- und Vererbungslehre, Bd. 2 [1909], S. 215.)

58. **E. Sauerbeck.** Über das Bacterium coli mutabile (Massini) und Kolivarietäten überhaupt (Centralbl. f. Bakt. I. Abt., Bd. **50** [1909], S. 572.

V. Verschiebung der Kardinalpunkte der Temperatur.

(Text S. 41.)

A. Anpassung an erhöhte Temperatur.

1. **G. Cornet** und **A. Meyer** (nach Kolle-Wassermann, Handbuch der pathogenen Mikroorganismen, Bd. II, S. 128). Die Tuberkelbakterien der Hühner haben ein höheres Wachstumsoptimum als die der Säugetiere. Diese gedeihen noch gut bei 40—45°, ja selbst bei 45—50°, jene nicht über 40°, höchstens bei 41°. Die Fischtuberkelbakterien gedeihen von 12—36° mit einem Optimum von 25°, bei ähnlichen Temperaturen die der Frösche.

2. **Zopf.** Morphologie der Spaltpilze (Leipzig 1882, S. 99). Die Beggiatoa findet sich noch in heißen Quellen bei einer Temperatur von 55° C und darüber in üppiger Entwicklung. Dazu Anmerkung: „Von dieser Beobachtung aus hat Cohn sich zur Aufstellung der Hypothese veranlaßt gesehen, daß die Beggiatoa nebst der Oscillaria, die unter denselben Bedingungen noch vermehrungsfähig ist, als die ersten pflanzlichen Bewohner des auf etwa 60° abgekühlten Urmeeres anzusprechen seien.“ Natürlicher erscheint Zopf die Annahme, daß den Beggiatoen die Fähigkeit, in heißem Wasser zu wachsen, nicht ursprünglich eigen war, sondern daß sie dieselbe allmählich durch Adaption erlangt haben, indem sie von den unteren abgekühlten Stellen der Abflüsse heißer Gewässer aus nach der Quelle zuwanderten.

3. **Dallinger** (Journ. of the Royal Microscopicae Soc. [II. Serie], Bd. 7 [1887], S. 185) gewöhnte Flagellaten in 7 Jahre langer Zucht an ein Temperaturmaximum von 70° C.

4. **Friedrich Oltmanns.** Morphologie und Biologie der Algen. Jena 1904. Bd. II, S. 186. Eine Befähigung zum Ertragen besonders hoher Temperaturen kommt den Algen warmer Quellen zu. Es handelt sich in erster Linie um Cyanophyceen, dann um Diatomeen und Fadenalgen (Confervaceen). Nach Rein ertragen die letzteren 59°, die Diatomeen nach Schnetzler 54—60°, nach West sogar 94° usw.

5. Konsequente Versuche liegen nur von **Löwenstein** (Über die Temperaturgrenzen des Lebens bei der Thermalalge Mastigocladus laminosus Cohn, Ber. d. Deutsch. bot. Gesellsch. Jg. Bd. **21** [1903], S. 317) vor, der nach-

wies, daß Mastigocladus in den heißen Quellen bei ca. 50° lebt und wächst. Die Pflanze muß sich aber offenbar erst an die Temperatur gewöhnen, denn wenn sie längere Zeit bei niederen Wärmegraden (5—8°) gehalten werden, sind sie nicht ohne weiteres imstande, dauernd in hoher Wärme zu leben.

5a. **Beijerinck** (Arch. néerl. T. **25** [1891], livr. 3/4; K. J. Bd. **2**, S. 80) fand eine Schwächung der Vegetationskraft des Bacillus cyaneofuscus schon bei gewöhnlicher Temperatur von 17—22° in Peptonleitungswasser, die bei 10° oder bei 5° nicht eintrat. Hier veranlassen also höhere, aber völlig innerhalb der Sommertemperatur liegende Grade schon Schwächung eines Bakteriums, wozu sonst meist weit höhere Temperaturen nötig sind.

6. **Galeotti** (Lo Sperimentale 1892) konnte Pigmentbakterien durch langsame Angewöhnung bei abnorm hoher Temperatur (bis 42,5°) züchten, die sonst diletär gewirkt haben würde. Nach Galeotti gewann der Bac. prodigiosus, der seine Farbstoffbildung zuerst bei 37,5° verloren hatte, diese nach 12maliger Umzüchtung bei dieser Temperatur wieder.

7. **Dieudonné** (Arbeiten aus dem Kaiserl. Gesundheitsamt, Bd. **9** [1894], S. 492; Biol. Centralbl. Bd. **15** [1895], S. 103; K. J. Bd. **5**, S. 86) steigerte das Maximum des Bac. fluorescens durch Gewöhnung von 35 auf 41,5°. Weiterhin paßte er Milzbrandbakterien einerseits an 10°, andererseits an 42,5° an.

8. **Schostakowitsch** (Flora Bd. **81** [1895], S. 362) fand Anpassung von Dematium an erhöhte Temperatur.

9. **Tsiklinsky** (Ann. de l'Inst. Pasteur T. **13** [1899], p. 788; K. J. Bd. **10**, S. 59) erklärt das Auftreten thermophiler Bakterien durch Anpassung. Aus einer 51° warmen Quelle isolierte er einen dem Bac. subtilis außerordentlich ähnlichen, aber auch bei 57° noch gut gedeihenden Organismus. Auch Bac. subtilis gedieh nach Anpassung noch bei 57° nach 30 Umimpfungen, während sein Maximum sonst bei 50° liegt. Selbst nach längerer Gewöhnung blieb er gegen höhere Temperaturen als 58° sehr empfindlich.

9a. **Carl Mez.** Der Hausschwamm (Dresden 1908. S. 60). Reinkulturen von Merulius lacrymans wurden zunächst bei optimaler Temperatur von 22° gehalten und die Temperatur dann in 14tägigen Intervallen jeweils um ½ Grad gesteigert. Es hat sich gezeigt, daß bei diesem Vorgehen das Wachstum des Mycels sich den höheren Temperaturen anpaßt, derart daß alle drei untersuchten Stämme nach Verlauf von 5 Monaten bei 27° gut wachsen. Es kam dadurch eine Annäherung an das Temperaturoptimum des Merulius silvister zustande, der allerdings bei 27° noch stärker als die domestizierte Form wächst.

B. Anpassung an erniedrigte Temperatur.

10. **Deneke** (in Duclaux Traite de Microbiologie, T. I, p. 270). Die merkwürdigste Anpassung an die Temperatur ist die eines Käsespirillums, welches lange auf Gelatine kultiviert, vorübergehend die Fähigkeit verliert, sich bei hoher Temperatur zu entwickeln.

10a. **Mendelssohn.** Journ. de Physiol. et de Path. Gén. T. **4** (1902), p. 393. Paramaecium, welches bei gewöhnlicher Temperatur gelebt hat, zeigt ein Temperaturoptimum vón 24—28°; wenn es während einiger Stunden zwischen 36 und 38° gehalten wird, erhebt sich das Optimum auf 30—32°.

11. **Kruse** (in Kolle-Wassermann, Handbuch der pathogenen Mikroorganismen) gibt an, daß Choleravibrio, wie

11a. **Celli** und **Sartori** konstatierten, natürliche Varietäten bildet, die die Fähigkeit, bei 37° zu wachsen, verloren haben, wobei jedoch nach längerer Fortzüchtung Restitution des Wachstumsvermögens bei Brutwärme stattfand. **Kruse** und **Pansini** bei Pneumokokken und **Dieudonné** a. a. O. beim Milzbrandbacillus erreichten durch allmähliche Züchtung bei immer niedrigeren Temperaturen Anpassung an niedere Temperaturgrade bis 10°.

12. **Kruse** und **Pansini.** Zeitschr. f. Hygiene, Bd. **11** (1892), S. 315. Durch Kultur auf künstlichen Nährmedien gelang es, den Diplococcus pneumoniae an niedere Temperaturen anzupassen. Einige Diplokokken, die überhaupt unter 20° keine Entwicklung gezeigt hatten, wuchsen nach Züchtung auf Agar in der 100. Generation oder nach monatelanger Gelatinekultur auch bei 18°, bei anderen wurde das schon ursprünglich vorhandene Wachstum üppiger. Es bestehen auch hier große Differenzen in der Schnelligkeit und Intensität der Variation.

13. **L. Rabinowitsch** (Zeitschr. f. Hygiene, Bd. **20** [1895], S. 154) zeigte, daß sich viele thermophile Bakterien, die bei Luftzutritt nur über 50° gedeihen, unter anaeroben Bedingungen auch bei 34° fortkommen und so wahrscheinlich ihr Dasein im menschlichen und tierischen Darm fristen.

14. **Möller** (Terapeutische Monatshefte 1898, November) gibt im speziellen an, daß er aus der Milz mit Sputum geimpfter Blindschleichen Tuberkelbakterienkulturen abimpfte, die bei 20° gut gediehen. Die Kulturen weichen von denen der Säugetiere ab, indem sie anstatt der bekannten trockenen und krümeligen Vegetationen einen feuchten, glänzendweißen glatten Überzug auf der Agaroberfläche bilden. Bei einer Temperatur von 28—37° gehalten, wachsen sie überhaupt nicht mehr. Morphologisch unterscheiden sie sich dadurch, daß sie reichlich Verzweigungen bilden. Auf Kaninchen lebten sie, ohne virulent zu sein, ja selbst durch Tierpassage wurden sie nicht wieder virulent. Der Blindschleichenkörper wirkt also energischer als der Froschkörper.

15. **Bataillon** und **Terre** (Compt. rend. de l'Acad. T. **124** [1897], p. 1399 und T. **126** [1898], p. 538) und

16. **Lubarsch** (Zeitschr. f. Hygiene, Bd. **31** [1899], S. 191) beanspruchen besonderes Interesse die durch längeren Aufenthalt im Körper der Kaltblüter (Blindschleiche, Frosch, Fisch) modifizierten Tuberkelbacillen, die bei Bruttemperatur überhaupt nicht mehr oder erst nach erneuter Wiederanpassung zu wachsen vermögen, die dafür aber bei 20—22° üppig gedeihen, ja bisweilen noch bei 12° und abwärts.

17. **Schmidt-Nielsen.** Centralbl. f. Bakt. II. Abt., Bd. **9** (1902), S. 145; K. J. Bd. **13**, S. 191. Von Hefen zeigte ein Stamm von Saccharomyces Pastorianus I., der von E. Chr. Hansen längere Zeit im Eisschrank gezüchtet war, bei 0° in 17 Tagen sehr schönes Wachstum auf Bierwürzgelatine.

C. Einfluß der veränderten Temperatur auf die Ausnutzung von Kohlenstoffquellen.

18. **R. Thiele** (Dissertation, Leipzig 1896; K. J. Bd. **7**, S. 45) hat zu zeigen vermocht, wie verschieden hohe Temperaturen den Wert von Kohlenstoffquellen zu beeinflussen vermögen. So gedieh Penicillium bis zu 31° besser auf Glucose, während es bei 35—36° besser auf Glycerin als auf 4proz. Glukose wächst.

VI. Variabilität der Beweglichkeit.

(Text S. 47.)

A. Verlust der Beweglichkeit.

1. **Germano und Maurea** (Zieglers Beiträge, Bd. **12** [1893], S. 494) fanden große Unterschiede in bezug auf die Betätigung der Beweglichkeit sowohl bei Typhusbacillen wie bei Typhusähnlichen. Die Gründe sind von noch unbekannten Umständen abhängig; manche Substanzen können die Beweglichkeit schädigen oder sie ganz aufheben. Sie beobachteteten in sehr beweglichen Kulturen eigentümliche Cilien. Bei der Färbung waren eine große Menge Cilien frei, dazwischen fanden sich jedoch einige Bakterien, die mit einer sehr breiten und langen Cilie versehen waren, die oft das 20—30fache der Bakterien übertraf und ihnen das Aussehen von Spermatozoen gab. Auch Babes (Zeitschr. f. Hyg. Bd. **9** [1890]), fand sie, hielt sie aber für in die Kultur eingemischte fremde Bakterien.
2. **Preisz.** Annal. de l'inst. Pasteur 1894, Nr. 4. Beim Bacillus der Pseudotuberkulose der Nagetiere gehen die individuellen Differenzen so weit, daß einzelne Individuen beweglich, andere unbeweglich sind.
3. **Villinger.** Archiv f. Hyg. Bd. **21** (1894), S. 10. Das Bact. coli commune wird durch Züchtung auf carbolhaltiger Bouillon unbeweglich.
4. **Job** (Dissertation, Würzburg 1896) fand das Bact. putidum nur beim Abimpfen auf Zuckeragar beweglich; auf allen anderen Nährmedien erwies sich dasselbe vollkommen unbeweglich.
5. **E. Böttcher** (Dissertation Würzburg 1897, S. 21). Die Sarcina mobilis erwies sich vollkommen unbeweglich, trotzdem hier früher Eigenbewegung sicher gesehen worden war.
6. **Th. Mironesco** (Über eine besondere Art der Beeinflussung von Mikroorganismen durch die Temperatur [Hygienische Rundschau **1899**, S. 961; K. J. Bd. **10**, S. 77] beobachtete, daß ein typhusähnlicher Bacillus, der bei Zimmertemperatur beweglich war, zwischen 33 und 34° unbeweglich wurde. Nur im ersteren Falle ließen sich Geißeln nachweisen.

7. **Teisi Matzuschita** (Der Einfluß der Temperatur und Ernährung auf die Eigenbewegung der Bakterien [Centralbl. f. Bakt. Abt. II, Bd. **7**, 1901, S. 209; K. J. Bd. **12**, S. 100]) gibt etwas allgemeine Angaben über die Beweglichkeit und deren Verlust bei Bakterien.
8. **F. Döflein** (Die Protozoen als Parasiten und Krankheitserreger [Jena 1901]) beobachtete Verlust der Beweglichkeit bei Protozoen als die Folge der Anpassung an die parasitische Lebensweise.
9. **Graßberger** (Archiv f. Hyg. Bd. **53** [1905], S. 158; K. J. Bd. **16**, S. 173) erhielt durch vorübergehende Züchtung des Rauschbrandbacillus auf Gelatine und Rückimpfung auf Agar unbewegliche Rassen, die zur Bildung von Scheinfäden neigen und milzbrandähnliche Kolonien bilden.
10. **Migula** (in Lafar, Handbuch der technischen Mykologie, Bd. I, S. 85). Bei einem sehr beweglich gewordenen Micrococcus agilis Ali-Cohen zeigte sich nach sieben Übertragungen auf Agar in Zeiträumen von je 14 Tagen, daß er fast völlig unbeweglich geworden war; unter vielen Hunderten von Zellen sah man nur 1—2 bewegliche. In Heuinfus mit gleichen Teilen Bouillon konnte noch nach 18 Übertragungen fast dieselbe Beweglichkeit festgestellt werden wie bei der Stammkultur.

   Er sah Bac. prodigiosus bei Zimmertemperatur meist gar nicht, bei Bruttemperatur lebhaft beweglich, während Matzuschita (a. a. O. 7) ihn bei 20° C lebhaft, bei 37° nicht beweglich fand.

B. Erwerbung der Beweglichkeit.

11. **O. Zacharias.** Biol. Centralbl. Bd. **5** (1885/86), S. 259. Die Spermatozoen von Polyphemus pediculus, einer Crustacee, fangen nach einiger Zeit an, auf 5proz. Lösung von phosphorsaurem Natrium zu reagieren. Sie ziehen sich zuerst in die Länge, und man bemerkt, daß an jedem Pole des spindelförmig gewordenen Gebildes zwei kurze Pseudopodien entstehen. Dieselben werden allmählich größer und spalten sich mehrfach, so daß das Spermatozoon an beiden Enden wie mit Fransen besetzt aussieht. Nach Erreichung dieses Stadiums beginnt wieder Kontraktion, wobei lebhafte Schwingung der Pseudopodien stattfindet. Endlich erhält das ursprünglich spindelförmige Spermatozoon Kugelgestalt, in der es jetzt mit wimpernen Fortsätzen besetzt ist, die wie schwingende Cilien aussehen.

    Es scheint durch diese Beobachtung bewiesen, daß Pseudopodien und Cilien keine grundverschiedenen Bildungen sind, sondern daß zwischen beiden ein innerer Zusammenhang besteht. Durch das Experiment wurde den Pseudopodien der Samenzelle von Polyphemus eine Beweglichkeit erteilt, die den fadenartigen Anhängen des Spermatozoons von Evadna schon von Natur aus innewohnt.

    Bei den Darmepithelzellen von Stenostomum leucops gelang es, auf demselben Wege die kugelige Zelle in eine die Zelle zwei- bis dreimal übersteigende Cilie auszudehnen, die alsbald wellenförmige Bewegungen machte, so daß sie wie ein Geißelinfusorium aussah.

Daraus ergibt sich eine Beziehung zwischen dem amöboiden Verhalten einer Zelle und den Bewegungen, welche an stärker differenzierten Protoplasmafortsätzen (wie Cilien, Wimpern usw.) wahrzunehmen sind.

Auf die Schlüsse über Verwandtschaften, die der Autor aus seinen Resultaten zieht, ist hier nicht einzugehen. A. Schneider (Breslau) berichtet über ähnliche Resultate mit Samenfäden von Nematoden, und Braß (Biologische Studien, Heft 1, S. 68) fand, daß bei Amöben schwache Alaunlösung zur Bildung von sehr langen und dünnen Pseudopodien anregt.

12. **Franz Zierler.** Archiv f. Hyg. Bd. **34** (1899), S. 192; K. J. Bd. **10**, S. 79.
13. Schon **Böttcher** (Dissertation, Würzburg 1897) hatte den dem Bac. subtilis ähnlichen, gewöhnlich unbeweglichen Bac. implexus Zimm. zeitweilig beweglich gefunden. Zierler fand nun konstante Beweglichkeit in allen Nährböden und in jedem Alter. Allerdings währte die Beweglichkeit unter gewöhnlichen Verhältnissen um wenige Minuten, und auch mit besonderer Vorsicht gelang es unter keinen Umständen, sie länger als 35 Minuten zu erhalten. Da der Bacillus ohne Verunreinigung aus dem ursprünglich unbeweglichen Stamm hervorgegangen ist, so muß man annehmen, daß er mit der Zeit die Eigenbewegung erlangt hat. Da Böttcher 1½ Jahre früher den Organismus zwar auf Gelatine und Agar beweglich, auf Kartoffel aber noch unbeweglich gefunden hatte, so liegt der Gedanke an eine allmähliche Entwicklung der Begeißelung nahe.
14. **K. B. Lehmann** (Archiv f. Hyg. Bd. **34** [1899], S. 192) fügt zu diesen Angaben eine Nachschrift, in der er hervorhebt, daß er sich der Verantwortung derselben wohl bewußt ist. Er hatte die Unbeweglichkeit des Bac. implexus früher in allen Kulturen konstatiert. Er gibt an, daß es auch von Bac. mycoides zwei Parallelformen, eine bewegliche und eine unbewegliche, gibt.
15. **D. Ellis** (Der Nachweis der Geißeln an allen Kokkaceen [Centralbl. f. Bakt. II. Abt., Bd. **9**, 1902, S. 546; K. J. Bd. **13**, S. 72]) prüfte, ausgehend von der Beobachtung, daß die Beweglichkeit von Spirillum giganteum bei fortwährender Übertragung auf neues Nährsubstrat eine Steigerung erfährt, eine Anzahl angeblich unbeweglicher Kokkaceen auf ihre Schwärmfähigkeit. Es wurde umgeimpft, sobald Wachstum sichtbar war und so 16 Sarcinaarten beweglich gemacht. Bei 14 derselben gelang es, die Begeißelung durch Färbung nachzuweisen. Es zeigte sich, daß das Fehlen der Bewegung nur durch das Vorhandensein eines Schleims verursacht wird, der bei fortgesetzter Umimpfung vollständig verschwindet; mit dem Verschwinden des Schleimes parallel geht ein Zerfall der Pakete in Einzelkokken und Verbände von 2—4 Kokken. Weiterhin wurden so auch bei 5 Mikrococcenarten und 3 Streptokokkenspezies Geißeln hervorgerufen. Auf dieselbe Art (Centralbl. f. Bakt. II. Abt., Bd. **11** [1903], S. 241; K. J. Bd. **14**, S. 53) lassen sich auch Spirillen zu einer gesteigerten Beweglichkeit bringen.

16. **Arthur Meyer** (Centralbl. f. Bakt. I. Abt., Bd. **31** [1902], S. 737; K. J. Bd. **13**, S. 71) vertritt die Ansicht, daß geißelfreie Eubakteriaceen nur Entwicklungstadien begeißelter Bakterienspezies sind. Vgl. vorstehende Angaben von Ellis.
17. **Wasserzug** (nach Pfeffer, Pflanzenphysiologie, Bd. II [1901], S. 243) hat aus dem Bac. prodigiosus eine konstant bewegliche Form gezüchtet.

VII. Umstimmung der Taxien.

(Text S. 51.)

1. **Strasburger.** Wirkung des Lichtes und der Wärme auf Schwärmsporen. Jena 1878. S. 75.
2. **W. Pfeffer.** Untersuchungen aus dem botanischen Institut zu Tübingen, Bd. **1**, 1881—1885, S. 363; Bd. **2**, 1886—1888, S. 582.
3. **Engelmann.** Pflügers Archiv für Physiologie, Bd. **30** (1882), S. 95.
4. **Winogradsky.** Bot. Zeitung, Bd. **45** (1887), S. 489.
5. **J. Loeb.** Pflügers Archiv für Physiologie, Bd. **54** (1893), S. 81 und Studies in general Physiology, Chicago (1905), p. 265.
6. **Jennings.** American Journ. of Physiology, Vol. **2** (1899), p. 355.
7. **Sossnowski.** Bull. internat. de l'Academie Cracovie **1899**, p. 130.
8. **Rothert.** Flora, Bd. 88 (1901), S. 416, Kap. IX. Die Inkonstanz taktischer Eigenschaften.

   1. Ein Bakterium aus der Thermogruppe war, als es als zufällige Verunreinigung auftrat, stark aerotaktisch, aber schon in der zweiten Kultur durch Überimpfen auf demselben Nährboden ging das verloren.

   2. Ein Amylobacter, der auch als zufällige Verunreinigung auftrat, wurde auf Erbsendekokt weiter kultiviert. In der ersten Kultur war es ausgezeichnet negativ aerotaktisch, positiv chemotaktisch gegen Fleischextrakt und überdies chemotaktisch gegen Äther. Nach mehreren Tagen begannen diese Eigenschaften abzunehmen, und die Reizbarkeit durch Äther hörte schließlich ganz auf.

   3. Eine Flagellate, Trepomonas agilis, war, als sie zufällig auftrat, vorzüglich positiv chemotaktisch gegen Fleischextrakt. Später ging dieser Organsimus selbst an 1% Fleischextrakt ganz unbeeinflußt vorüber.

   4. Als Trepomonas sich unempfindlich zeigte, waren zwei in derselben Kultur auftretende Bakterien, nämlich Bac. Solmsii und ein winziges Spirillum, sehr gut chemotaktisch gegen Fleischextrakt. Aber schon am folgenden Tage reagierten sie nur schwach.

   5. Noch unbeständiger als die Chemotaxis und Aerotaxis der Bakterien und Flagellaten scheint die Phototaxis der chlorophyllhaltigen Organismen, wie Euglena und Chlamydomonas zu sein.
9. **Rothert.** Jahrbücher f. wissenschaftliche Bot. Bd. **39** (1904), S. 1.
10. **H. Kniep.** Ibid. Bd. **43** (1906), S. 215.
11. **J. Loeb.** Pflügers Archiv f. Physiologie, Bd. **115** (1906), S. 564.
12. **Ernst Pringsheim.** Ber. der Deutsch. bot. Gesellsch. Bd. **26a** (1908), S. 565.

12a. Nach ihm die Angabe von **Frank.**

VIII. Die Variabilität unter dem Einflusse des Lichtes.

(Text S. 54.)

1. **J. Raum.** Der gegenwärtige Stand unserer Kenntnis über den Einfluß des Lichtes auf Bakterien und auf tierische Organismen (Zeitschr. f. Hyg. Bd. **6** [1889], S. 312).
2. Neuere Zusammenfassung bei **Bang** (Mitteilungen aus Finsens mediz. Lichtinstitut, Kopenhagen 1903, Bd. **2**, S. 1).
3. Vgl. auch **J. Behrens** (in Lafar, Handbuch der technischen Mykologie Bd. I, § 98, Der Einfluß des Lichtes, S. 449).
4. **Arloin** (Compt. rend. de l'Acad. T. **101** [1885], p. 511) konstatierte für Bac. anthracis, daß sobald die Mutterkultur eine nicht tödliche Isolation überstanden hat, die Entwicklung der nächsten Generation je nach der Dauer der Exposition eine mehr oder weniger erhebliche Verzögerung erfährt; war z. B. die Mutterkultur 4—8 Stunden belichtet, so sind in der Tochterkultur nach Ablauf von 20—24 Stunden keine deutlichen Zeichen stattgefundener Fortentwicklung zu bemerken.

4a. **F. Gräntz.** Über den Einfluß des Lichtes auf die Entwicklung einiger Pilze. Diss. Leipzig 1898.

---

5. **Bütschli.** Bronns Klassen und Ordnungen des Tierreichs, Bd. II (1883/87), S. 863. Besonders bei gefärbten Flagellaten ist nun die Lichtstimmung nicht nur für verschiedene Arten eine recht verschiedene, so daß sie sich teils als photophil (die Eigenschaft, Licht sehr hoher Intensität aufzusuchen), teils als photophob (die Eigenschaft, Licht niederer Intensität aufzusuchen) erweisen, sondern sie kann auch bei einer und derselben Art wechseln, so daß sie sich zu verschiedenen Lebensepochen oder aus noch unbekannten Ursachen bald photophil bald photophob erweisen. Manche Erfahrung spicht dafür, daß die Photophilie, d. h. also eine Stimmung auf hohe Lichtintensität während des jugendlichen Zustandes vorherrscht, dagegen im erwachsenen Zustand die Photophobie mehr zur Entwicklung gelangt.
6. **Strasburger,** nach Bütschli, nimmt eine gewisse Anpassung an die mittlere Helligkeit der spezifischen Wohnorte an. Auch fand er experimentell einige Ursachen, welche Einfluß auf die Lichtstimmung ausüben. Höhere Temperatur steigert im allgemeinen die Photophilie und umgekehrt; auch Sauerstoffmangel steigert die Photophilie speziell bei Hämatokokkus.
7. Dagegen fand **Engelmann,** nach Bütschli, Euglenen sehr unabhängig von der Sauerstoffspannung.
8. **L. Rhumbler.** Archiv f. Entwicklungsmechanik der Organismen, Bd. 7 (1898), S. 203. Das Licht, besonders das zur Beobachtung auf dem Objektträger notwendige, erschwert den Amöben die Nahrungsaufnahme. Er beobachtete, daß Amoeba verrucosa, die mit der Aufnahme von Oscillariafäden beschäftigt war, aus dem Halbdunkel ihres gewöhnlichen Aufenthaltes herausgebracht, in dem Mikroskop in kurzer Zeit die angegriffenen Fäden fahren ließ. Nachdem sie über Nacht gestanden hatte, konnte man sie wieder bei der Arbeit beobachten. Auch dann

gaben sie die Beute noch frei. Die Zahl der dies tuenden Individuen konnte dadurch außerordentlich verringert werden, daß er das Beobachtungsgefäß nur langsam aus dem Schatten der Fensterbank heraus durch den Halbschatten in das grelle Tageslicht rückte.

9. **Harrington** und **Leaming** (Amer. Journ. of Physiol. Vol. **3** [1900], p. 9) fanden, daß blaues und weißes auf Amöben geworfenes Licht sie veranlaßt, die Bewegung einzustellen, daß aber, wenn die Belichtung fortdauert, die Bewegung nach einiger Zeit wieder beginnt.

10. **Jennings** (Behaviour of the Lower Organisms [The Columbia University Press. New York 1906, p. 25]) sagt darüber: In der Tat haben wir die allgemeine Tatsache beobachtet, daß Wechsel der Hauptanlaß ist, welcher eine Reaktion auslöst, so daß eine solche Anpassung ein konstanter und normaler Faktor im Verhalten niederer Organismen bei der Bewegung ist.

11. **Verworn** (Archiv f. die ges. Physiol., Bd. **44** [1889], S. 281) fand, daß Amöben, die zuerst auf einen schwachen elektrischen Strom reagieren, nach einiger Zeit ohne Rücksicht auf den Strom ihre Bewegung wieder aufnehmen.

12. Die von **Th. W. Engelmann** (Verhandlungen der Berliner Physiol. Gesellschaft, Archiv f. Physiol. u. Anatomie, Physiol. Abt. **1902**, S. 333 und **1903**, S. 214), Vererbung künstlich erzeugter Farbenänderungen von Oscillatorien nach Versuchen von **N. Gaidukow** (vgl. auch bei diesem [Sitzungsberichte der preußischen Akademie 1902]) angegebene komplementäre chromatische Adaption wird neuerdings von

13. **Baur** (Verhandlungen der Berliner Physiol. Gesellschaft 1909) als Rassenspaltung gedeutet. Sie kann daher, bis weitere Untersuchungen über diese höchst interessante Anpassung stattgefunden haben, hier nicht berücksichtigt werden. Vgl. hierzu auch

14. **F. Oltmanns,** Morphologie und Biologie der Algen (Jena 1904. Bd. II, S. 249).

IX. Variabilität der Sporenbildung und Keimung.

(Text S. 56.)

A. Allgemeine Bemerkungen.

1. **Detto** (Theorie der direkten Anpassung S. 101) sagt, beim Verlust der Sporenbildungsfähigkeit kann von zweckmäßig erworbenen Eigenschaften doch nicht die Rede sein, ebensowenig von Fluktuationen, ganz sicher aber von pathologischen Erscheinungen.

2. **Migula.** System der Bakterien (Jena, Bd. II [1900], S. 229) nennt solche Formen pathologisch.

B. Abnorme Formen von Sporen.

3. **Nakaniski** (Münchener med. Wochenschr. **1900,** S. 680) beobachtete bei Milzbrand endständige runde Sporen.

4. **v. Hibber** (Centralbl. f. Bakt. I. Abt., Bd. **25** [1899], S. 602) beobachtete bei pathogenen Anaerobiern unter ungünstigen Lebensbedingungen elliptische statt runde Sporen.

5. **Geppert** (Berliner klin. Wochenschr. **1889**, Nr. 36 und **1890**, Nr. 12) gibt an, daß die Resistenz der Sporen individuell und nach Stammesverschiedenheiten sehr variabel ist.
6. **A. Fischer,** Vorlesungen über Bakterien (Jena 1903, S. 52) nennt die verschiedene Widerstandsfähigkeit der Sporen eine mehr oder weniger labile Variation einer von Natur variablen Eigenschaft. In der Sporenernte aus einer und derselben Kultur, z. B. der roten Kartoffelbacillen (Bac. mesentericus ruber), finden sich Sporen, die in strömendem Dampf schon in wenigen Minuten abgetötet werden, andere nach 1 Stunde und die widerstandsfähigsten vielleicht erst nach 5—6 Stunden ununterbrochener Dampfwirkung. Es ist nicht möglich, dadurch eine Auslese zu treffen, daß man etwa 3 Stunden erhitzt und die weniger widerstandsfähigen ausscheidet. Die Nachkommenschaft der hitzebeständigsten Sporen liefert nicht ausschließlich ebensolche Sporen, sondern es kehren alle Grade der Widerstandsfähigkeit wieder.

   Wenn man aber einzelne Portionen einer Sporenernte verschieden lange erhitzt, z. B. 30, 40, 50 Minuten usw., so sinkt die Widerstandsfähigkeit für eine zweite Erhitzung bedeutend herab; 55 Minuten erhitzte Sporen vertragen, an Seidenfäden angetrocknet, eine zweite Erhitzung nur 8—10 Minuten lang. Durch Zerlegung des Abtötungsprozesses gelingt es also, Sporenmaterial eines gewünschten Resistenzgrades sich zu verschaffen.
7. **Weil.** Künstliche Herstellung von Sporenmaterial von einem bestimmten Resistenzgrad gegen strömenden Dampf (Centralbl. f. Bakt. I. Abt., Bd. **30,** S. 500). Nach Fischers Anschauung erzielt man aber auf diese Weise nicht eine neue Rasse, sondern ein langsam dahinsiechendes Geschlecht.

C. Asporogene Varietäten.

1. Bei Bakterien.

8. **Lehmann** (Münchener med. Wochenschr. **1887,** Nr. 26) zeigte, daß lange auf Gelatine gezüchtete Milzbrandbakterien die Fähigkeit, Sporen zu bilden, verloren haben und daß sie dieselbe auch durch 10 Tierpassagen nicht wieder gewinnen. Die Virulenz war nicht geschwächt.
9. **Pasteur, Chamberland** und **Roux** (Compt. rend. de l'Academie **T. 92** (1881), p. 429) haben gezeigt, daß der Pestbacillus, bei 42—43° kultiviert, die Fähigkeit Sporen zu bilden verliert und nach und nach avirulent wird.
10. **Chamberland** und **Roux** (Compt. rend. de l'Academie, T. **96** [1883], p. 1090) und **Roux** (Annales de l'institut Pasteur **1890**) gelang es durch verschiedene Antiseptica (Sublimat, Carbolsäure, Bichromat) und durch erhöhte Temperatur (42°) asporogene Rassen des Milzbrandbacillus zu erzielen, wobei jedoch verschiedene Stämme die Fähigkeit zur Sporenbildung mit sehr verschiedener Energie festhalten. Roux gelangte mit einer 2‰ Bichromatlösung zu völlig asporogenen Rassen.
11. **Behring** (Zeitschr. f. Hyg. Bd. **6** [1889], S. 127 u. Bd. **7** [1890], S. 173) erreichte dasselbe durch schwachen Säuregrad (0,054% HCl) oder schwache Alkalescenz (0,12% NaOH, 0,098% NH_3). Die Schnelligkeit

und Regelmäßigkeit der Sporenbildung ist aber außer von der Natur der Nährlösung noch von dem Milzbrandstamm abhängig. Durch Züchtung auf Gelatine gewann er zwei Rassen, die bei 10 maliger Tierpassage noch asporogen waren, trotzdem sie einen Teil ihrer Virulenz festhielten. Die Rassen sollen dem Untergang geweiht sein, falls sie nicht durch Züchtung im Laboratorium künstlich erhalten werden.

12. **Phisalix** (Bull. méd. **1892**, p. 25; Compt. rend. de l'Academie, T. **114** [1892], p. 684; **115**, p. 253; Arch. de physiol. et path. **1893**, p. 217 u. 256), **Surmont** und **Arnould** (Annal. de l'institut Pasteur **1894**, p. 817) und **Bormaus** (Baumgartners Jahresbericht **1895**, S. 138) kamen zu ähnlichen Resultaten.
13. **Errera.** Acad. Belge **1899**, Anm. S. 85. En contestant, qu'il s'agisse ici (Chamberland et Roux) d'une race normal asporogène
14. **A. Fischer** (Pringsheims Jahrbücher Bd. **27** [1894], S. 58) n'a pas assez tenu compte de la différence entre l'effet d'une haute temperature et celui d'une antiseptique sur le Bac. Anthracis; celui-là est passager, mais celui-ci est durable.
15. **Migula** (nach Pfeffer, Pflanzenphysiologie, Bd. II [1901], S. 242) erzielte durch Carbolsäurekultur eine asporogene Rasse von Bact. ramosum.
16. Dagegen sagt **A. Fischer** (Vorlesungen über Bakterien [a. a. O., S. 50]): Daß die Abschwächung der Virulenz nur der Ausdruck einer allgemeinen Schädigung ist, geht daraus hervor, daß die abgeschwächten Milzbrandbacillen auch die Fähigkeit verloren haben, Sporen zu bilden, daß sie „asporogen" geworden sind. Auf den ersten Blick scheint das ein außerordentlich großer Erfolg zu sein. Die Sporenbildung ist eine der wichtigsten morphologischen Eigenschaften. Wenn es gelingt, sie vollkommen zu unterdrücken, ja so zu unterdrücken, daß in den günstigsten Kulturen sie nicht wieder erscheint, dann wäre ja ein stiller Wunsch der Abstammungslehre erfüllt; durch äußere Einflüsse wäre eine neue Eigenschaft, die Asporogenität, erblich erzeugt. Leider ist auch hier der Erfolg nur scheinbar. Ebensowenig wie es möglich ist, durch rastloses Abschneiden von Mäuseschwänzen eine schwanzlose Rasse zu erzielen, ebensowenig sind die neuen Milzbrandbacillen eine neue lebenskräftige Rasse. (Fischer unterscheidet eben noch nicht zwischen geschlechtlicher und ungeschlechtlicher Vermehrung H. P.) Nur die Ausbildung vollreifer Sporen von bekannter Widerstandskraft wird verhindert, rudimentäre Sporen, unfertige Sporen werden aber gebildet. Nur eine allgemeine Degeneration, die alle Eigenschaften beeinträchtigt, ist erreicht. Das geht schon daraus hervor, daß schließlich solche „asporogene" und schwachvirulente Bacillen nach und nach absterben. Durch Einimpfung in Tiere und mehrfach wiederholte Tierpassage, also, um medizinisch zu reden, durch korroborierende Behandlung kommen die geschwächten Bakterien wieder in den Vollbesitz ihrer ganzen Kraft, sie werden wieder hochvirulent und können auch wieder normale Sporen erzeugen, ge-

nau wie kränkelnde Pflanzen sich erholen, wenn sie in optimale Verhältnisse versetzt werden.

Demgegenüber muß man doch bemerken, daß die von Fischer aufgestellte Behauptung, daß die asporogenen Rassen z. B. durch Tierpassage wieder zur Sporenbildung gebracht werden können, nicht den Tatsachen entspricht. Ebensowenig ist klar, wie er in ihnen die rudimentären oder unfertigen Sporen nachgewiesen hat. Er lehnt die Erwerbung neuer Eigenschaften offenbar vor allem deshalb ab, weil sie sich mit seinen Theorien über diesen Punkt nicht vereinigt.

16a. **Blakeslee** American Akad. of Arts and Science, Vol **40** (1904), Nr. 4. Bei Züchtung von 26—28° entstand eine „neutrale" d. h. geschlechtliche Sporen nicht erzeugende Rasse von Mucor mucedo.

2. Bei Hefen und Schimmelpilzen.

17. **E. Chr. Hansen,** Compt. rend. de Carlsberg, Bd. **2** (1883), S. 41; Bd. **2** (1886), S. 119 u. 130; Bd. **2** (1888), S. 189; Centralbl. f. Bakt. Bd. **5** (1889), S. 664; Medd. fra Carlsb. Laborat. (1892), Bd. **3,** S. 200 und Untersuchungen aus der Praxis der Gärungsindustrie **1895,** Heft 1, S. 79. Produktion de variétés chez les Saccharomyces (Ann. de migrogr. T. **2** [1890], No. 5; Zeitschr. f. das ges. Brauwesen 1890, Nr. 7; K. J. Bd. **1,** S. 37) und Experimental studies on the variation of yeast cells (Annals of Botany, Bd. **9** [1895], p. 249; K. J. Bd. **6,** S. 60) fand, daß die lange Zeit bei einer über der Maximaltemperatur der Sporenbildung liegenden Temperatur kultivierten Hefezellen die Fähigkeit zur Sporenbildung verloren hatten und diese in über ein Jahr fortgesetzter, mindestens alle 14 Tage erneuerter Kultur nicht wieder erlangten.

18. **Paul Lindner,** Beobachtungen über die Sporen- und Glykogenbildung einiger Hefen auf Würzgelatine (Centralbl. f. Bakt. II. Abt., Bd. **2,** S. 537; K. J. Bd. **7,** S. 99), beobachtete, daß verschiedene Hefen (Sacch. farinosus, hyalosporus und Bailii), die früher reichlich Sporen bildeten, durch länger andauernde Kultur das Vermögen, Sporen zu bilden, verloren haben. Andere Hefen zeigten nur noch vereinzelt Sporen, während wieder andere ungeschwächt waren. Er prüfte nicht, ob die Hefen wieder an die Sporenbildung zurück gewöhnt werden können.

19. **Beijerinck.** Centralbl. f. Bakt. I. Abt., Bd. **16** (1894), S. 49; II. Abt., Bd. **3** (1897), S. 449 u. 518; Ökologie S. 151. Schon sofort bei der Kultur der Oktosporushefe findet eine Spaltung in zwei Rassen statt, welche „asporogene" und „sporogene" benannt werden können. Diese sind so außerordentlich verschieden, daß man eher an verschiedene Arten, denn Rassen denken könnte. Durch die Manipulation der Reinkultur wird die fortwährende Anhäufung der asporogenen Rasse begünstigt. Es handelt sich hier um eine Erscheinung, welche den in Betracht kommenden Zellen ein besonderes Verhalten aufprägt, das sich unter den verschiedenartigsten Verhältnissen als besondere Erscheinung ausweist. Um den Unterschied zwischen beiden Rassen auch schon makroskopisch beobachten zu können, werden Kolonien auf Würzeagar-

platten angelegt. Die Kolonien sind bei vollständiger Reife, d. h. nach Erschöpfung des Nährbodens, von dreierlei Natur: 1. weiße, nur aus Asken und Askosporen bestehende; 2. hellbräunliche, nur vegetative und askenartige, jedoch askosporenfreie Zellen enthaltend; 3. sehr leicht braune, „gemischte“, mit allen drei Elementen. Die hellbräunlichen Kolonien (2) ergeben sich bei erneuter Aussaat als konstant und erblich asporogen. Bei Aussaat der weißen Kolonien (1) erhält man neben vielen weißen wieder einige braune Kolonien, woraus sich, wie oben, die asporogene Form als konstante Rasse ableiten läßt, sowie zahlreiche „Mischkolonien“. Werden von den sehr leicht braunen Mischkolonien (3) neue Aussaaten auf Würzeagar angelegt, so zerfallen sie ebenfalls in weiße und braune, nur in anderem Verhältnisse wie bei der Aussaat der weißen, wovon sie offenbar nur graduell verschieden sind. Sie enthalten 1% der braunen gänzlich asporogenen, während die weißen nur 2‰ davon enthalten.

Durch trockenes Erhitzen erreicht man eine Abtötung der vegetativen Zellen und eine Anreicherung der sporenbildenden, während umgekehrt mehrfaches Überimpfen der sporogenen Rasse schließlich zu der erblich konstanten asporogenen Rasse führt. Morphologisch unterscheidet sich die asporogene Rasse von der sporogenen durch beinahe ganz runde, nur kurz vor der Teilung etwas ellipsoid gestreckte Zellform. Ebenso sind physiologische Unterschiede vorhanden. Die Trypsin- und Säurebildung sind bei der asporogenen Rasse zurückgegangen u. a. m.

20. **Beijerinck.** Centralbl. f. Bakt. II. Abt., Bd. **4** (1898), S. 657 u. 721; Ökologie S. 155. Durch die Trockenerhitzungsmethode konnten ferner sporogene Rassen von Saccharomyces Ludwigii, Pombehefe und Sacch. uvarum erhalten werden. Bei letzterer Hefe wurde durch häufiges Überimpfen eine fast völlig sporenfreie Rasse erzielt; auch hier unterschieden sich die sporogene und asporogene Rasse durch die weiße und braune Farbe ihrer Kolonien. Die sporenhaltigen Zellen sind ferner einer höheren Temperatur angepaßt als die vegetative Rasse, erstere gären vornehmlich bei 28° C, letztere zwischen 15 und 20°. Bei Anwendung der Trockenerhitzungsmethode konnten selbst bei 100° die vegetativen Zellen von Sacch. panis nicht getötet werden, ohne die Sporen zu schädigen. Bei Aussaat auf Gelatine zeigte sich aber, daß die aus sporogenen Zellen bestehenden Kolonien viel kleinzelliger waren. Auch bei anderen Hefen zeigten sich kleinzellige Rassen gegen Erhitzen weit widerstandsfähiger als großzellige. Der Charakter der kleinen Zellen ist schon von Anfang an vorhanden, er wird durch das Erhitzen nicht geschaffen, sondern ist erblich fixiert und wird durch die Erhitzungsmethode nur ausgelesen. Dasselbe Resultat wurde auch bei Sacch. uvarum erhalten.

21. **E. Chr. Hansen** (Compt. rend. de Carlsberg, Vol. **5** [1900], p. 1; K. J. Bd. **11**, S. 125) kommt zu dem Schluß, daß es sich bei Entstehung der asporogenen Rassen nicht um eine Selektion, sondern um eine Umbildung handelt. Nicht nur jede vegetative Zelle, sondern auch jede

Spore kann bei geeigneter Behandlung eine asporogene Vegetation hervorbringen. Bei gewissen asporogenen Varietäten wurde konstatiert, daß die Zellen in Würze ein viel größeres Vermehrungsvermögen zeigten als die ursprüngliche Form, und daß in mehreren Fällen die Wachstumsform auf Gelatine ebenfalls eine andere war.

22. **E. Chr. Hansen.** Centralbl. f. Bakt. II. Abt. Bd. **15** (1905), S. 353. Die sporenlose Varietät ist keine vorübergehende Abschwächung. Die Zellen besitzen ein kräftiges Vermehrungsvermögen, und sie haben sich noch nach dem Verlauf von 17 Jahren konstant sporenlos erhalten.

23. Vgl. auch **A. Klöcker.** Die Variabilität der Saccharomyceten in Lafar, Handbuch der technischen Mykologie, Bd. IV, Kapitel 8, S. 159.

---

24. **Benecke** (Jahrb. f. wissenschaftl. Botanik, Bd. **28** [1895], S. 487; K. J. Bd. **6**, S. 67) fand bei Versuchen mit Aspergillus niger und Penicillium, daß Rubidium und Calcium das Kalium zum Teil vertreten können: Sie lassen Mycelbildung, aber keine Sporenbildung zu; zu letzterer ist die Gegenwart von Kalium absolut notwendig.

D. Einfluß der Ernährung auf die Sporenform.

25. **E. v. Hibber.** Centralbl. f. Bakt. I. Abt., Bd. **25** (1899), S. 593. Die Form der Sporen hängt sehr vom Gehalt des Nährsubstrates an Zucker, Glycerin usw. ab, sie ändert sich in diesem Falle von der kugeligen oder kurzellipsoiden in die langellipsoide Form. Sehr auffallenderweise tritt das mit einem Schlage auf Kochsalzreis zutage. In ihrer Lebensfähigkeit gestörte pathogene Anaerobier entwickeln auch in zucker- und glycerinfreier Nährlösung im Vergleich zu sonst immer stark in die Länge gestreckte Sporen.

E. Veränderung der Keimesperiode.

26. **Errera.** Bull. de l'Acad. Belge 1899, p. 81. Auf Grund seiner Versuche wendet sich E. gegen Weismans Neo-Darwinismus, indem er schlußfolgert, daß erworbene Eigenschaften doch erblich sind.

26a. **Kominami** Journ. of the College of Science imperial Univ. of Tokio. Vol. **27** (1900) p. 1.

X. Variabilität des Sauerstoffbedürfnisses.

(Text S. 60.)

1. **Paul Bert.** Compt. rend. de l'Acad. T. **77** (1873), p. 531; T. **80** (1875), p. 1579. Die Bakterien der Ammoniakgärung des Harns und der Milchsäuregärung sind sehr resistent gegen hohe Sauerstoffspannung; in einer Luft, die auf 24 Atmosphären komprimiert war, konnte nur eine schwache Verzögerung der Gärung konstatiert werden. Die fäulniserregende Tätigkeit ließ sich dagegen bei 23 Atmosphären schon abschwächen, bei 44 Atmosphären unterdrücken.

2. **Fränkel** (Zeitschr. f. Hyg. Bd. **5** [1889], S. 332) fand bei 40 Bakterienspezies saprophytischer und pathogener Natur, daß mit Ausnahme der

streng anaeroben, im reinen Sauerstoff zugrunde gehenden Mikroorganismen alle übrigen Arten inklusive der fakultativ anaeroben in reinem Sauerstoff auf das allervortrefflichste gedeihen und dabei sogar oft eine deutliche Beschleunigung der Entwicklung zeigen. So geht z. B. die Verflüssigung der Gelatine schneller vonstatten, dagegen tritt die Farbstoffbildung etwas zurück.

3. **Liborius** (Zeitschr. f. Hyg. Bd. **1** [1886], S. 115),
4. **Lüderitz** (Zeitschr. f. Hyg. Bd. **5** [1889], S. 141),
5. **Kitasato** (Zeitschr. f. Hyg. Bd. **6** [1889], S. 105),
6. **Kitasato** und **Weyl** (Zeitschr. f. Hyg. Bd. **8** [1890], S. 17),
7. **Beijerinck** (Verh. der konink. Akademie van Wetenschappen te Amsterdamm, Tweedle Serie, Nr. 10, S. 51) fanden alle, daß manche obligat Anaeroben geringe individuell verschiedene Sauerstoffspannung vertragen.
8. **Sanfelice** (Annali d'ell instituto d'igiene sperimentale di Roma 1892) beobachtete allmähliche Angewöhnung streng aerober Bakterien an das Wachstum bei Luftabschluß.

---

9. **Belfanti** (Archivo per le scienze med. vol. **16**) und
10. **Righi** (La Riforma medica, Bd. **3** [1894], Nr. 205; ref. im Centralbl. f. Bakt. I. Abt., Bd. **17** [1895], S. 315) brachten den Tetanusbacillus durch Anpassung zum aeroben Wachstum, allerdings mit großen morphologischen und biologischen Abänderungen.
11. Ebenso **Grixoni** (Ibid. 1895, S. 194 u. 209).
12. Bei reichlicher Anlegung von Zuchten des Rauschbrandbacillus fand **Kitt** (Centralbl. f. Bakt. I. Abt., Bd. **17** [1895], S. 168) unter ihnen solche, welche bei Luftzutritt zu gedeihen vermögen.
13. Ähnliche Beobachtungen machte **Braatz** (Centralbl. f. Bakt. I. Abt., Bd. **17** [1895], S. 737) am Tetanusbacillus.

---

14. **Carbone** und **Perrero** (Centralbl. f. Bakt. Bd. **18**, S. 193) züchteten aus dem Bronchialsekret einer Tetanusleiche einen dem Nicoleierschen Bacillus ähnlichen, aber aeroben und avirulenten Bacillus,
15. **Kruse** (Flügge, Handbuch der Hygiene 1896) züchtete einen morphologisch gleichen, aber zu aerobem Wachstum befähigten avirulenten Bacillus, welche
16. **Lingelsheim** (Kolle-Wassermann, Handbuch der pathogenen Mikroorganismen Bd. II, S. 572) dagegen für Pseudoformen hält.
17. **Chudiakow** (Zur Lehre von der Anaerobiose, I. Teil. Moskau 1896, russisch; ref. im Centralbl. f. Bakt. II. Abt., Bd. **4** [1898], S. 389; K. J. Bd. **8** [1897], S. 44) züchtete das Bactridium butyricum anfangs bei 5 mm, dann höher gehend bei 10, 15, 20, 25 usw mm Luftdruck; nach 5 Monaten kam er so weit, daß dieses Bakterium bei 50 mm Druck, d. h. bei 10 mal stärkerer Sauerstoffspannung als der ursprünglichen gut gedieh.
18. **Großmann** und **Mayerhausen.** Pflügers Archiv, Bd. **15** (1877), S. 245. Der reine Sauerstoff wirkt stets bewegungsbeschleunigend. Bei

Drucken von 5—7 Atmosphären Sauerstoff bewahrten die Bakterien ihre Beweglichkeit bis 6 Stunden, nach 20 Stunden dagegen war sie sistiert.

19. **van Overbeck de Mejer** (nach Lehmann, Pflügers Archiv, Bd. **27** [1882], S. 434) fand, daß Bakterien selbst nach 24 Stunden bei 12 Atmosphären Sauerstoff noch Bewegung zeigten.

20. **Ferrán** (Centralbl. f. Bakt. I. Abt. — Bd. **24** [1898], S. 28; K. J. **9**, S. 44) erreichte durch Kultur des Tetanusbacillus in Acetylengas unter steigendem Zusatz von Luft, daß der Bacillus schließlich an der Oberfläche des Nährbodens auch bei Luftzutritt gedieh, aber nicht mehr virulent war.

21. **H. Vincent** (Annal. de l'Inst. Pasteur, Bd. **12** [1898], S. 785) paßte den Bac. subtilis durch die Kultur in Kollodiumsäckchen an das anaerobe Leben im Tierkörper an. (Vgl. auch unter Variabilität der Virulenz S. 204.)

22. **Beijerinck.** Archives Néerlandaises 1901; Zeitschr. f. Spiritusindustrie 1902, S. 531, 541 u. 550. Der die Säuerung der Maische veranlassende Milchsäurebacillus, Lactobacillus fermentum, verliert in der Maische während der Reifung derselben die Fähigkeit, bei Luft zu wachsen, was es unmöglich macht, ihn bei Luftzutritt zu kultivieren. Durch Züchtung oberhalb des Optimums bei Luftzutritt oder Luftmangel und gewöhnlicher Temperatur findet Rückverwandlung in die alte Form statt; auch die verloren gegangene Fähigkeit zur Säuerung wird in altem Maße zurückgewonnen.

---

23. **Rosenthal** (Compt. rend. de la soc. de biol. T. **55** [1903], p. 1292; K. J. Bd. **14**, S. 122) gelang es, streng anaerobe Bakterien, den Bac. botulinus (van Ermengen), den Bac. des Gelenkrheumatismus (Achalme) und den Bac. phlegmonis emphysematosae (Legros), in vollkommen aerobe Bakterien umzuwandeln, so daß sie schließlich in 3 cm hoher Schicht wuchsen. Diese Bakterien sind dann nicht besonders lebenskräftig, sie wachsen nicht auf Agar, vermehren sich in Milch aber merklich. Neuerdings (Compt. rend. de la soc. biol. T. **60** [1906], p. 874) gewöhnte er auch den Vibrio septique (Ödembacillus) an aerobes Leben, indem er ihn in einer Reihe von Reagensröhren in stufenweise verringerter Nährflüssigkeitsmenge züchtete. Sobald er ihn dazu gebracht hatte, in niedriger Flüssigkeitsschicht zu wachsen, zeigte er beim Abimpfen auf Agar anfangs schwaches, später aber ziemlich üppiges Wachstum.

24. **Graßberger,** Über Anpassung und Vererbung bei Bakterien. Zugleich ein Beitrag zu Aerobiose anaerober Bakterien (Archiv. f. Hyg. Bd. **53** [1905], S. 158; K. J. Bd. **16**, S. 173), erzielte eine sprungweise Umzüchtung ohne allmähliche Anpassung des anaeroben Rauschbrandbacillus an die aerobe Lebensweise, indem er eine stark sporulierende, hoch virulente, frisch isolierte Kultur unter den peinlichst aeroben Bedingungen auf die Agaroberfläche übertrug, auf der sie schließlich in feinen Tröpfchen wuchs. Sporenbildung trat dabei nicht ein, die

Bakterien blieben aber beweglich. In Stichkultur dagegen schlägt die Kultur sofort in anaerobes Wachstum um und bildet wieder Sporen.

25. **Porodko** (Jahrbücher f. wissenschaftl. Botanik, Bd. **41** [1904], S. 1; K. J. Bd. **15**, S. 100) fand an zahlreichen Bakterien und Schimmelpilzen beim Verweilen in hoher Sauerstoffspannung (S. 42) eine unbedeutende, aber deutliche Entwicklungsverstärkung. Diese Verstärkung bezieht sich jedoch nicht auf sämtliche auf dem Impfstrich befindliche Bakterien, sondern nur auf einige räumlich getrennte Striche. Solch eigenartige Verstärkung hat das Auftreten vereinzelter Kolonien zur Folge. Diese Erscheinung läßt sich wahrscheinlich dadurch erklären, daß die ausgesäten Bakterien nicht gleich lebenskräftig sind oder — was fast dasselbe ist — nicht gleich akkommodationsfähig sind.

    Bei Bac. fluorescens liquefaciens mußte bei genügend lang fortgesetzter Versuchsdauer das Sauerstoffminimum von 0,00016% auf 0,00000042% Sauerstoff reduziert werden. Die Frage, ob dies auf individueller Verschiedenheit oder Akkommodation beruht, läßt sich nicht ohne weiteres beantworten.

26. **Tarozzi** (Centralbl. f. Bakt. I. Abt., Bd. **38** [1905], S. 619) konnte normales Wachstum der wichtigsten bekannten anaeroben Mikroorganismen bei unbehindertem Luftzutritt beobachten, sobald er zu gewöhnlicher Bouillon oder gewöhnlichem Agar ein frisches, aseptisch herausgeschnittenes Stück aus Leber, Milz oder Nieren der üblichen Versuchstiere hinzusetzte. Dies ist wahrscheinlich der reduzierenden Eigenschaft der Gewebsstücke zu verdanken.

27. Nach **Wrzosek** (Wiener klin. Wochenschr. Bd. **18** [1905], S. 1268) behält ein solcher Nährboden seine erwähnten Eigenschaften sogar nach Beseitigung des in ihm enthaltenen Gewebsstückes und energischem Schütteln an der Luft bei.

28. **Smith, Brown** und **Walker** (Journ. of medical research, Bd. **14** [1905], p. 192) bestätigten Tarozzis Angaben.

29. **Graßberger** und **Schattenfroh,** Über Buttersäuregärung IV (Archiv f. Hyg. Bd. **60** [1907], S. 40), machen zahlreiche Angaben über Verlust der Anaerobiose bei Buttersäurebakterien.

30. **H. Pringsheim** (Centralbl. f. Bakt. II. Abt., Bd. **16** [1906], S. 795) beobachtete, daß ein anaerobes Buttersäurebakterium, welches mit dem Granulobacter mobilis non liquefaciens Graßberger und Schattenfroh nach späteren Angaben (Ibid. Bd. **20** [1908], S. 254) identisch war, im offenen Kolben gären und Stickstoff binden kann. Weiterhin (Ibid. Bd. **21** [1908], S. 674) gedeiht es auch in ganz niedriger Schicht. Hier wird auch angegeben, daß der Bac. putrificus (Bienstock) ebenfalls in ganz geringer Flüssigkeitshöhe gedieh, wenn er aus einer im Laboratorium lange in Zucht befindlichen Kultur abgeimpft wird.

31. **Bredemann** (Ibid. Bd. **23** [1909], S. 385) fand, daß zahlreiche von ihm isolierte stickstoffbindende Buttersäurebakterien im offenen Kolben gären und N assimilieren.

XI. Variabilität der Nahrungsaufnahme.

(Text S. 65.)

A. Einfluß der Ernährung.

1. **Uschinsky** (Centralbl. f. Bakt. I. Abt., Bd. **14** [1893], S. 316) berichtet über die allmähliche Gewöhnung pathogener Bakterien an eiweißfreie Nährmedien, auf denen sie beim Abimpfen aus dem Tierkörper zuerst schlecht wuchsen.
2. **Hafkine.** Annal. de l'Inst. Pasteur, T. **4.** (1890), S. 363. Der Typhusbacillus ist gegen Blutserum wenig resistent. Bringt man ihn aus einer Bouillonkultur in nicht verdünntes Blutserum, so sieht man seine Zahl von 1880 auf 7 vermindert. Bringt man zu einer dem künstlichen Nährmedium angepaßten Kultur gewöhnlicher peptonisierter Kalbsbouillon geringe Menge von Blutserum, so wird die Nährkraft zuerst stark vermehrt, bei stärkerer Gabe dagegen, z. B. 16 Tropfen Blutserum zu einer Bouillon, hält die Entwicklung ganz an. Nach 11 Passagen gewinnt man zuerst eine Kultur, die sich in Blutserum gut vermehrt, von der 12. an findet man zum ersten Male ein besseres Wachstum auf Serum als in nicht peptonisierter Bouillon. Durch Plattenkontrolle kann man zeigen, daß mehr der auf Serum angepaßten Bakterien am Leben bleiben, als auf Bouillon. Nimmt man dagegen eine Kultur von einem Kranken und bringt sie bald auf Kaninchenserum, so findet man nicht die geringste bactericide Wirkung, wohingegen die zuerst an Bouillon, dann an Serum angepaßte Kultur nun gegen Bouillon empfindlicher ist. Ebenso wie der Pestbacillus gibt auch der Typhusbacillus auf Serum kurze Stäbchen, auf Bouillon beim Übertragen jedoch lange dünne Fäden.
3. **Grimbert.** Annal. de l'Inst. Pasteur, T. **7** (1893), p. 353; K. J. Bd. **4,** S. 246. Da der Bac. orthobutylicus aus Inulin nur Spuren von Butylalkohol bildet, versuchte Grimbert, ob der Bacillus nach einer Reihe von Generationen in Inulinlösung auch in Glucose weniger Alkohol bildet; er findet aber im Gegenteil, daß dann aus Glucose mehr Alkohol gebildet wird und daß weiter, wenn die Bakterien eine Reihe von Generationen in Inulinlösung und darauf in Gegenwart von Glucose durchlaufen, sie nun aus Inulin mehr Butylalkohol als sonst bilden. Er nimmt an, daß in der ungünstigen Inulinlösung nur diejenigen kräftigen Individuen erhalten bleiben, welche mehr Alkohol zu produzieren imstande sind.
4. **Frankland** und **MacGregor** (Transactions of the Chem. Soc. V. **59** [1891], S. 81; K. J. Bd. **4,** S. 193) beobachteten eine sehr interessante Anpassungserscheinung. Während vorher der Bac. ethaceticus das linksdrehende Calciumglycerat unzersetzt übrigließ, vergor er dasselbe merklich, wenn er lange in Lösungen von glycerinsaurem Kalk kultiviert wurde.
5. **Péré.** Annal. de l'Inst. Pasteur, T. **7** (1893), p. 737; K. J. Bd. **4,** S. 188. Es gibt verschiedene Arten von Bac. coli, und diejenigen, welche im menschlichen Darm vorkommen, stehen hinsichtlich der Produktion aktiver Milchsäure dem Bac. typhi am nächsten. Manche dieser

Bakterien können nur Linksmilchsäure produzieren, aber diejenigen, welche bei günstigen Gärungsbedingungen Rechtsmilchsäure bilden, liefern, wenn die Verhältnisse ungünstig sind, ebenfalls Linksmilchsäure.

6. **Frankland** (nach Omeliansky, Archives des Sciences biologiques, T. **12**, No. 3 [1906], p. 15). Ein anderer nicht weniger merkwürdiger Beweis als das Vorstehende, welches den Einfluß der Gewöhnung eines Mikroben auf die Veränderung seiner chemischen Eigenschaften zeigt, wurde von Frankland beobachtet; dieser Autor fand ein Bakterium, welches einmal auf Platten gezogen worden war, vollkommen unfähig, den citronensauren Kalk in einem nicht eiweißhaltigen Nährmedium zu zersetzen. Um dem Bakterium diese Fähigkeit wiederzugeben, säte er ihn zuerst auf reiner Bouillon aus, der er citronensauren Kalk zugefügt hatte, dann verdünnte er die Bouillon mehr und mehr, bis die Mikrobe seine vorübergehend verlorene Eigenschaft wiedergewann.

7. **Péré** (Annal. de l'Inst. Pasteur, T. **10** [1896], p. 417; K. J. Bd. **7**, S. 222) fand bei Einwirkung von Tyrothrix tenuis, Bac. subtilis und Bac. mesentericus vulgatus auf Glycerin die Anhäufung eines Zwischenproduktes, das er für eine Glycerose anspricht. Durch häufige Übertragung auf Glycerinbouillon erfolgte jedoch eine Anpassung an den Glyceroseverbrauch, die sich so steigerte, daß bei Bluttemperatur gar keine Glycerose auftrat.

8. **Wassermann** (Zeitschr. f. Hyg. Bd. **27** [1898], Heft 2) beobachtete andererseits bei chronischer Gonorrhöe und

8a. **Gotschlich** (Ibid. Bd. **35** [1899], S. 234) bei chronischer Pestpneumonie, daß Bakterien, die bei chronischem Verlauf des Krankheitsprozesses sehr lange auf Schleimhäuten des menschlichen Körpers gewachsen waren, bisweilen nur schwierig auf künstlichem Substrat zu züchten sind. Ebenso fand **Tomaszewski** (Ibid. Bd. **32** [1899], S. 246) keine Gewöhnung der Tuberkelbacillen an den glycerinhaltigen Kartoffelnährboden, auf dem sie im Gegenteil in späteren Generationen eher schlechter als besser wuchsen.

9. **Zumstein.** Dissertation, Basel 1899, S. 27. Beim Übertragen in säurehaltige Nährmedien verzehren die Euglenen zuerst das meist vorhanden gewesene Reserveparamylon. Die Organismen werden offenbar in ihrer gewohnten Assimilation momentan gestört und verzehren dann zuerst ihren Vorrat an Reservestoff. Später, wenn sie sich an die neue Umgebung gewöhnt haben, füllen sie sich wiederum damit. Beim Züchten farbloser Euglenen durch Übertragen in konzentrierte organische Nährlösung werden sie zuerst farblos. Wenn die Nährlösung verbraucht wird, oder wenn sich die Organismen an die Nährlösung gewöhnen, tritt die Farbstoffbildung von neuem ein.

10. **Neger** (Flora, Bd. **88** [1901], S. 233) gibt eine Beobachtung Ward's an, der fand, daß Botrytis, die vorher auf Rüben kultiviert war, sich nachher auf diesem Substrat viel lebhafter entwickelte, als wenn sie von anderen Nährböden auf Rüben übertragen wurde.

11. **Gottheil** (Centralbl. f. Bakt. II. Abt., Bd. **7** [1901], S. 430; K. J. Bd. **12**, S. 53) beobachtete eine Anpassungsfähigkeit seiner Bodenbakterien an die künstlichen Nährlösungen. Die Schleimbildung wird begünstigt durch die Gegenwart von Kohlenhydraten.
12. **Emmerling,** Die Zersetzung stickstofffreier organischer Substanz durch Bakterien (Braunschweig 1902. S. 98). Der Bac. hornensis bildet aus Rohrzucker schleimige Massen, jedoch nur bei Gegenwart von Pepton.
13. **Mazé** (Compt. rend de l'Acad. T. **134** [1902], p. 240; K. J. Bd. **13**, S. 109) fand, daß ein Stamm der Eurotiopsis Gayonii erst durch wiederholte Kultur auf glycerinhaltigen Nährmedien an die Verarbeitung des Glycerins als Kohlenstoffquelle gewöhnt werden mußte.
14. **Winogradsky.** Lafar, Handbuch der technischen Mykologie, Bd. III, S. 175. Ein weiterer Umstand verdient noch unsere Aufmerksamkeit, das ist das Anpassungsvermögen. Kultiviert man nämlich die Nitratbildner in Nitritlösung unter Zusatz von Bouillon, so reagierten sie anfangs durch eine Verlangsamung der Entwicklung schon durch einen Zusatz von etwa 15% Bouillon. Läßt man sie in dieser Lösung wachsen und überträgt sie dann in immer höhere Konzentrationen, so können sie allmählich dazu gebracht werden, in 50 proz. Bouillon zu gedeihen.
15. **H. Pringsheim.** Centralbl. f. Bakt. II. Abt., Bd. **16** (1906), S. 111 und Biochem. Zeitschr. Bd. **12** (1908), S. 21. Die Hefe ist bei geringer Aussaat ursprünglich nicht imstande, mit Ammoniakstickstoff auszukommen. Durch Gewöhnung kann sie jedoch dazu gebracht werden, auch bei Aussaat einer Zelle mit dieser Stichstoffquelle zu gedeihen, wenn man sie vorher durch große Aussaat in mineralischer Nährlösung zum Wachstum bringt.
16. **Perotti** (Centralbl. f. Bakt. II. Abt., Bd. **21** [1908], S. 224) beobachtete eine Gewöhnung verschiedener Schimmelpilze und Bakterien an das Dicyandiamid, für die es sich zuerst als wenig guter Nährstoff erwiesen hatte.

B. Anpassung an den Wechsel der Konzentration.

17. **F. Eschenhagen.** Über den Einfluß von Lösungen verschiedener Konzentration auf das Wachstum von Schimmelpilzen. Dissertation. Leipzig 1889.

Angaben: Einige Algenarten kommen zugleich im Meere und im Brack- und Süßwasser vor, wie z. B. Enteromorpha intestinalis (**Rabenhorst,** Kryptogamenflora, Teil: Meeresalgen von Hauck).

Nach Gruber (Biologische Studien an Protozoen, 1888) nehmen die Plasmodien der Myxomyceten, wenn die Konzentration des Nährsubstrates erhöht wird, die Gestalt einer Kugel an, während sie in die stark verdünnte Nährflüssigkeit zahlreiche Zweige und Zweiglein mit bedeutend vergrößerter Oberfläche hineinsenden. Heliozoon actinophys sol lebt sowohl im süßen Wasser als auch im Meere. Nach Gruber hat die marine Varietät dichtes, körniges Plasma, ist arm an Vakuolen und zeigt meist eine „schaumige" Struktur des Protoplasmas. Gewöhnt man die marine Form allmählich an Süßwasser, so nimmt das Plasma nach kurzer Zeit die blasige Beschaffenheit der Süßwasserform an und umgekehrt. Andererseits teilt Noll (Würzburger Unters. 1888, III, S. 522) mit, daß einige Siphoneen sofort platzen, wenn sie in Süßwasser gebracht werden; denselben fehlt also die Fähigkeit der schnellen Anpassung an das neue Substrat.

Wohl keine Gebilde der Pflanzenwelt sind an so verschiedene Konzentrationen angepaßt wie die Schimmelpilze. Sie leben in verdünnten Nährlösungen. Dagegen sind auch konzentrierte Salzlösungen und Zuckersäfte nicht vor ihnen sicher.

Raulin, Études chimiques sur la végétation (Annal. des sciences naturelles 1869, V. série, Bd. 2, p. 277 et 278), macht interessante Angaben über das Wachstum von Schimmelpilzen auf Lösungen verschiedener Konzentration. Auf 2750 Teile Wasser werden 3 Teile Weinsäure und 5,7 Teile anorganischer Salze sowie verschiedene Zuckermengen gegeben. Die Versuche, im Sommer ausgeführt, ergaben, daß bei 320 und 640 Teilen Zucker auf 2750 Teile Wasser die größte Menge an Pilzsubstanz erwuchs, daß Wachstum aber noch auf weit stärkeren Konzentrationen stattfand.

Zusammenfassung:

1. Die Wachstumsgrenzen.

	Traubenzucker	Glycerin	$NaNO_3$	$CaCl_2$	NaCl
Asp. niger	53%	43	21	18	17
Pen. glaucum	55	43	21	17	18
Botr. cinerea	51	37	16	16	12

Auf Kalisalpeter und Schwefelsaurem Natrium wuchsen die Pilze bei jeder erreichbaren Konzentration.

2. Die höhere Konzentration des Substrats verlangsamt das Wachstum der Schimmelpilze, und zwar in um so größerem Maße, je mehr die Konzentration sich dem Maximum nähert.

3. Bei Aspergillusfäden, die auf Salzlösungen gewachsen sind, sinkt die Größe der Zellen und nimmt die Membrandicke zu, wenn die Konzentration steigt; bei Zuckerkulturen geschieht dasselbe erst, wenn eine gewisse Konzentration (20—30%) überschritten ist.

4. Die Konzentration des Zellinhaltes wächst zunächst stärker als die des Substrates, doch nimmt die Intensität der Steigerung bei höheren Konzentrationen allmählich ab. Demgemäß nimmt der Turgorüberschuß um so langsamer zu, je höher die Konzentration des Außenmediums steigt.

5. Für die Anpassung an höhere Konzentrationen ist das Maß des Übergewichtes der osmotischen Leistung der Zelle über jenes des Substrates von hoher Bedeutung.

6. Die Steigerung der osmotischen Leistung der Zelle kann bei unseren Pilzen im allgemeinen durch Änderung im Stoffwechsel hervorgebracht werden, welche ihrerseits Folgen sind einer Reizwirkung der Konzentration des Substrates auf den Organismus. Nebenbei ist

noch die Aufnahme als Faktor der Konzentrationserhöhung des Zellsaftes für bestimmte Stoffe möglich.

Eschenhagen (S. 32.) Das Wesen der Anpassung an höhere Konzentrationen wird darin bestehen, daß auf irgendeine Weise die innere osmotische Leistung mehr gesteigert wird als diejenige des Substrates und daß, wenn es der Zelle nicht mehr gelingt, ein genügend weites Verhältnis zwischen beiden herzustellen, die Adaption aufhört.

18. **Hankin.** Annal. de l'Inst. Pasteur, T. **5** (1891), p. 511. Die Wasser des Ganges und Jumna in Indien töten den Cholerabacillus, wenn sie durch Tonzellen filtriert wurden. Werden sie durch Autoklavieren auf 115° während $^1/_2$ Stunde steril gemacht, so töten sie einige im Moment, lassen die anderen aber sich vermehren. Dagegen haben filtrierte Brunnenwässer nur ganz geringe, durch Erhitzen sterilisierte keine bactericide Wirkung. Die Wirkung ist nicht dem Mangel an Nahrungsstoffen zuzuschreiben, da der Bacillus sich in destilliertem Wasser vermehrt. Sie wird nicht nur durch Erhitzen, sondern auch durch Aufbewahren hervorgerufen und muß leicht oxydablen Substanzen zugeschrieben werden, die beim Erhitzen in geschlossenen Gefäßen nicht entweichen. Das Wasser des Jumna hat weniger kräftige Wirkung auf den Typhusbacillus und noch weniger, wenn er durch 2—3 Generationen daran gewöhnt worden ist. Dann ähnelt es dem Brunnenwasser.

19. **O. Richter.** Über die Anpassung der Süßwasseralgen an Kochsalzlösungen (Flora Bd. **75** [1892], S. 4). Die Wirkung des Salzes war auf gleiche und in gleicher Weise behandelte Zellen der nämlichen Kultur nicht immer dieselbe, vielmehr fanden sich verschiedene Übergangsstadien von der ursprünglichen bis zu der betreffenden endgültigen Anpassungsform, die sich bei Mikroorganismen gut verfolgen ließen. Nach einem allgemeinen Gesetz fand bei Oscillaria die Anpassung am besten statt, wenn die Konzentrationssteigerung eine ganz allmähliche war.

Je höher die Organisation einer Algenspezies, desto schwieriger erscheint im allgemeinen die Anpassung. Bei allen Kulturen trat in abgestuften Kochsalzlösungen eine Vergrößerung der Zellen ein, welche mit der Verstärkung der Salzlösung parallel ging und anfangs schnell zunahm, dann aber bei einer für jede Art bestimmten Grenze ihren Stillstand erreichte. Dieser Grenzpunkt lag zuweilen weit unter dem höchsten Konzentrationsgrad.

Die bei Beginn der Kultur aufgespeicherte Stärke wird bei der ersten Anpassung zunächst verzehrt, so daß das Protoplasma mehr homogen erscheint. Nach völlig durchgeführter Anpassung wird hierauf wieder Stärke gebildet, die indessen bei stärkerer Konzentration abermals aufgezehrt wird.

In diesem Umstand wie in der Tatsache, daß sich in der an große Salzmengen angepaßten Tetraspora noch Schwärmsporenbildung zeigt, liegt der beste Beweis dafür, daß manche Süßwasseralgen sich nicht bloß für kurze Zeit an Salzlösungen gewöhnen, sondern auch in solchen zu assimilieren, zu wachsen und sich fortzupflanzen vermögen.

Daß Anpassung in freier Natur bei Algen nicht derart stattfindet, daß die Süßwasseralgen, die aus den Flüssen ins Meer gelangen, dort sich ansiedeln, liegt wohl daran, daß der plötzliche Wechsel zu groß ist.

Bei Diatomeen finden sich öfters dieselben Arten im Süßwasser und im Meere.

20. **Oltmanns,** Morphologie und Biologie der Algen (Jena 1904. Bd. **2**, S. 176), spricht davon, daß beim Aussüßen von salzigen Meerbecken die dort lebenden Algen entweder zugrunde gehen oder sich anpassen müssen, wie es eine Braunalge, Pleurocladia lacustris, wohl getan hat. Er weist darauf hin, daß fast alle Algenformen, die große Bezirke bewohnen, sehr anpassungsfähig sind und somit leichten Anlaß zu den in Rede stehenden Varietäten- und Artbildungen geben können.

21. **G. Klebs.** Organisation einiger Flagellaten und ihre Beziehung zu Algen und Infusorien (Untersuchungen aus dem botanischen Institut zu Tübingen, Bd. **I** [1885], S. 268). Kultiviert man die Euglena viridis β in verdünnter Kochsalzlösung (0,5—1%), so verschwindet bei den meisten Individuen die charakteristische Anordnung der Chlorophyllbänder; sie runden sich ab, legen sich dicht nebeneinander in der Peripherie des Cytoplasma, das gleichmäßig grün erscheint; ebenso schwindet auch die Ansammlung der Paramylonkörner. An verdünnte Salzlösungen kann die Euglena sich leicht anpassen, so daß nach einigen Tagen sie die frühere Struktur wieder erhält.

Die Euglenen wachsen in sehr verdünnten Nährsalzlösungen. Sie wachsen günstiger in solchen von 0,02—0,05%. Sehr leicht passen sie sich an hohe Konzentrationen an. In 0,4 proz. Nährsalzlösung zieht sich der Körper anfangs sehr zusammen, die Hauptvakuole dilatiert, die Bewegung hört auf. Aber schon in 24 Stunden haben die Euglenen ihr normales Aussehen gewonnen und wachsen wochenlang weiter. Sie gewöhnen sich auch an 3—5 proz. Lösungen von Salpeter und bei sehr allmählich steigender Konzentration bis zu solchen von 10%. Selbst an giftige Substanzen können sich manche Euglenen bis zu einem gewissen Grade anpassen.

22. **Czerny** (Archiv f. mikroskopische Anatomie, Bd. **5** [1869], S. 159) gewöhnte Amöben an bis zu 4 proz. Kochsalzlösungen.

23. **Karsten** (Wissenschaftliche Meeresuntersuchungen N. F., Bd. **4**, Abt. Kiel [1899], S. 154) fand, daß für Diatomeen Medien höherer Konzentration im ganzen geringe Gefahren bieten werden, als solche zu niedriger Konzentration. Denn die Plasmolyse kann lange ertragen werden. Er fand gewisse Süßwasserdiatomeen, die in der Kieler Föhrde mit stark plasmolysiertem Plasmakörper als Planktonformen vorkommen, die sich wahrscheinlich einem so geringen Salzgehalt, wie die inneren Teile der Föhrde ihn besitzen, anzubequemen vermögen.

24. **Errera.** Bull. de l'Acad. royal belge 1899, p. 81. Verschiebung der Keimesperiode durch gesteigerte Konzentration, vgl. dazu das spezielle Kapitel auf S. 58.

25. **P. Frankland** (Zeitschr. f. Hyg. Bd. **19** [1895], S. 405) fand, daß Typhusbacillen, die einer langdauernden allmählichen Züchtung in mehr und mehr mit Wasser verdünnten Kulturmedien unterzogen worden sind, im Trinkwasser eine deutlich größere Lebensfähigkeit entfalten als Bacillen, die direkt von festen Kultursubstraten mit hohem Nährwert, wie Agar und Peptongelatine, entnommen sind.

26. **O. H. v. Mayenburg.** (Jahrb. f. wissenschaftl. Bot. Bd. **36** (1901), S. 381.) Keine Gruppe von Organismen des Pflanzenreichs ist durch die Fähigkeit zur Akkommodation an verschiedene Konzentrationen so ausgezeichnet wie die Schimmelpilze. Lösungen von 0,05% Zucker und geringe Spuren von Nährsalzen bieten geeignete Substrate. Auch hoch konzentrierte Fruchtsäfte bleiben vor der Infektion durch sie nicht sicher.

    Aber nicht nur heterotrophe Pflanzen, auch einige grüne niedere Algen beleben hohe Konzentrationen, und der grüne Bodensatz, der sich zuweilen in den Standgefäßen des Laboratoriums bemerkbar macht, erweist sich meist als Pleurokokkus. Das Vorkommen anderer niederer Organismen, z. B. Clamydomonas Duvalii, in den Salzmorästen des Mittelmeeres und einiger Diatomeengattungen im Salinenwasser, welches durch Verdunstung von 9,4% auf 23% Salz (17,8% Kochsalz) konzentriert war.

27. **Stange** (Bot. Zeitung 1892, S. 256) überzeugt uns von dem weiten Spielraum des Anpassungsvermögens. Auch die tierischen Organismen aus der Reihe der Protisten beweisen durch ihr Vorkommen, daß sie sich diesen Schwankungen vom Minimum bis zu 3% Salzgehalt zu akkommodieren vermögen.

28. **Gruber.** (Biologische Studien an Protozoen, 1888.) Mit Ausnahme von Glycerin konnte in keinem Falle eine Ansammlung der Außenstoffe im Zellinneren konstatiert werden. Deshalb findet der Turgorausgleich durch Ansammlung von Stoffwechselprodukten statt.

29. **H. Will** (in Lafar, Handbuch der technischen Mykologie, Bd. IV, S. 290). Die Anpassungsfähigkeit mancher Torulaarten an Nährflüssigkeit von sehr hoher Konzentration scheint sehr weit zu gehen. So hat er die Entwicklung einer Art in Malzextrakt von 76% unter ziemlich lebhaften Gärungserscheinungen beobachtet. Die Salzhefe Wehmers blieb in Lösungen von 24% Kochsalzgehalt, wie es die benutzte Heringslake war, wochen- und monatelang entwicklungsfähig.

30. **Falck** (Beiträge zur Biologie der Pflanzen, Bd. 8 [1901], S. 213) zeigte, daß in der Asche von Sporodinia, die auf starken Lösungen von Jodiden und Bromiden herangewachsen war, weder Jod noch Brom nachgewiesen werden konnte.

C. Unterdrückung oder Verstärkung der Gärkraft.

31. **Escherich** und **Pfaundler.** (Kolle-Wassermann, Handbuch der pathogenen Mikroorganismen, Bd. II, S. 350.) Das Bact. coli zeigt in bezug auf die Gärfähigkeit große Variabilität. Es gibt Stämme, die keine Rohrzucker zersetzen. Vgl. hierzu

32. **Weigmann,** Bact. coli communis und dessen Varietäten (Lafar, Handbuch der technischen Mykologie, Bd. II, Kap. 6, S. 105).

33. **Th. Smith** (The Wilder Quaterly Century Book 1893; ref. Centralbl. f. Bakt. I. Abt., Bd. **14** [1893]) sieht im Mangel der Vergasungsfähigkeit von Zucker durch Bac. coli die Anfänge der Anpassung an die parasitische Lebensweise.

34. **E. Chr. Hansen.** (Annals of Botany 1895, p. 249; K. J. Bd. **6**, S. 60.) Eine neue Methode, um aus einer Hefevarietät (bzw. -art) zwei neue Varietäten zu züchten, ist die, daß man gleiche Hefezellen zum Teil auf Gelatine, zum Teil in Bierwürze zieht. Die Gelatinevarietät besitzt höheres Gärvermögen. Besonders günstig für diesen Versuch ist Sacch. cerevisiae I. Auf Hefewassergelatine aus Sporen gezüchtet, produziert sie in gezuckerter Bierwürze 3% Alkohol mehr, als wenn sie vorher in Bierwürze gezogen war.

Längere Kultur bei 32° schwächt das Gärvermögen von Carlsberger Unterhefe Nr. 1, und zwar, wie es scheint, dauernd.

35. Den Angaben von **Dubourg** (Compt. rend. de l'Acad. T. **128** [1899], p. 440; K. J. Bd. **10**, S. 333) und

36. **Dienert** (Ibid. T. **129** [1899], p. 63; K. J. Bd. **10**, S. 333 und Ibid. T. **128** [1899], p. 569 u. 617; K. J. Bd. **10**, S. 111), die Hefe an die Vergärung der Galaktose und die verschiedener Di- und Trisaccharide wie Rohrzucker, Raffinose, Trehalose, Lactose, Melibiose usw. angepaßt haben wollen, indem sie die Hefen in Glucoselösung unter Zusatz derartiger Zucker kultivierten, ist von

37. **Klöcker** (Compt. rend. de Carlsberg, Bd. **5** [1900], p. 59; K. J. Bd. **11** [1900], S. 371 und Centralbl. f. Bakt. II. Abt., Bd. **6** [1900], S. 24; K. J. Bd. **11**, S. 372) wohl mit Recht widersprochen worden.

38. Auch **H. Pringsheim** und **G. Zemplén** (Zeitschr. f. physiol. Chemie **62** [1909], S. 367) fanden Schimmelpilze bezüglich der Absonderung zuckerspaltender Fermente unabhängig von der Ernährung.

39. **J. Effront.** (Zeitschr. f. Spiritusindustrie, Bd. **33** (1899), S. 126; K. J. Bd. **10**, S. 110.) Verfahren zur Gewöhnung der Hefe an die Dextringärung. Patent. Es besteht darin, daß man die Hefe zuerst an Formaldehyd gewöhnt. In der zweiten Periode gewöhnt man sie in Gegenwart von Formaldehyd an die Dextringärung, indem man dauernd den Zucker vermindert, bis man keinen Zucker mehr zusetzt. Das so gewonnene Hefegut besitzt eine diastatische Wirkung von 30—40 Tagen. Dann wechselt man die Mutterhefe oder beugt der Hefeveränderung vor, indem man alle 3—4 Tage zur Maische, welche zur Erzeugung der Hefe bestimmt ist, von neuem Formaldehyd zugibt.

40. **Schierbeck,** Über die Variabilität der Milchsäurebakterien in bezug auf die Gärfähigkeit (Archiv f. Hyg. Bd. **38** [1909], S. 294), konnte durch Carbolzusatz das Gärvermögen abschwächen. Es gelang ihm aber nicht, die Abschwächung dauernd zu erhalten. Denn nach ein bis zwei Abimpfungen (60 Generationen) wurde es wieder wie früher befunden. Dagegen erhält sich diese Abschwächung in frischer steriler Milch im Gegensatz zu einer, die ein paar Monate aufbewahrt worden ist. Es

muß also in der Milch ein Faktor vorhanden sein, der die Abschwächung dauernd erhält. Abgeschwächte Formen erzeugten schwächere Gärung in Winter- als in Sommermilch.

Schierbeck ist bezüglich der Erfolge, Abschwächungen, z. B. die der Farbstoffproduktion, zu erhalten, nicht sehr vertrauensvoll.

41. Nach **Grimbert** und **Legros**, Abänderung der Funktionen des Bac. coli (Journ. pharm. chim. [6] t. **13** [1902], p. 107; K. J. Bd. **12**, S. 84), verloren zwei von fünf geprüften Kolistämmen durch Zusatz von hemmenden Stoffen zum Nährboden die Fähigkeit, Indol zu bilden. Der eine vergor noch Lactose, der andere gab keine Gärgase mehr, säuerte aber milchzuckerhaltige Nährböden noch an.

42. **Kostytschew.** Centralbl. f. Bakt. II. Abt., Bd. **13** (1904), S. 578.

43. **A. Slator.** Centralbl. f. Bakt. II. Abt., Bd. **21** (1908), S. 773. Galaktose wird von Hefe dann vergoren, wenn sie an diese gewöhnt ist. So geht Brauereihefe (Sacch. Carlsberg I und Sacch. Thermantitonum) in eine Galaktoselösung übertragen, in Selbstgärung über; wird sie aber zuvor in hydrolysierter Lactoselösung gezüchtet, so vermag sie Galaktose bis $1^1/_2$ mal so stark als Glucose zu verarbeiten.

44. **Liborius** (Zeitschr. f. Hyg. Bd. **1** [1886], S. 172) erwähnt, daß Bac. prodigiosus im anaeroben Leben bei Darreichung von Zucker mit, außerdem aber ohne Gärung erwächst.

45. **Fitz** (Ber. d. Deutsch. chem. Gesellsch. **1882**, S. 867) will bei seinem Bac. butylicus durch hohe Temperatur und reichliche Sauerstoffzufuhr Rassen erzielt haben, denen die Gärfähigkeit permanent oder wenigstens transitorisch abhanden gekommen ist.

46. **Wehner** (Centralbl. f. Bakt. II. Abt., Bd. **3** [1897], S. 102; K. J. Bd. 8, S. 234) fand das Oxalsäurebildungsvermögen von Aspergillus niger variabel. Bei einigen Rassen blieb diese Gärung ganz aus.

47. **Omelianski.** (Centralbl. f. Bakt. II. Abt., Bd. **11** (1903), S. 177; K. J. Bd. **14**, S. 464.) Das Bact. formicicum vergärt unter streng anaeroben Bedingungen mit Leichtigkeit ameisensaure Salze, wenn sie in Bouillon gelöst sind, nicht aber wenn sie sich in Lösungen von Mineralsalzen befinden. Im letzteren Falle ist Gegenwart von freiem Sauerstoff erforderlich, damit Gärung einsetzen kann.

XII. Der Übergang von der tierischen zur pflanzlichen und von dieser zur saprophytischen Lebensweise.

(Text S. 74.)

A. Bei Flagellaten.

1. **Bütschli.** (Bronns Klassen und Ordnungen des Tierreichs, Bd. II, S. 866.) Die drei Formen der Ernährung, die tierische durch Aufnahme geformter Nahrung, die pflanzliche oder holophytische durch Kohlensäureassimilation und die saprophitische, stehen sich nicht unvermittelt gegenüber, sondern es ist wahrscheinlich, daß viele Formen mit animalischer Ernährung auch noch mehr oder weniger saprophytische Nahrung zu sich nehmen; und das gleiche gilt wohl auch häufig für

holophytisch sich ernährende, da wir ja schon erfahren haben, daß dieselben nicht selten in nächstverwandten Formen oder sogar nur Varietäten zu rein saprophytischen Ernährung übergehen.

2. **Klebs,** Organisation einiger Flagellatengruppen und ihre Beziehungen zu Algen und Infusorien (Untersuchungen aus dem bot. Inst. zu Tübingen, Bd. I [1885], S. 291), beobachtete farblose Varietäten der Euglenen, z. B. die Euglene hyalina, die er als farblose Varietät der Euglena viridis anspricht; ebenso unter den Eugleniden einen farblosen Phacus, der aber weder Chlorophyll noch Augenfleck besitzt. Was die Ernährung dieser farblosen Euglenen betrifft, so ist die Kohlensäureassimilation ausgeschlossen; sie treten in größeren Mengen auf, wenn organische Massen in Fäulnis übergehen. Daß die hyalinen und die chlorophyllhaltigen Euglenen in einem Zusammenhang stehen, ist wohl klar; sie unterscheiden sich durch den Mangel an Chlorophyll und die andere Art der Ernährung. Welches von beiden die primäre Ursache ist, läßt sich ohne besondere Versuche nicht feststellen. Es ist daher wahrscheinlich, daß die farblosen in manchen Fällen direkte Abkömmlinge der grünen Euglenen sind. Jedenfalls geht aus dem Gesagten hervor, daß eine Trennung unmöglich ist. Die farblosen Arten haben ein besonderes Interesse für den Systematiker, denn sie vermitteln die Verwandtschaft zu den anderen Flagellaten. Manche farblose Varietäten haben sich schon zu selbständigen Varietäten resp. Arten entwickelt.

Die Widerstandsfähigkeit gegen äußere sich ungünstig gestaltende Verhältnisse, die Eigenschaft, sich in hohem Grade daran zu gewöhnen, macht es diesen Organismen möglich, in so weiter Verbreitung und oft so ungeheuren Mengen aufzutreten (S. 295). Bei Euglenen treten eine Menge verschiedener Formentypen auf, die die Frage nach der speziellen Unterscheidung sehr erschweren. Zwischen allen den so verschiedenen Euglenaceenarten treten Mittelformen auf.

3. **Hans Zumstein.** (Zur Morphologie und Physiologie der Euglena gracilis Klebs. Diss. Basel 1899.)

4. Durch **Khawkine** (Annal. des Sc. nat. Zool. 6. Série, T. **19** [1885] und 7. Série, T. **1** [1886]) wurde die von anderen Forschern gehegte Vermutung, daß die grünen Euglenen trotz ihres Chlorophyllgehaltes in der Natur mehr oder weniger saprophytisch leben, zur Gewißheit erhoben.

Eine kontinuierliche Formenreihe führt von den Eugleniden zu den Astasiiden. Alle Unterscheidungsmerkmale, welche bisher von der systematischen Forschung herangezogen wurden, um die beiden genannten Unterfamilien der Euglenoiden zu trennen, haben sich als mehr oder weniger unhaltbar erwiesen. Die auffälligste Tatsache, welche die Euglenen von den Astasien unterscheidet, ist der Chlorophyllgehalt. Nun gibt es aber zahlreiche farblose Euglenen, welche mit gewissen grünen Formen in allerengster Beziehung stehen. Auch hinsichtlich der Ernährung kann man gegenwärtig keinen Unterschied zwischen einer (unter allen Umständen) farblosen Euglena und einer echten Astasia finden. Beide Organismen ernähren sich rein heterotroph. Die grünen Euglenen sind dagegen imstande, sich autotroph mit

Hilfe ihrer Chromatophoren zu ernähren. Die chlorophyllgrünen Spezies zeichnen sich dadurch aus, daß sie mit Vorliebe Orte bewohnen, an denen organische Substanzen in Fäulnis begriffen sind. Am besten gedeiht die Euglena viridis bei mixotropher Lebensweise; sie ist nicht nur in bezug auf die Kohlenstoffzufuhr heterotroph, vielmehr sind es gerade die organischen Stickstoffverbindungen, die ihr vorwiegend von Nutzen sind.

Bei autotropher und besonders bei mixotropher Lebensweise sind die Farbstoffträger als schöne Chloroplasten entwickelt, bei Kultur im Dunkeln sind sie beinahe verkümmert und auf winzige Leukoplasten reduziert. Die im Dunkeln erzogene, bisher nicht beschriebene farblose Form der Euglena konnte mit einer beliebigen chlorophyllfreien anderen Euglena oder mit einer Astasiaspezies identifiziert werden. Sehr wahrscheinlich wird es mit der Zeit gelingen, die von Klebs beschriebene farblose Varietät von Euglena viridis (?) sanguinea in grüne Varietäten umzuwandeln. Es darf aber nicht außer acht gelassen werden, daß schon einige Formen sich so an die saprophytische Lebensweise angepaßt haben, daß sie sich nur noch saprophytisch ernähren können. Eine solche selbständige Varietät scheint die Euglena viridis β hyalina Klebs zu sein.

Ganz ähnlich wie bei den Euglenen gibt es auch bei anderen Flagellatenfamilien Parallelformen, Arten bzw. Gattungen, von denen die einen farblos, die anderen im Besitze von Chromatophoren sind. Die meisten grünen Flagellaten, die Chrysomonaden ernähren sich pflanzlich mit Hilfe ihrer Farbstoffplatten; andere eng damit verbundene Formen, obschon im Besitze von Chromatophoren, ernähren sich mehr tierisch durch Aufnahme geformter Nahrung (wie unter den Euglenoiden die Peranemiden, nur sind diese chromatophorenfrei). Viele Formen haben so kümmerliche Farbstoffträger, daß bei ihnen die Ernährung jedenfalls mixotroph, und zwar vorwiegend heterotroph sein wird.

5. Vgl. **Meyer** (Revue Suisse de Zool. V. [1897]). Unter den Cryptomonaidien ernährt sich Chilomonas Paramaecium rein heterotroph, die sehr nahe verwandte Cryptomona erosa autotroph (?) (mixotroph). In der Abteilung der Volvocineen sind z. B. die Gattungen Polytoma und Chlamydomonas sehr interessante Parallelformen; auch unter den Peridineen gibt es farblose animalisch oder saprophytisch lebende Arten.
6. **Raoul Francé** (Jahrb. f. wissenschaftl. Bot. Bd. **26** [1894], S. 295) stellt ganze Gattungen in Reihen auf, die verschiedenen Abteilungen des Flagellatenreiches angehören.

B. Bei Algen.

7. **W. Krüger** (Zopfs Beiträge zur Physiologie und Morphologie niederer Organismen, 4. Heft [1894], S. 93) fand bei einer Alge, Chlorella protothecoides, bei Gegenwart einer aufnehmbaren Kohlenstoffquelle (Glucose, Glycerin) Rückgang der Bildung des Chlorophylls, in Abwesenheit solcher bedeutende Verringerung der Vermehrung mit reichlicher Chlorophyllbildung. In Bierwürze gibt sie z. B. blaßgelb gefärbte Zellen, die erst Farbe annehmen, wenn der Nährboden erschöpft ist.

8. **Zumstein.** (Diss. Basel 1899.) Verschiedene niedere Algen werden in ihrem Wachstum gefördert durch die Gegenwart organischer Nahrung. Sie werden dabei gänzlich unabhängig vom Licht und erzeugen z. B. auf Malzgelatine selbst bei Fortzüchtung während mehreren Jahre in absoluter Dunkelheit massenhaft tiefgrünes Algenmaterial. Er überzeugte sich, daß solche Kulturen im Lichte wieder imstande sind, sich unorganisch zu ernähren und Kohlensäure zu zerlegen. Auf diese Weise gelingt es, Chlorosphera, Cystokokkus, Stichokokkus (mit Pleurokokkus hat er noch keine Versuche gemacht, doch wird das nämliche dafür gelten) entweder als Saprophyten oder als Autophyten zu kultivieren.
9. **A. Artari** (Ber. d. Deutsch. bot. Gesellsch. Bd. **19** [1901], S. 7) zeigte, daß gewisse Algen sich entschieden besser in Nährmedien entwickeln, welche gewisse organische Stoffe enthalten, als in Nährmedien, in denen nur Mineralsalze vorhanden sind. Sie entwickeln sich aber auch im Dunkeln normal grün. Es handelte sich hier um aus Flechten isolierte Gonidien.
10. Diese Tatsache wurde auch von **Etard** und **Bonilae** (Cont. rend. de l'Acad. T. **127** [1898], p. 119) und
11. **Beijerinck** (Centralbl. f. Bakt. II. Abt., Bd. **4** [1898], S. 785) an Pleurococcus vulgaris konstatiert und neuerdings wieder für Chlorella vulgaris von
12. **Radais** (Compt. rend. de l'Acad. T. **130** [1900], p. 793) bestätigt.

12a. Die Identität des grünen im Dunkeln und am Licht gebildeten Stoffes als Chlorophyll wurde durch spektroskopische Untersuchungen von **Radais** (nach Artari, Ber. d. Deutsch. bot. Gesellsch., Bd. **20** [1902] S. 201) nachgewiesen. Bei Stichococcus bacillaris ist die Alge im Dunkeln mit Pepton, Asparagin und weinsaurem Ammon grün, mit Leucin und besonders salpetersaurem Kali blaßgrün, manchmal ganz farblos. In der Sonne werden auch die letzteren Kulturen wieder grün.

13. **Friedrich Oltmanns** (Bd. II, S. 155) nennt noch folgende Autoren, welche alle zeigten, daß Zucker und ähnliche Substanzen (z. B. mehrwertige Alkohole) die Photosynthese ersetzen können.
14. **Beijerinck.** (Botanische Zeitung, Bd. **48** [1890], S. 725 und Centralbl. f. Bakt. I. Abt., Bd. **13** [1893], S. 368.)
15. **Krüger.** (Landwirtschaftl. Jahrbücher, Bd. **29** [1900], S. 771.)
16. **Matruchot** und **Molliarel.** (Rev. gén. bot. Bd. **14**, S. 113.)
17. **Artari.** (A. a. O. und Bull. de la soc. imp. des naturalistes de Moseon **1899**, p. 39.)
18. **Charpentier.** (Annal. de l'Inst. Pasteur T. **17**, p. 369.)
19. **Grincesco.** (Bull. Harb. Boiss 2. Série, T. III [1902], p. 219; Revue gén. de bot. T. **15** [1903], p. 1.)

Die Algen, besonders die kleinen einzelligen, wachsen mit diesen Stoffen auch im Dunkeln. Nach Matruchot und Molliard genügt dazu schon 0,03% Glucose, während 6% etwas zu reichlich war. Ähnliche Angaben bei Artari. Nach Matruchot und Molliard verwendet Stichokokkus sehr verschiedene Zucker, ebenso nach Krüger Chlorella protothecoides, und zwar verschieden gut. Alle diese Substanzen werden meist gewonnen, gleichgültig, ob man die Algen belichtet oder verdunkelt; im ersten Falle findet nach dem üblichen Ausdruck die sogenannte mixotrophe Lebensweise statt, im zweiten die heterotrophe. Im Dunkeln geben die fraglichen Organismen zwar gute Ernte, doch bleiben sie hinter den Lichtkulturen zurück.

Natürlich muß das Leben in organischen Lösungen innerhalb der Zelle nicht genau dieselben Produkte liefern, wie die Photosynthese. Klebs gibt z. B. an, daß Hydrodictyon im Licht bei normaler Ernährung Pyrenoidstärke liefert, in Zuckerlösung aber Stromastärke.

Auch kann Ammoniak durch Asparagin und Pepton ersetzt werden. Nach Artari gibt es verschiedene Rassen des Scenedesmus und der Flechten — Gonidien; die eine Rasse ist tatsächlich auf Pepton angewiesen, die andere nicht. Es lassen sich aber die differenten Formen durch längere Kultur ineinander überführen, und es ist natürlich nicht ausgeschlossen, daß der eine Autor die eine, der andere die andere Form vor sich hatte.

Im übrigen erwähnen auch Beijerinck für Pleurokokkus und Karsten für Diatomeen, daß sich diese Formen nicht sofort an die organische Lösung gewöhnen oder umgekehrt sich nicht beim ersten Versuch von ihr entwöhnen lassen.

C. Bei Amöben und Diatomeen.

20. **F. Oltmanns.** (Bd. I, S. 18.) Die Chloramoeba vermag auch im farblosen Zustand aufzutreten und in dem gefärbten zurückzugehen, wenn geeignete Behandlung einsetzt; z. B. ruft 2—4 proz. Glucose- oder Fructoselösung im Dunkeln Entfärbung hervor, verbunden mit Anhäufung von Öl. Nach Analogie mit Euglena darf man wohl annehmen, daß die Chromatophoren auch im entfärbten Zustand noch vorhanden sind; positive Angaben darüber findet er aber nicht.

(Bd. I, S. 116). Die Diatomeen sind befähigt, allein aus Kohlensäure und anorganischen Salzen ihre Leibessubstanz aufzubauen; doch ziehen sie vielfach verunreinigtes Wasser vor, woraus man schließt, daß sie auch organische Substanz verbrauchen.

21. **Karsten,** Die Diatomeen der Kieler Bucht (Wissenschaftliche Meeresuntersuchungen von Kiel und Helgoland, Abt. Kiel N. F., Bd. **4** [1899] und Flora Bd. **89**, S. 404), hat das nachgewiesen, indem er sie auf Traubenzucker mit und ohne Glykokoll zog. Die Diatomeen vermehren sich auf solchem Substrat im Licht und im Dunkeln und reduzieren dabei ihre Chromatophoren. Diese schwinden aber niemals, sondern sie werden regeneriert, falls die Diatomeen in anorganische Nährlösung übertragen werden. Das ist ein Seitenstück zu den Beobachtungen von Zumstein an Euglena. Sie leiten zu den farblosen Diatomeen über, die

22. **Benecke** (Jahrbücher f. wissenschaftl. Bot. Bd. **13**, S. 535) beschrieb. Diese haben die Chromatophoren ganz eingebüßt und leben nur noch saprophytisch, z. B. da, wo sich Fäulnis in größerem Maßstabe abspielt.

XIII. Die Regulation der Fermentbildung und die Mobilisierung neuer Fermente.

(Text S. 76.)

A. Variabilität der Stärke, Polysaccharide, Glucoside usw. spaltenden Fermente.

1. **Wortmann** (Zeitschr. f. physiol. Chem. Bd. **6**, [1882], S. 316) konstatierte, daß den Bakterien die höchst merkwürdige Eigenschaft zukommt, nur dann ein stärkelösendes Ferment zu erzeugen, wenn ihnen außer Stärke keine andere benutzbare Kohlenstoffquelle zu Gebote steht. Die Diastasebildung wird z. B. durch Eiweiß und Weinsäure gehemmt. (S. 321.) Gelangen nun die Bakterien ausnahmsweise einmal auf einen eiweißfreien Nährboden, oder sind in einem Nährboden die Eiweißstoffe bereits von ihnen verbraucht, so dürfen wir wohl annehmen, daß sie gewohnterweise vorläufig ebenfalls ihr peptonisierendes Ferment bilden. Da aber jetzt trotzdem bald Mangel an aufnehmbaren Nährstoffen eintritt, so werden infolge hiervon, in dem nun vorhandenen Zustande des Hungers, die Umlagerungen im Protoplasma derartig modifiziert werden, daß die Bildung eines anderen Fermentes hieraus resultiert, eines Fermentes, welches zuerst nicht einmal Diastase zu sein braucht, sondern vielleicht ein celluloselösendes oder ein anderes sein kann. Der Mangel an nötigen, in das Protoplasma eintretenden Bestandteilen ist also als die Ursache der Fermentbildung seitens des Protoplasmas anzusehen. Es können, wie wir uns vorstellen, demnach aus dem Protoplasma der Bakterien nacheinander die verschiedensten Fermente erzeugt werden, von denen schließlich dasjenige, welches gerade brauchbar ist, so lange gebildet wird, als Spaltungen durch dasselbe ausgeführt werden können.

   Er konnte bei Hefen durch Zucht auf Traubenzucker die Bildung von Invertase nicht unterdrücken und folgert, daß das einmal zur Fermentbildung angeregte Protoplasma in seiner Tätigkeit so lange fortschreitet, als ihm brauchbarer Zucker in genügender Menge zur Disposition steht. — Weiter nimmt er an, daß Bakterien zur Fermentbildung des atmosphärischen Sauerstoffs bedürfen (?)

2. **Büsgen** (Ber. d. Deutsch. bot. Gesellsch. Bd. **3** [1885], S. 66) fand, daß Aspergillus orycae auch auf Bouillon und zuckerhaltigen Nährlösungen Diastase bildet, d. h. also auch wenn es nicht nötig ist.

3. **Ad. Hansen** (Flora, Bd. **47** [1889], S. 88) wies nach, daß Penicillium auf Zuckergelatine zwar ein gelatinelösendes, aber nicht auch ein stärkelösendes Enzym ausscheidet.

4. **Fernbach** (Annales de l'Inst. Pasteur, T. **3** [1889], p. 473 u. 531; T. **4** [1890], p. 641; K. J. Bd **1**, S. 168) stellt bei Hefen fest, daß die Zuckerart, welche als Nahrung geboten wird (Maltose oder Rohrzucker), von keinem oder sehr geringem Einfluß auf die Enzymbildung ist, daß dagegen die stickstoffhaltige Nahrung dabei sehr in Betracht kommt. Während z. B. in Grünmalzextrakt und im Hefezellenextrakt viel Invertase gebildet wurde, war die Menge dieses Enzyms

sehr unbedeutend, wenn als stickstoffhaltige Nährsubstanz Trockenmalzextrakt geboten wurde; beim Zusatz von 2% Pepton aber konnte eine sehr energische Enzymbildung konstatiert werden. Zusatz von 1% Ammonphosphat zu Hefewasser schien die Invertaseproduktion herabzudrücken.

5. **Krabbe** (Jahrbücher f. wissenschaftl. Bot. Bd. **21** [1890], S. 520; K. J. Bd. **1**, S. 149) zeigte, daß nicht allgemein der Befund, welcher die Enzymbildung nur in Gegenwart der zu verarbeitenden Stoffe voraussetzt, zutrifft, und daß z. B. die Anwesenheit von Pepton die Bildung von Diastase steigert.
6. **Beijerinck** (Archives Néerlandaises Bd. **24** [1891], S. 23) fand, daß Bact. luminosum und Bact. indicum die Bildung eines tryptischen Enzyms, nicht aber auch der Diastase, bei Zuckerzufuhr einstellen; bei anderen Bakterien vermochte Maltose die Bildung von Diastase zu hindern.
7. **Fermi** (Archiv f. Hyg. Bd. **10** [1890], S. 1; K. J. Bd. **1**, S. 159; Centralbl. f. Bakt. I. Abt., Bd. **10** [1891], S. 13; ibid. II. Abt., Bd. **2** [1896], S. 505),
8. **Fermi** und **Montesano** (ibid. II. Abt., Bd. **1** [1895], S. 482; K. J. Bd. **6**, S. 324),
9. **Fermi** und **Repetto** (ibid. I. Abt., Bd. **31** [1902], S. 403; K. J. Bd. **13**, S. 593) zeigten zuerst, daß zahlreiche Bakterien auf stärkefreiem Material doch Diastase bilden. Andererseits wurde leimlösendes Ferment nur in Gegenwart von Eiweiß oder Pepton, d. h. peptonisiertem Eiweiß gebildet, nicht dagegen auf eiweißfreier Nährlösung mit oder ohne Zucker. Letzteres wurde in der zweiten Arbeit bestätigt. Mit Montesano fand Fermi, daß Gegenwart von Rohrzucker in glycerinhaltiger Bouillon für Invertinbildung nicht nötig ist, Gegenwart von Traubenzucker hemmte sie nicht. Einige Bakterien, z. B. Bac. fluorescens liquefaciens, der des Kieler Hafens und Proteus vulgaris produzieren aber in einfacher Bouillon kein Invertin. Eiweiß ist bei Gegenwart von Glycerin und Rohrzucker für die Invertinbildung nicht nötig.

   Bei Proteus vulgaris, dem Bacillus des Kieler Hafens, und Rosahefe kann durch Erhitzen auf 50° während zweier Stunden die Invertinproduktion aufgehoben werden, und zwar für mehrere Generationen. Mit Repetto zeigte er, daß die meisten Anilinfarben keine Wirkung auf die Produktion proteolytischer Enzyme hatten, nur das Vesuvin hinderte sie.
10. Nach **Hérissey** (Thése, Paris 1899, p. 33; Recherches sur l'Emulsine) schwinden die glucosidspaltenden Enzyme bei reichlicher Ernährung und treten bei Hunger wieder auf.
11. **Katz** (Jahrb. f. wissenschaftl. Bot. Bd. **31** [1898], S. 533; K. J. Bd. **9**, S. 277) fand, daß die Anwesenheit von Stärke kein Erfordernis für die Diastasebildung ist. Hemmend auf die Diastaseproduktion wirken besonders Trauben- und Rohrzucker. Bei Penicillium glaucum genügten bei einem Stärkegehalt der Nährlösung von 0,25% schon 1,5—2% Rohrzucker, um die Diastasebildung vollkommen zu verhindern. Auch das zerriebene Mycel des Pilzes enthielt keine Diastase.

Maltose verzögert wohl die Verzuckerung der Stärke durch Penicillium, hebt sie aber selbst in 10proz. Lösung nicht auf; dagegen wirkt Milchzucker wieder energischer. 10% Milchzucker decken die Stärke stets vollständig. Erythrodextrin, Glycerin, Chinasäure und Weinsäure hinderten das Verschwinden der Stärke nicht, wenn sie es natürlich auch verzögerten. Ein Zusatz von Pepton, der das Wachstum der Pilze außerordentlich begünstigt, förderte dementsprechend auch die Diastasebildung, so daß nicht nur die Stärke überhaupt schneller, sondern auch noch in Lösungen von 1,5% Rohrzucker verschwand, in denen sie sonst gedeckt war.

Aspergillus niger wird durch Rohrzucker weniger in der Diastaseproduktion gehemmt als Penicillium; auch er bildete auf stärkefreiem Material Diastase. Bac. Megaterium verhält sich wieder mehr dem Penicillium ähnlich. 2% Rohr- und Traubenzucker sowie 3% Maltose hindern die Einwirkung auf die Stärke. Milchzucker und Glycerin wirken durchaus nicht so energisch. Pepton und Asparagin fördern die Diastaseproduktion keineswegs besonders stark.

12. **Duclaux** (Traité de Microbiologie T. 2 [1899], p. 84) hat einen nicht näher definierten Aspergillus gefunden, der ein stärkelösendes Enzym abscheidet, aber keine Invertase, kein Labenzym und kein proteolytisches Enzym, wenn als Nahrung geboten wird Calciumlactat, ein Ammoniumsalz und die übrigen anorganischen Nährsalze. Bildet dagegen Zucker die Nahrung, dann wird Invertase abgeschieden, aber keins der anderen Enzyme. Endlich werden ein proteolytisches und ein Labenzym gebildet, wenn der Pilz sich auf Milch entwickelt. Bei Penicillium glaucum fand Duclaux ähnliche Tatsachen, indessen mit Verschiedenheiten, welche auf die spezifisch verschiedene Befähigung zur Enzymbildung hinweisen. Wird Calciumlactat oder Zucker als Nahrung gegeben, dann wird Invertase abgeschieden, aber weder Lab- noch proteolytische, noch amylolytische Enzyme. Enthält die Nahrung Stärke, Glycerin oder Liebigs Fleischextrakt, dann wird außer Invertase auch ein stärkeverzuckerndes Enzym gebildet, während auch hier bei Kultur auf Milch ein Labenzym und ein proteolytisches Enzym abgeschieden werden. Folgendes sind die zusammengefaßten Resultate der Enzymproduktion von Penicillium glaucum.

Nährlösung	Enzyme
Milchsaurer Kalk	Invertase, keine Amylase. (Stoffwechselprodukte oxalsaurer und kohlensaurer Kalk.)
Rohrzucker	Invertase, trotz kräftigen Wachstums keine Amylase, kein Lab und keine Casease.
Milch	Lab und Casease.
Glycerin oder Liebigs Fleischextrakt	Invertase und geringe Menge Amylase (oxalsaurer und kohlensaurer Kalk).

(S. 119.) Die Frage taucht hier nun auf, ob es sich um das Auftreten einer neuen Funktion oder um die Verstärkung einer normalen handelt. Letzteres scheint viel wahrscheinlicher, denn

13. **Bourquelot** (Bull. de la Soc. myc. de France T. **9** [1893] und Compt. rend. de la Soc. biolog. 1893, p. 653; K. J. Bd. **4**, S. 276) fand, daß Aspergillus auf Raulinscher Lösung Invertase, Maltase, Trehalase, Amylase, Emulsin, Inulase und Trypsin absonderte. Penicillium glaucum gab auf derselben Nährlösung Invertase, Maltase, Trehalase, Amylase und Inulase.

13a. **Gérard** fand Lipase.

14. Nach **Bourquelot** und **Grazian** gab das Penicillium Duclauxi (Bull. de la Soc. myc. de France T. **8** [1892], p. 147) nur Invertase und keine Amylase. Duclaux schlußfolgert, daß alle Fermente individuell abgeschieden werden, da man sonst nicht verstehen kann, warum die Stärke- und Zuckerzersetzung, die im Aspergillus zusammenwirken, im Penicillium Duclauxi getrennt sein sollen.

15. **Czapek** (Ber. d. Deutsch. chem. Gesellsch. Jg. Bd. **17** [1899], S. 166; K. J. Bd. **10**, S. 334) fand, daß Penicillium glaucum bei Holzkultur Hadromase, ein Ferment, absondert, welches die Spaltung des im Holz vorhandenen Hadromal-Cellulose-Äthers veranlaßt. Er sagt darüber: „Die Erfahrungen an Penicillium glaucum zeigen, daß auch an Pilzen, die sonst wahrscheinlich nicht Hadromase bilden, eine schwache Produktion dieses Enzyms durch Kultur auf Holz beobachtet werden kann, ähnlich wie wir dies von der Diastase durch Katz kennen gelernt haben."

16. **E. Chr. Hansen** (Compt. rend. de Carsberg, T. **5** [1900], p. 1; K. J. Bd. **11**, S. 126) war es nicht möglich, Hefezellen zu züchten, die keine Invertase oder Maltase bildeten, wie es umgekehrt nicht gelang, das Plasma der Saccharomyceten derart zu ändern, daß sie Enzyme bildeten, welche sie nicht vorher besaßen.

17. **Fernbach** (Compt. rend. de l'Acad. T. **131** [1900], p. 1214; K. J. Bd. **11**, S. 390) und

18. **Pottevin** (ibid. T. **131** [1900], p. 1215; K. J. Bd. **11**, S. 391) fanden, daß Aspergillus niger und Penicillium glaucum bei der Zucht auf Raulinscher Lösung, in der der Zucker durch Tannin- oder Gallussäure ersetzt war, ein tanninspaltendes Ferment, die Tannase, abscheiden. Auf gewöhnlicher Raulinscher Lösung bildet Aspergillus niger die Tannase nicht.

    Diese Beobachtung wurde von mir durch Nachprüfung bestätigt. Der Preßsaft aus Aspergillus niger, der auf Tannin herangezogen war, spaltete das Tannin enzymatisch, nicht dagegen der Preßsaft desselben Pilzes, der auf tanninfreier Lösung gewachsen war.

19. Nach **Deau** (Biochem. Centralbl. Bd. **1**, S. 320, nach v. Lippmann, Die Chemie der Zuckerarten, Vieweg & Sohn, Braunschweig [1904], Bd. I, S. 799) können Aspergillus- und Penicilliumarten durch Züchtung auf inulinhaltigem Nährboden dahin gebracht werden, erhebliche Mengen Inulo-Fruktase, des inulinspaltenden Enzyms, zu bilden.

20. **Pottevin** (Compt. rend. de l'Acad. t. **136** [1903], p. 169; K. J. Bd. **14**, S. 511 und Annals de l'Inst. Pasteur t. **17** [1903], p. 31; K. J. Bd. **14**, S. 514) fand, daß Aspergillus niger, auf Raulinscher Nährlösung kultiviert, einen

wässerigen Auszug gibt, der wohl Amygdalin und andere β-d-Glucoside, aber nicht d-Galaktoside oder Milchzucker spaltet. Kultiviert man dagegen den Pilz auf Milchzucker oder d-Galaktosidlösung, so erhält man auch Enzyme, welche die Galaktoside, und zwar beide Reihen sowohl α- wie β-d-Galaktoside spalten.

21. **Went** (Jahrb. f. wissenschaftl. Bot. Bd. **36** [1901], S. 611; K. J. Bd. **12**, S. 504) untersuchte eingehend die Produktion der Enzyme der Monilia sitophila. Die Produktion des Labenzyms ist gebunden an die Ernährung mit Proteinsubstanzen (Casein, Pepton), sie findet dagegen nicht statt bei Ernährung mit Kohlenhydraten, Glycerin, Fettsäureglyceriden und Natriumacetat; ebenso wurde das tryptische Enzym nur bei Ernährung mit Proteinkörpern gebildet. Das Trypsin wird auch bei Anaerobiose gebildet. Maltase wird nur bei Ernährung mit den meisten Kohlenhydraten oder Proteinstoffen erzeugt. Im letzteren Falle ist vielleicht eine Kohlenhydratgruppe des Proteinmoleküls das wirksame. Die Bildung dieses Enzyms begünstigen in erster Linie Raffinose, Maltose, Dextrin, Stärke, dann Cellulose, endlich Glykogen, Trehalose, Galaktose, Xylose, Saccharose; die Wirkung von Fruktose und Glucose ist zweifelhaft. Invertase entsteht sowohl bei Ernährung mit Kohlenhydraten wie mit anderen Substanzen (Glycerin, Essig-, Milch-, Äpfelsäure, Pepton). Ein Stärke in Glucose überführendes Enzym entsteht ebenso auch bei Ernährung mit Nichtkohlenhydraten.

Die Produktion von Enzymen ist keineswegs als Folge einer Art Hungerzustand anzusehen, vielmehr scheiden im allgemeinen nur gut ernährte Zellen viel Enzym ab.

22. **Schmailowitsch** (Biochem. Centralbl. Bd. **1** [1903), S. 230) gibt an, Mikroorganismen produzieren im Hungerzustand keine Fermente. Dasselbe findet auch statt, wenn im Nährmedium keine Substanzen vorhanden sind, welche der Wirkung der Fermente unterliegen. In Eiweißnährmedien mehrt sich die Produktion von proteolytischen, in Kohlenhydratnährmedien die von amylolytischen Fermenten.

23. **Iwanoff** (Centralbl. f. Bakt. II. Abt., Bd. **13** [1904], S. 139) beobachtete bei Amylomyces β Hemmung des Inversionsvermögens der Pilze durch Kupfer, Cadmium und Quecksilbersalze. Er ist mit Loeb einverstanden, daß die Metalle mit gewissen Teilen des Plasmas eine Verbindung eingehen, indem sie Veränderungen hervorrufen und dadurch die Giftwirkung auslösen.

24. **Fuhrmann** (Vorlesungen über Bakterienenzyme, Jena 1907, S. 36) hebt hervor, daß im allgemeinen der Produktion der Proteasen alle Kohlenhydrate mehr oder weniger hinderlich sind. Ebenso heben sie andere Stoffe, die noch Wachstum gestatten, wie z. B. Antipyrin und Strychnin auf. In der gleichen Weise hindern die Glucoside meist die Produktion proteolytischer Enzyme. Aus allen Versuchen geht im wesentlichen hervor, daß die Anwesenheit von Eiweißstoffen für die Bildung der Bakterienproteasen mit wenigen Ausnahmen unbedingt notwendig ist.

25. **Jean Effront** (Enzymes and their application [English translation by Samuel C. Prescott, John Wiley and Sons, New York 1902, p. 58] geht auf die verschiedenen Eigenschaften der Invertase verschiedenen Ursprungs ein. Einige Autoren sind der Meinung, daß das Enzym selbst konstante Eigenschaften hat und daß man die Ursache der Verschiedenheit in der Wirkung (z. B. verschiedenes Temperaturoptimum, verschiedene Empfindlichkeit oder Abtrennungsmöglichkeit) in den Bedingungen des Mediums suchen muß. Andere Autoren nehmen jedoch verschiedene Modifikationen desselben Enzyms an. Wenn z. B. die Invertase der Obergärhefe das Maximum ihrer Wirkung bei höherer Temperatur als die der Untergärhefe entfaltet, so kann man darin eine Anpassung der Hefe an ihre Umgebung sehen. So wirkt das Pepsin der Warmblüter nicht bei 0°, und sein Optimum liegt bei 50°, während das kaltblütiger Tiere noch bei 0° wirkt und sein Optimum bei 40° hat.

(S. 63.) Das Optimum der Säure (Essigsäure), welche die Invertasewirkung begünstigt, liegt bei verschiedener Invertase verschieden hoch; bei Champagnerhefe bei 0,2‰, bei Sacch. Pastorianus bei 0,5‰ und bei Aspergillus niger noch weit höher.

(S. 68.) Die Invertaseproduktion der Hefe hängt nicht von der Anwesenheit von Rohrzucker ab; sie wird auch bei Ernährung von invertiertem Zucker abgeschieden. Weit abhängiger ist sie von der Stickstoffquelle. Auf Bierwürze produziert die Hefe weit mehr Invertase als auf einfachen Rohrzuckerlösungen. Auch Pepton begünstigt die Invertaseproduktion.

26. **H. Pringsheim** (Ber. d. Deutsch. chem. Gesellsch. Jg. XXXIX [1906], S. 4048 und Biochem Zeitschr. Bd. **3** [1907], S. 121) zeigte, daß nur solche Hefezellen Gärung hervorrufen, d. h. das Gärenzym Zymase enthalten, welche mit einer die α-Aminosäuregruppe $-NH-\underset{|}{CH}-CO-$ enthaltenden Stickstoffquelle ernährt wurden. Ebenso (Biochem. Zeitschr. Bd. 8 [1908], S. 119) verhielten sich einige Schimmelpilze.

26a. **H. Pringsheim** und **G. Zemplén** (Zeitschr. f. physiol. Chem. Bd. **62** [1909], S. 367).

B. Variabilität des Gelatineverflüssigungsvermögens.

27. **Liborius** (Zeitschr. f. Hyg. Bd. **1** [1886], S. 115). Die fakultativ anaeroben Bakterien büßen bei Sauerstoffmangel die Fähigkeit zur Gelatineverflüssigung ein.

In zuckerfreien Nährmedien wird sie schon sistiert bei Bac. fluorescens liquefaciens; bei Bac. anthracis durch eine Ölschicht; erst durch völlige Entfernung des Sauerstoffs durch Wasserstoff beim Choleravibrio. Dadurch wird sie retardiert beim Bac. prodigiosus und Proteus vulgaris.

Auf zuckerhaltigem Nährboden behalten Bac. subtilis, Bac. aerophilis, Bac. fluorescens liquefaciens und Bac. pycoyaneus ihre verflüssigenden Eigenschaften bei. Bei Sauerstoffabschluß zeigen diese Arten alle kein Wachstum. Bac. prodigiosus, Proteus vulgaris,

Staphylococcus aureus verlangsamen durch Zuckerzusatz bei Luftzutritt ihr Verflüssigungsvermögen; durch Sauerstoffmangel wird es ganz sistiert. Bac. anthracis, Spir. tyrogenum, Spir. Finkler-Prior, Spir. Cholerae asiaticae stellen in Zuckergelatine die Verflüssigung schon bei Luftzutritt ein, durch Sauerstoffabschluß wird sie ganz aufgehoben.

28. **Hueppe** und **Wood** (ref. Centralbl. f. Bakt. I. Abt., Bd. 8 (1890), S. 267) beobachteten Herabsetzung des Verflüssigungsvermögens durch Zucht auf Carbolfuchsin.
29. **Beijerinck** (Botan. Zeitung 1890, S. 729); **Pfeffer** (Pflanzenphysiologie Bd. I, S. 362) sagt, wenn nach Beijerinck eine grüne Alge Gelatine verflüssigt, so muß man darin eine vorbereitende Wirkung zur saprophytischen Lebensweise sehen.
30. **Sanfelice** (Annali dell' instituto d'igiene speriment. di Roma 1892; Zeitschr. f. Hyg. Bd. **14** [1892], S. 339) gelang künstliche Unterdrückung der Gelatineverflüssigung Aerober durch Anpassung an die anaerobe Lebensweise. Die betreffenden Stämme verloren dann das Verflüssigungsvermögen ganz oder teilweise, und einzelne gewannen es auch bei nachfolgender aerober Züchtung nicht wieder.
31. **Kuhn** (Arch. f. Hyg. Bd. **13** [1891], S. 40) fand, daß man durch Zuckerzusatz zum Nährboden die Enzymbildung einschränken kann.
32. **Klein** (Local Government Report on cholera in England, London 1894, p. 167) beobachtete natürliche Varietäten in dieser Beziehung.
33. **Kamen** (Centralbl. f. Bakt. I. Abt., Bd. **18** [1895], S. 417) fand bei künstlicher Fortzüchtung bisweilen überraschende und sprungweise Änderungen und Rückschläge der Gelatineverflüssigung.
34. **Behrens** (Wochenschr. f. Brauerei Bd. **13** [1896], S. 1802) fand, daß Bac. lupiliperma allmählich das Vermögen verliert, Gelatine zu verflüssigen.
35. **Beijerinck** (Centralbl. f. Bakt. II. Abt., Bd. **3** [1897], S. 449 und Bd. **4** [1898], S. 657) beobachtete bei Schizosaccharomyces octosporus durch Aufbewahren in Würze gleichzeitig Herabsetzung des Gelatineverflüssigungsvermögens.
36. **Auerbach** (Archiv f. Hygiene Bd. **31** [1897], S. 311) prüfte die Gelatineverflüssigung von 12 Bakterienspezies in Gegenwart und Abwesenheit von Eiweiß. Bei eiweißhaltigem Nährboden mit Zuckerzusatz ist die Verflüssigung geringer als bei solchem ohne Zucker. Die Verflüssigung ist bei eiweißfreiem Nährboden schwächer als bei eiweißhaltigem.

    Die Farbstoffbildung ist bei eiweißhaltigem Nährboden oft vermindert. Auf die Hemmung der Verflüssigung durch Zucker wurde schon von anderen Autoren hingewiesen und immer angenommen, daß die Säurebildung die Wirkung des Trypsins hemmt. (Vgl. z. B. Kuhn.) Auerbach fand nun aber, daß die Hemmung bei Proteus nicht auf die Säurebildung zurückzuführen ist, da sie bei Gegenwart von Magnesiumoxyd auch eintrat. Es handelt sich um eine Hinderung des proteolytischen Ferments durch Zucker. Ist dieses einmal gebildet, dann hindert auch der Zucker nicht mehr.

37. **Matzuschita** (Centralbl. f. Bakt. I. Abt., Bd. **28** [1900], S. 303; K. J. Bd. **11**, S. 92) beobachtete nach $1^1/_2$jähriger Züchtung des Bac. anthracis auf 10 proz. Gelatinenährboden bei Zimmertemperatur und jeweiligem Abimpfen nach 2—3 Monaten, daß die Stichkulturen die Gelatine sehr spärlich verflüssigten. Auch nachdem die Kulturen einmal den Tierkörper passiert hatten, zeigten sie das normale Verflüssigungsvermögen noch nicht, sondern begannen erst nach 20 Tagen zu verflüssigen.
38. **Malfitano** (Annales de l'Inst. Pasteur Bd. **14** [1900], p. 60 und 420; K. J. Bd. **11**, S. 348 und 350) fand bei Aspergillus niger keine Abhängigkeit der Gelatineverflüssigung von der Ernährung. Auf Raulinscher Lösung war die Absonderung des proteolytischen Enzyms ebenso stark wie bei Gegenwart von Eiweiß, Casein, Fibrin oder Gelatine. Das Enzym wird von der lebenden Hefe nicht ausgeschieden, sondern diffundiert erst aus den toten in die Nährflüssigkeit.
39. **Conn** (Centralbl. f. Bakt. I. Abt. Bd. **24** [1900], S. 675) gibt an, daß verschiedene Stämme von Mikrokokkusarten (aus Milch) vorkommen, die sich unter anderem durch ihre mehr oder minder große Fähigkeit, Gelatine zu verflüssigen, unterscheiden (ibid. I. Abt., Bd. **27** [1900], S. 675; K. J. Bd. **11**, S. 38), isolierte weiter einen Mikrokokkus, der alle Farbennuancen von milchweiß bis tieforange zeigte und dessen Vermögen, die Gelatine zu verflüssigen, äußerst verschieden ist. Daß sich die Varietäten bereits in der Natur gebildet hatten, zeigte er durch ein Selektionsverfahren. Auf Platten wählte er immer die am stärksten und am wenigsten verflüssigenden Kolonien aus; auf diese Weise konnte er eine sehr schnell verflüssigende und eine kaum noch verflüssigende Varietät auswählen.
40. **Butkewitsch** (Jahrb. f. wissenschaftl. Bot. Bd. **38** [1903], S. 147) gibt an, daß das gelatinelösende Enzym von Aspergillus und Penicillium auch bei Anwesenheit von Pepton reichlich gebildet wird. Wenn es sich trotzdem zeigte, daß Pepton die Gelatineverflüssigung hintenanhält, so kommt das daher, daß es einen hindernden Einfluß auf die Tätigkeit, nicht aber auf die Bildung dieses Enzyms ausübt.
41. Nach **Sellards** (Centralbl. f. Bakt. I. Abt., Bd. **37** [1904], S. 632) büßen sämtliche sieben von ihm untersuchten fakultativen Anaeroben, die unter aeroben Bedingungen die Gelatine verflüssigen, bei Anaerobiose die Fähigkeit vollkommen ein, obgleich ihr Wachstum in beiden Fällen ein gleich starkes ist.
42. **Fuhrmann** (Vorlesungen über Bakterienenzyme, S. 38). Auch die Züchtung von Mikroorganismen unter lebensfremden Bedingungen kann die Proteasenbildung wesentlich herabsetzen und Bakterien diese Fähigkeit gänzlich rauben. In jedem bakteriologischen Laboratorium empfindet man es als große Unannehmlichkeit, daß länger fortgezüchtete Choleravibrionen allmählich die Gelatineverflüssigung vollkommen einstellen und deshalb ihr typisches Wachstum verlieren. Es soll übrigens bei Bac. fluorescens liquefaciens vorgekommen sein, daß er die Bildung der Protease dauernd verlor und sich durch nichts mehr vom Bac. fluorescenz non liquefaciens unterschied.

C. Variabilität der Labproduktion.

43. **Schoffer** (Arbeiten aus dem Kaiserl. Gesundheitsamt Bd. **11** [1895], S. 262) beobachtete bei Cholerabakterien individuelle Verschiedenheiten in der Fähigkeit, das die Milch koagulierende Ferment abzuscheiden. Dasselbe beobachteten
44. **Celli** und **Sartori** (Centralbl. f. Bakt. I. Abt., Bd. **15** [1894], S. 789).

    Diese sowie **Claussen** (ibid. I. Abt., Bd. **16**, [1895], S. 325) fanden einen Mangel der Nitrosoindolreaktion bei gewissen Cholerarassen und Restitution dieser Fähigkeit bei längerer Züchtung auf künstlichem Substrat.
45. Nach **Matzuschita** (Archiv f. Hyg. Bd. **41** [1902], S. 211),
46. **Radzievsky** (Zeitschr. f. Hyg. Bd. **34** [1900], S. 369) und
47. **Weigmann** (Lafar, Handbuch der technischen Mykologie Bd. II, S. 106) gibt es Kolistämme, welche die Milch nicht zum Gerinnen bringen.

XIV. Die Anpassung an Giftstoffe.

(Text S. 84.)

A. Ältere Literatur.

1. **de Candolle** (Physiologie végétale Bd. III [1832]).
2. **Trevianus** (Pflanzenphysiologie Bd. II [1832]).
3. **Naegeli** (Bot. Mitteilungen [1879]).

B. Reizwirkung durch geringe Giftkonzentrationen.

4. **Raulin** (Annal. d. science naturell. 5. Serie T. **9**, [1869], p. 252).
5. **Pfeffer** (Jahrb. f. wissensch. Bot. Bd. **28** [1895], S. 235).
6. **Richards** (ibid. Bd. **30** [1897], S. 665).

    Weitere Angaben bei **Benecke** (in Lafar, Handbuch der technischen Mykologie Bd. I, S. 342).

C. Gewöhnung an Gifte.

7. **Kossiakoff** (Annales de l'Inst. Pasteur T. **1** [1887], p. 465).

    Die Resultate lassen sich in folgender Tabelle zusammenfassen. Sie wurden auf Bouillon unter Zusatz der genannten Gifte erhalten.

	Borax		Borsäure		Sublimat	
	Neuer Bac.	Angepaßter Bac.	Neuer Bac.	Angepaßter Bac.	Neuer Bac.	Angepaßter Bac.
Pestbacillus	1:250	1:143	1:167	1:125	1:20000	1:14000
Tyrothrix scaber	1:91	1:66	1:125	1:100	1:16000	1:12000
Bac. subtilis	1:91	1:55	1:111	1:91	1:14000	1:10000
Tyrothrix tenuis	1:62	1:48	1:111	1:91	1:10000	1:6000

8. **Laurent** (Mém. de la soc. belge de microscopie T. XIV [1890], p. 77 u. 87). Erbliche Angewöhnung der Hefe an hohe Alkohol- und Salzkonzentrationen.
9. **Hafkine** (Annales de l'Inst. Pasteur T. **4** [1890], p. 363). Ein natürliches Wasser, welches Chilomonas enthält, wird mit 5—6 Tausendstel

Pottasche so alkalisch gemacht, daß etwa $^{9}/_{10}$ der Infusorien zugrunde gehen. Gießt man die Toten ab, so sieht man nach 24 Stunden die lebend gebliebenen sich von neuem vermehren. Dasselbe findet man mit $^{1}/_{12}$% Schwefelsäure. Auch hier vermehren sie sich aufs neue, wenn sie keine Konkurrenten mehr vorfinden.

Fügt man zu 2 ccm Flüssigkeit mit Chilomonas $^{1}/_{600}$ Pottasche, so wachsen sie nach drei Tagen in der Flüssigkeit, begleitet von einer gewissen Menge farbloser Paramaecium bursaria, von Colpodes und Paramaecium aurelia. Man fügt dann ein eine Nadelspitze großes Stück Pottasche zu und nach 24 Stunden zwei solcher Stücke, am nächsten Morgen ein viertes. 20 Stunden nachher fand man nur noch drei Individuen des Paramaecium aurelia und ein Paramaecium bursaria, während die Chilomonas in Menge vorhanden waren. Man bereitet nun eine Flüssigkeit aus der ursprünglichen durch Zusatz von Alkali, die alle Chilomonas und Paramaecium aurelia tötete, filtriert und fügt noch etwas Pottasche hinzu.

Dann setzt man auf ein Objektglas einen großen Tropfen dieser Flüssigkeit, einen mit natürlichem Wasser und einigen zehn Chilomonas und einen der angewöhnten Kultur. Vereint man nun die Tropfen durch eine feine Brücke, so sieht man die angewöhnten Chilomonas in den Haupttropfen eintreten und darin herumwandern, als wenn nichts geschehen wäre. Wohingegen die frischen Chilomonas eine große Abneigung gegen den Haupttropfen haben und nicht hineintreten. Zieht sie der Strom hinein, so sieht man sie nach 1 bis 2maligen Schlägen die Bewegung verlieren und niedersinken. Ihr protoplasmatischer Körper zieht sich zusammen, schwillt dann an, die äußeren Wände reißen durch, der Inhalt verschwindet in der Flüssigkeit und läßt nur einen kleinen granulierten Haufen als Erinnerung an die Infusorien. Bringt man in die angepaßte Chilomonaslösung ein Paramaecium aurelia, das der plötzlichen Einwirkung von $^{1}/_{300}$ Pottasche widerstand, während die nicht angepaßten Chilomonas darin zugrunde gingen, so geht es momentan zugrunde, während die angepaßten Chilomonas weiter leben.

10. **Effront** (Moniteur scientifique Quesneville T. **37** et **38** [1891], p. 254 et 1138 und Bull. soc. chim. [3] T. **5** [1891], p. 731 et 705; K. J. Bd. **2**, S. 154 und 156) fand, daß man Hefe durch wiederholte Züchtung sowohl in bezug auf das Wachstum wie auch die Gärfähigkeit an größere Fluorgaben, als sonst vertragen werden, 1—4 mg Fluorwasserstoff pro Liter, anpassen kann! (Moniteur scientifique Quesneville [4] T. **19** [1905], p. 19; K. J. Bd. **16**, S. 228; Beitrag zur Anpassung von Hefen an antiseptische Mittel.) Ausgehend von 200 mg Fluorammonium pro Liter gewöhnte Effront die Hefe durch zahlreiche Züchtungen auf Würze an 3000 mg. Der Aschengehalt der Hefe an Fluor war dann gewachsen; besonders aber wuchs der Prozentgehalt der Asche an Kalk.

Die an 2000 mg Fluorammon gewöhnte Hefe kann zwei Passagen durch Würze aushalten, ohne die Fähigkeit zu verlieren, Würze mit dem ursprünglichen Fluorgehalt zu vergären. Nach zehn Passagen ist sie gegen 1000 mg Fluorammon schon empfindlich, und nach 20 Passagen kann sie 400 mg gerade noch vertragen. Bei diesem Punkte ist der Aschengehalt und besonders der Prozentgehalt an Kalk schon sehr gesunken. Es besteht daher ein Zusammenhang zwischen der Gewöhnung der Hefe an Fluor und ihrem Kalkgehalt. Bei Ersatz der Würze durch gezuckerte Mineralsalzlösung mit Ammonphosphat als Stickstoffquelle wird die Gewöhnung bedeutend schwieriger. Durch Zusatz von Kalk wird sie auch hier gesteigert.

Man kann Hefe auch an Formaldehyd gewöhnen. Gegen diesen wehrt sie sich dadurch, daß sie ihn zerstört; sie gewinnt also durch die Anpassung gegenüber Milch-, Butter- und Essigsäurebakterien einen Vorteil im Kampf ums Dasein. Die Zerstörung des Aldehyds geht der Gärung voraus. Akklimatisierte Hefe zerstört mehr Formaldehyd als unvorbereitete.

11. **Trambusti** (Lo Sperimentale Vol. **46** [1892]) gelang die Anpassung an langsam steigende Zusätze von Sublimat (von 1 : 40 000 bis 1 : 1000) bei manchen Bakterien, nicht dagegen bei besonders empfindlichen. Pathogene bewahrten zum Teil die Virulenz so lange wie das Leben, andere verloren sie.

12. **Galeotti** (ibid. Bd. **47** [1892]) konstatierte die Anpassung farbstoffbildender Bakterien an Antiseptica.

13. **Effront** (Compt. rend. de l'Acad. T. **119** [1894], p. 169; K. J. Bd. **5**, S. 203). Essigsäurebakterien konnten daran gewöhnt werden, bei Gegenwart von 50 bis selbst 120 mg Flußsäure pro Liter auf Malzinfus, welcher mit Alkohol und Essigsäure versetzt war, zu wachsen; es zeigte sich, daß je widerstandsfähiger die Bakterien gegen das Antisepticum geworden waren, desto schneller die Gärung verlief, durch welche der Alkohol zu Essigsäure und Wasser oxydiert wurde. Andererseits zeigte sich, daß die Essigbakterien ohne Fluor aus 100 Teilen Alkohol 97,08 Essigsäure, bei Gegenwart von 25 mg Fluor nur 76,94, bei 50 mg Fluor 32,34 und bei 120 mg Fluor nur 2,62 Teile Essigsäure bildeten.

14. **Effront** (Moniteur scientifique Quesneville [4], T. 8, 1894, p. 561; K. J. Bd. **5**, S. 204) findet, daß sich auch Milch- und Buttersäurebakterien an Flußsäure gewöhnen lassen.

15. **Märker** (Zeitschr. f. Spiritusindustrie, Ergänzungsheft 1894, S. 21; K. J. Bd. **5**, S. 207) gibt an, daß an Flußsäure angepaßte Hefen in flußsäurefreier Maische schlecht gärt.

16. **Cluß** (Zeitschr. f. Spiritusindustrie 1895, S. 166; K. J. Bd. **6**, S. 195) vergleiche man im Anschluß an die Effrontsche Gewöhnung der Hefe an Fluor.

17. **Rothenbach** (Zeitschr. f. Spiritusindustrie 1896, S. 327; K. J. Bd. **7**, S. 133) gewöhnte Hefe zu praktischen Zwecken an Salzsäure, schweflige Säure und Formaldehyd. Bei der Gewöhnung an schweflige Säure nahmen die Hefen größere Gestalt an, während unter dem Einfluß von Formaldehyd die Hefen apiculatusartige Zellen ausbildeten.

18. **Raciborski** (Flora Bd. **82** [1896], S. 107) fand, daß Basidiobolus ranarum an höhere Gaben von arsenigsaurem Kali gewöhnt werden kann.
19. **Rocques** (Revue de viticulture 1897 nach Roos; K. J. Bd. **9** [1898], S. 116) hatte Hefe so an schweflige Säure angewöhnt, daß sie Moste mit 155—250 mg im Liter in Gärung zu bringen vermochte, so daß die stürmische Gärung in 50—90 Stunden beendet war, während in Versuchen von Roos mit unangewöhnter Hefe schon 50 mg stark verzögernd wirkten.
20. **Pulst** (Jahrb. f. wissenschaftl. Bot. Bd. **37** [1902], S. 205; K. J. Bd. **13**, S. 135) zog Mucor mucedo, Aspergillus niger, Botrytis cinerea und Penicillium glaucum auf 4% Rohrzucker nebst 0,5 Pepton bei Gegenwart von Kupfersulfat, weinsaurem Natron, Kupfer-, Zink- und Nickelsulfat. Weniger giftig als Kupfer- und Zinksalz war Mangansulfat, giftig in aufsteigender Reihenfolge Ferri-, Blei-, Nickel-, Cadmium-, Kobalt-, Quecksilber- und Thalliumsalze.

    Alle untersuchten Schimmelpilze sind bis zu einem, je nach Art verschiedenen Grade, akkommodationsfähig an die Metallgifte, am weitesten meist Penicillium glaucum, bei dem das Individuum selbst im Laufe der Zeit einen hohen Grad von Resistenz erreicht. Durch allmähliche Steigerung der Konzentration des Giftes bei sukzessiven Generationen eines Pilzes läßt sich die Akkommodation am leichtesten und sichersten steigern. Eine dauernde Umstimmung der Art, daß die so erhaltenen höchst resistenten Individuen auf starken Giftlösungen das Optimum ihres Gedeihens fanden und diese Eigenschaft vererben, ließ sich nicht erreichen. Daran kann vielleicht die Kürze der Zeit schuld sein; indessen sprechen die gemachten Erfahrungen nicht für diese Möglichkeit. Penicillium nimmt im lebenden Zustande Kupfer nicht auf.
21. **Curt Meißner** (Akkommodationsfähigkeit einiger Schimmelpilze [Dissert. Leipzig 1902]) verdanken wir die eingehendsten Studien über die Akkommodationsfähigkeit von Schimmelpilzen (Aspergillus niger, Penicillium glaucum, Mucor stolonifer) an Giftlösungen. Er wandte an: Alkaloide (Chinin, Strychnin, Morphin), aromatische Säuren (Phenol, Salicylsäure, Pyrogallussäure), Alkohol (Äthyl- und Amylalkohol) und Fluornatrium.

    1. Anpassung an Chininlösung trat nach längerer Zeit in geringem Grade ein. Die an Strychnin und Morphin war wegen des Mangels der Löslichkeit solcher Stoffe nicht auszuführen.

    2. Die Anpassungsfähigkeit an aromatische Säuren ist eine sehr verschiedene.

    3. Merkwürdig wenig vermögen die Schimmelpilze sich an Alkohol anzupassen.

    4. Aspergillus ging in der Resistenz gegen Amylalkohol zurück, Mucor blieb konstant, Penicillium aber vermochte sich enorm anzupassen.

    Während diese Resultate mit dauernd steigenden Giftkonzentrationen erzielt wurden, wurde nun versucht, ob ein mehrfach wiederholtes

Kultivieren der Pilze auf den entsprechenden höchsten Giftkonzentrationen, welche noch die Fruktifikation gestatten, die Widerstandsfähigkeit gegen diese erhöhten. Es zeigte sich schon in Vorversuchen, daß die Entwicklung der Sporen und die neue Fruktifikation weit geringere Zeitdauer beanspruchten als die erste, daß jene der dritten Generation wieder besser keimten und so fort. Die Versuche gaben jedoch kein einheitliches Resultat.

1. Für Mucor und Penicilliumsporen tritt Rückgang der Widerstandsfähigkeit gegen Chinin ein.
2. Die wiederholte Kultur auf Phenollösung wirkt verschieden. Mucor wird dadurch unfähig gemacht, auch nur in der nächsthöheren Stufe zu keimen, was ihm vordem möglich ist; Aspergillus verhält sich neutral, seine Resistenz gegen Phenol kann nicht gesteigert werden; Penicillium ist im geringen Maße akkommodationsfähig.
3. Anpassung an Salicylsäure gelang auf diesem Wege nicht.
4. Mit Pyrogallussäure wurden gute Resultate erzielt und Penicillium, welches durch dauernde Steigerung nicht anzupassen war, nun akkommodationsfähig gemacht.
5. An Alkohol geht die Akkommodation scheinbar am leichtesten vonstatten.
6. Auch mit Amyalkohol gewann man nicht geringe Fortschritte.
7. Die Fruktifikationsfähigkeit von Aspergillus war auf Fluornatrium nicht zu steigern, dagegen sein Keimvermögen. Mucor und Penicillium gehen im Wachstum zurück.

Die an größere Giftmengen gewöhnten Pilze werden durch Fernhalten solcher Stoffe nicht im geringsten gehindert; sie bevorzugen vielmehr die normalen Verhältnisse. Die größere „Resistenz und Entwicklungsfähigkeit" erlischt so rasch, daß die Sporen nur durch allmähliche Erhöhung der Konzentration ihre Resistenz gegen größere Giftmengen wieder erlangten.

Der Ersatz eines Giftes durch ein anderes gelang nicht bei Alkohol und Amylalkohol, Chinin und Fluornatrium, Strychnin- und Chininlösung. Die Wirkung war weder fördernd noch bedeutend hemmend.

22. **Alliot** (Compt. rend. de l'Acad. T. **134** [1902], p. 1377; Bull. soc. chim. Paris [3] T. **27** [1902], p. 1236; K. J. Bd. **13,** S. 295) gewöhnte Hefe an die gärhemmenden Bestandteile der Melasse.

23. **Gimel** (Bull. de l'assoc. de chim. de suer. et dist. T. **23** [1905] S. 669; K. J. Bd. **16,** S. 229). Die Anpassung der Hefe an schweflige Säure äußert sich in der Zunahme der oxydierenden Kraft der Zelle. Das Protoplasma wird durch die Anpassung zur Sekretion einer oxydierenden Substanz angeregt. Indessen ist die Gegenwart einer nicht stabilen Mineralsubstanz oder eines zersetzlichen Salzes notwendig. Im vorliegenden Falle wirkt K_2CO_3 günstig, Monocalciumphosphat dagegen nicht. Es findet auch eine Bindung von SO_2 statt, da der SO_3-Gehalt der Asche akklimatisierter Hefe größer war als der nicht angepaßter.

24. **Jacquemin** (Zeitschr. f. Spiritusindustrie **1905,** S. 451; K. J. Bd. **16,** S. 229) akklimatisierte Hefe zu technischen Zwecken an die Kupfersalze von

Mineral- und organischen Säuren, insbesondere an schwefelsaures und essigsaures Kupfer, sowie an ein Gemenge von Ameisen- und Kieselfluorwasserstoffsäure. Die Menge, welche die Hefe verträgt, ist keine feststehende Größe, sie hängt ganz wesentlich von der Natur der Maische, ihrem Säuregrad und ihrem Gehalt an Phosphaten und Eiweißstoffen ab.

25. **H. Schroeder** (Jahrb. f. wissenschaftl. Bot. Bd. **44** [1907], S. 407, ref. Centralbl. f. Bakt. II. Abt., Bd. **21** [1908], S. 181) gelang es nicht, Aspergillus niger an Cyankalium zu gewöhnen.
26. **Paul Ehrlich** (Ber. d. Deutsch. chem. Gesellsch. Jg. **42** [1909], S. 17), vgl. mein Ref. Centralbl. f. Bakt. II. Abt. [1910].

XV. Die Variabilität der Farbstoffbildung.

(Text S. 92.)

A. Natürliche Varietäten.

Die Variabilität farbstoffbildender Bakterien ist fast in allen dieses Gebiet behandelnden Veröffentlichungen beobachtet worden. Eine Zusammenstellung der Gesamtliteratur würde daher fast einer Gesamtbibliographie farbstoffbildender Bakterien gleichkommen. Hier kann nur ein Auszug mitgeteilt werden, der jedoch alles prinzipiell Bedeutsame enthält.

1. **Schottelius** (Festschrift für Alb. v. Kölliker, Leipzig 1887) gewann schon dunkelrote und ganz weiße Prodigiosusrassen durch Selektion natürlicher Varietäten. Angemessene Temperaturgrenzen und Sauerstoffzutritt wurden als Bedingungen zur Farbstoffbildung erkannt.
2. **Charrin** und **Phisalix** (Compt. rend. de l'Acad. T. **114** [1892], p. 1565; K. J. Bd. **3**, S. 88) fand, daß Rassen des Bac. pyocyaneus, welche die Farbstoffbildung verloren hatten, sie durch Tierpassage wiedergewannen; nach längerer Zucht gelang das jedoch auch nicht mehr.
3. **de Freudenreich** (Annales de micrographie, T. **5** [1893], p. 183; K. J. Bd. **4**, S. 104) findet eine variable Form des Bac. pyocyaneus, die zuerst braune, dann grüne Kolonien auf Kartoffel erzeugt.
4. **Mühsam und Schimelbusch,** Über die Färbung des Bac. pyocyaneus in Symbiose mit anderen Organismen (Archiv f. klin. Chirurgie, Bd. **46** [1893], Nr. 4), beobachteten, daß der Bac. pyocyaneus durch Symbiose mit anderen Bakterien in der Bildung des Farbstoffes stark beeinflußt wird. Die Farbproduktion wird stark reduziert oder hört ganz auf. Verschiedene Bakterienformen wirken hier verschieden, und die Gründe für diese Erscheinung sind noch nicht erforscht.
5. **Scheurlen** (Archiv f. Hyg. Bd. **26** [1896], S. 1; K. J. Bd. **7**, S. 54) gelang es ohne äußere Hilfsmittel durch Abstechen farblose Prodigiosuskulturen beständiger Art zu erhalten.
6. **G. Tiry,** Sur une bactérie produisante plusieurs couleurs [bacille polycrome] (Compt. rend. de la Soc. biol. **1896**, p. 885; B. J. Bd. **12**, S. 706) beschreibt eine neu gefundene Bakterienart, welche befähigt ist, die ver-

schiedensten Farbstoffe zu produzieren; so wächst sie auf Peptonwassergelatine grün, auf Peptonbouillonagar lebhaft rot, in gewöhnlicher Bouillon farblos, unter anderen Umständen indigoblau, graublau, gelb, braun usw. Manchmal finden sich alle diese Nuancen auf demselben Substrat in einer Kultur beisammen.

7. **Radais** (Compt. rend. de la Soc. biol. **1897**, No. 27, p. 808) beobachtete beim Bac. pyocyaneus Bildung eines schwarzen Farbstoffs. Es handelt sich dabei um eine neue durch Tierpassage entstandene Rasse, welche die Pyocyanin-Produktion verloren hat. Sie behält ihre Eigentümlichkeit während dreier Monate bei und bildet dann in künstlicher Kultur wieder Pyocyanin.

8. **R. Neumann,** Studien über die Variabilität der Farbstoffbildung bei Micrococcus pyogenes α-aureus und einigen anderen Spaltpilzen (Archiv f. Hyg. Bd. **30** [1897], S. 1; K. J. Bd. **8**, S. 49), erhielt durch Abstechen der variierenden Kulturen Selektionsreihen, und zwar aus dem orangefarbenen Micrococcus pyogenes α-aureus eine citronengelbe, eine weiße und eine fleischfarbene Modifikation, aus dem farblosen Micrococcus aurantiacus eine weiße und eine orange Rasse, aus einem Micrococcus bicolar eine weiße und orange Form, aus Sarcina mobilis eine strohgelbe und eine weiße Rasse. Die fleischfarbene Rasse des Micrococcus pyogenes vermochte er wieder in die orange Stammform überzuführen. (Der Referent J. Behrens in K. J. nimmt jedoch an, daß die vom Verfasser angewandten Kautelen keineswegs den Verdacht ausschließen, daß in manchen Fällen der angeblichen spontanen Variationen in Wirklichkeit Fremdinfektionen vorgelegen haben.)

9. **Charrin** und **de Nittis** (Compt. rend. de la Soc. de biol. [sér. 10], **T. 5** [1898], p. 721; K. J. Bd. **9**, S. 55) sahen bei Kultur einer schwarzen farbstoffbildenden Varietät des Bac. pyocyaneus auf einem besonderen Nährboden (Fleischextrakt—Pepton—Agar) in derselben Kulturröhre vier Farben auftreten: Braun bis schwarz am oberen Ende der schrägen Agaroberfläche, blau dort, wo der Nährboden dicker wird; im Innern des Nährsubstrats erscheint Grün und an den von dem Kulturstrich entferntesten Stellen Gelb.

10. **Gessard** (Compt. rend. de la Soc. de biol. [sér. 10], t. **5** [1898], p. 1033; K. J. Bd. **9**, S. 327) fand, daß die von Radais entdeckte dunkle Varietät des Bac. pyocyaneus nur in tyrosinhaltigem Nährboden Farbstoff bildet. Er schreibt daher die Fähigkeit zur Farbstoffbildung in diesem Falle der Tyrosinase zu, obgleich ihm der Nachweis dieses Enzyms in den Kulturen nicht gelungen war. Weiter (Annal. de l'Inst. Pasteur T. **15** [1901], p. 817; K. J. Bd. 12, S. 83) findet er, daß die charakteristische Dunkelfärbung nur auf Proteinkörpern, welche die Tyrosingruppe enthalten, hervorgerufen wird.

11. **Gorham,** Some varieties of Bac. pyocyaneus found in the throat. (Centralbl. f. Bakt. I. Abt., Bd. **29** [1901], S. 495; K. J. Bd. **12**, S. 83), fand in Nase und Mund Varietäten des Bac. pyocyaneus, die einerseits nur Pyocyanin, andererseits außerdem fluorescierenden Farbstoff erzeugten.

12. **Nelson,** Variations of Bacillus rosaceus metaloides (Centralbl. f. Bakt. I. Abt., Bd. **29** [1901], S. 494; K. J. Bd. **12**, S. 83) gelangte durch selektierende Plattenkultur zu zahlreichen Varietäten des Bac. rosaceus, die teils beinahe farblos wuchsen, teils ein sehr dunkles Pigment bildeten, teils die verschiedensten Abstufungen zwischen diesen Extremen repräsentieren.
13. **Luckhardt** (Diss. Freiburg 1901; K. J. Bd. **12**, S. 81) stellte wohl zuerst fest, daß die Sistierung der Farbstoffbildung nicht nur durch äußere Agenzien, sondern auch durch innere (molekulare) Ursachen hervorgerufen werden kann. Solche weiße Rassen blieben dann stets farblos. Er gewann solche Rassen von Bac. prodigiosus und Staphylococcus pyogenes aureus.

    Das allmähliche Erblassen alter Kulturen in flüssigen Medien betrachtet er als Wirkung des beim Wachstum des Prodigiosus entstehenden Ammoniaks; solche Kulturen kann man wieder zur Farbstoffbildung bringen, indem man sie z. B. auf Kartoffel abimpft.
14. **Davis,** Variation of Bacillus rosaceus metalloides (Journ. of the Boston soc. of medical science, Vol. 5 [1901], p. 384) noted „sports" of Bac. rosaceus, which gave rise to dark and light color varieties.
15. **Papenhausen** (Arb. aus dem bakt. Inst. zu Karlsruhe 1904, Bd. III, Heft 1). Die Pigmentbildung und Pigmentlosigkeit ist der Ausdruck einer komplizierten Reizwirkung und darf nicht einfach als Effekt der Zusammensetzung des Nährbodens hingestellt werden.
16. **Katayama** (Bull. of the college of agriculture, Tokyo Im. University, Vol. **5** [1902], p. 255; K. J. Bd. **13**, S. 218) beobachtete weiße Varietäten des Bac. methylicus. Später (ibid. Vol. **6** [1904], p. 191; K. J. Bd. **15**, S. 180) fand er diese Varietät sehr verbreitet im Wald, Brachfeld, Ozeanwasser usw.
17. **Mary Hefferan** (Centralbl. f. Bakt. II. Abt., Bd. **9** [1904], S. 311, 397, 456 u. 520; K. J. Bd. **15**, S. 177 mit eingehender Bibliographie) beobachtete natürliche Varietäten, die unabhängig von der Zusammensetzung des Nährbodens sind.
18. **H. Zickes,** Über das Bacterium polychromicum und seine Farbstoffbildung (Wiesner-Festschrift Wien 1908, S. 357; ref. Centralbl. f. Bakt. Abt. II., Bd. **21** [1908], S. 522), fand ein Bakterium, welches auf Agar und Gelatine rotvioletten, auf Kartoffel blauen Farbstoff erzeugt.
19. **K. B. Lehmann** und **Jano** (Archiv f. Hyg. Bd. **67** [1908], Heft 2; ref. Centralbl. f. Bakt. II. Abt., Bd. **24** [1909], S. 241). Die farblosen Rassen von Actinomyces chromogenes bildeten weder Tyrosin noch die Tyrosinase, während es die normalen tun.

B. Einfluß der Nährmediums-Zusammensetzung auf die Farbstoffbildung.

a) Einfluß der Kohlenstoffernährung.

20. **Beijerinck** (Bot. Zeitung Bd. **49** [1891], S. 705; K. J. Bd. **2**, S. 78). Der Bac. cyanogenus wächst als Peptonbacillus, doch bedarf er zur Farbstoffbildung noch einer besonderen Kohlenstoffquelle.

21. **Woolley** (Johns Hopkins Medical Bull. Vol. 10 [1899], p. 1130) fand bei Versuchen mit Bac. pyocyaneus, fluorescens liqu., janthinus und prodigiosus, daß Pigmente schneller in zuckerfreien Medien produziert werden, während das Wachstum in Gegenwart von Zucker stärker ist.

b) Einfluß der Stickstoffernährung.

22. **Gessard** (Annal. de l'Inst. Pasteur 1891, p. 65; K. J. Bd. **2**, S. 107) fand, daß beim Bac. pyocyaneus Eiweiß und Bouillon zur Fluorescenzerzeugung nötig sind, daß sie aber Pyocyaninbildung nicht ausschließen; Pepton dagegen schließt erstere Funktion aus und begünstigt die letztere.
23. **A. Fischer** (Jahrb. f. wissenschaftl. Bot. Bd. **27** [1894], S. 163). Bei ungenügender Stickstoffzufuhr kann Bac. prodigiosus noch wachsen, aber die Farbstoffbildung läßt nach; ähnlich verhält sich der Micrococcus ochroleucus.

c) Einfluß der Reaktion des Nährbodens.

24. **Wasserzug** (Annal. de l'Inst. Pasteur T. **2** [1888], p. 75) und **Kübler** (Centralbl. f. Bakt. I. Abt., Bd. **5** [1889], S. 333) führten durch leicht saure (aber auch alkalische) Nährböden Pigmentverlust des Bac. prodigiosus herbei.
25. **Deelemann** (Arb. aus dem Kais. Gesundheitsamt Bd. **13** [1897], S. 374; K. J. Bd. **8**, S. 16) fand, daß Bac. pyocyaneus und cyaneus neutrale Nährböden vorziehen, während alle anderen untersuchten Bakterien schwach alkalische bevorzugen.
26. **Th. Milburn,** Über Änderung der Farben bei Pilzen und Bakterien (Centralbl. f. Bakt. II. Abt., Bd. **13** [1904], S. 129 u. 257; K. J. Bd. **15**, S. 178). Bac. prodigiosus bildete roten Farbstoff nur auf sauren Nährböden, auf neutralen wächst er farblos. Bac. Kieliensis wächst auf Kartoffel zuerst ziegelrot, später dunkelrot und auf neutralem Nährboden gelbrot. Bac. beroliniensis wächst auf Kartoffel rosarot, auf neutralem Nähragar aber gelb. Bac. cyanogenes bildet sein Blau nur bei saurem Nährboden; auf alkalischem bildet er eine schmutziggrau fluorescierende, auf Kartoffel eine gelbe Farbe. —

    Hypocrea rufa und gelatinosa bilden bei saurer Reaktion grüne, bei alkalischer dagegen gelbe Sporen. Steigender osmotischer Druck unterdrückt die Pigmentbildung in den Conidien und schließlich die Conidienbildung selbst.
27. **Péjer** und **Rajat** (Compt. rend. de la Soc. de biol. T. **62** [1907], p. 792) beobachteten bei der Kultur des Bac. prodigiosus in wachsenden Konzentrationen von Alkalien Übergang der roten in gelbe Farbstoffbildung bis zur völligen Entfärbung der Kulturen.

C. Farbstoffverlust durch Fortzüchten.

28. **Behr** (Centralbl. f. Bakt. Bd. **8** [1890], S. 485; K. J. Bd. **1**, S. 40) untersuchte eine Rasse des Bacillus der blauen Milch, welche auf neutraler oder saurer Gelatine, ebensolchem Agar oder Magermilch

keinen Farbstoff mehr bildete, Kartoffel aber grau verfärbte. Es schien eine Varietät vorzuliegen, die auf den genannten Nährböden die Fähigkeit der Farbstoffbildung dauernd verloren hat.

29. **Rohrer** (Centralbl. f. Bakt. I. Abt., Bd. **11** [1892], S. 327) fand große Unterschiede in der Farbennuance alter und frischer Pyocyaneus-Kulturen; diese Pigmentveränderung vollzog sich unabhängig von äußeren Bedingungen. Der frische Stamm bildete z. B. auf Agar rasch und reichlich blaugrün gefärbtes Pigment, der alte manchmal nur langsam, manchmal gar kein Pigment. Auch Kartoffelkulturen ergaben Differenzen in der Pigmentbildung. Auf Eidotter entwickelte sich von Anfang an braunroter Farbstoff.

30. **Löhnis** und **Kuntze** (Centralbl. f. Bakt. II. Abt., Bd. **20** [1908], S. 687) fanden eine braune, nicht verflüssigende Varietät des Bac. fluorescens, die beim Fortzüchten auf Fleischagar zwei Jahre nach der Isolierung fast farblos wuchs. Die nächste Abimpfung verursachte grüne Fluorescenz des Substrates, die später jedoch wieder dauernd in Braun überging, wobei es blieb. Ein ähnliches Verhalten beobachteten sie auch bei Bact. punctatum und annulatum.

D. Unterdrückung der Farbstoffbildung durch Antiseptica.

31. **Galeotti** (Lo sperimentale Vol. **44** [1892] Fasc., p. 261). Bac. prodigiosus wurde in Agar mit 2% Carbolsäure, auf dem er erst farblos wuchs, nach 9 Generationen wieder normal, Mic. aurantiacus in 3,2% Carbol-Agar nach 9 Generationen, Bac. pyocyaneus in 2,8% Carbol-Agar nach 7 Generationen.

32. v. **Kuester** (Archiv f. klin. Chir. Bd. **60** [1900], S. 621; K. J. Bd. **11**, S. 73) fand, daß geringe Dosen von Phenol, Borsäure und Aluminiumacetat die Farbstoffbildung durch Bac. pyocyaneus steigern, während sie in höherem Prozentgehalt angewandt dieselbe herabsetzen.

33. **Franz Wolf** (Zeitschr. f. induktive Abstammungs- u. Vererbungslehre Bd. **2** [1909], S. 90) unterscheidet zwischen Modifikationen, d. h. Veränderungen, welche unter normalen Lebensbedingungen wieder verschwanden und Mutationen, die vom Augenblick ihrer Entstehung an konstant sind. Beide Arten traten bei Behandlung mit Giftstoffen verschiedener Art auf bei Bac. prodigiosus, Staphylococcus pyogenes und verschiedenen Myxobakterien (Myxococcus rubescens, virescens).

E. Farbstoffbildung in Abhängigkeit von der Temperatur.

34. **Schottelius** (a. a. O. S. 190) beobachtete die Farbstoffbildung des Bac. prodigiosus in Abhängigkeit von angemessenen Temperaturgrenzen.

35. **Beijerinck** (Archives néerlandaises T. **24** [1891], livr. 3/4; K. J. Bd. **2**, S. 78) züchtete einer Rasse von Bac. cyanogenus, die bei 20° die Fähigkeit der Pigmenterzeugung in gekochter Milch verloren hatte, diese durch längere Kultur unter 15° wieder an.

36. **Gessard** (a. a. O. S. 193) fand eine Rasse des Bac. pyocyaneus, die durch 5 Minuten langes Erwärmen auf 57° in Bouillon dazu gebracht werden konnte, nur noch Fluorescenz zu erzeugen, während eine andere Rasse

durch dieselbe Behandlung auch die Fähigkeit der Pyocyaninbildung verlor und dann eine nicht mehr farbstoffbildende Rasse darstellte. Auf Glycerinpeptonagar bildeten beide Rassen aber wieder kräftig Pyocyanin. Dagegen war die Fluorescenzbildung dauernd verloren gegangen.

37. **Laurent** (Annal. de l'Inst. Pasteur 1890; K. J. Bd. **1**, S. 98). Über 36° bildeten die Kolonien von Bac. Kieliensis keinen Farbstoff mehr.

38. **Boekhout** und **O. de Vries** (Centralbl. f. Bakt. II. Abt., Bd. **10** [1903], S. 33). Bac. fuchsinus verliert bei erhöhter Temperatur das Farbstoffbildungsvermögen.

39. **Luckhardt** (a. a. O. S. 192). Bei 37° wachsend, zeigte der Staphyl. pyogenes aur. auf Agar keine, auf Kartoffel deutliche Abnahme der Pigmentbildung und Wachstumsenergie. Einmal wuchs er allerdings auch auf Agar bei 37° farblos.

40. **Milburn** (a. a. O. S. 193) erhielt bei 37° farblose Prodigiosus-Kulturen.

41. **F. Wolf** (a. a. O. S. 194) bekam weiße Prodigiosus-Modifikationen bei Temperaturerhöhung, solche von Mixococcus rubescens durch Temperaturerhöhung, solche von Mix. virescens durch Erniedrigung der Temperatur. Auch beobachtete er konstante Veränderung bei beiden durch Temperaturdifferenzen.

F. Farbstoffverlust durch Sauerstoffmangel.

42. **Liborius** (Zeitschr. f. Hyg. Bd. **1** [1886], S. 115). Durch Sauerstoffmangel wird das Pigmentbildungsvermögen am leichtesten sistiert.

43. **Limbeck** (Prager Mediz. Wochenschrift 1887, S. 189). Der Micrococcus ureae stellt bei Sauerstoffmangel sein Wachstum ein, bildet aber gleichzeitig ein braunes Pigment, welches unter normalen Umständen nicht produziert wird. Das Esmarchsche Spirillum rubrum bildet seinen Farbstoff nur im anaeroben Leben.

44. **Lubinsky** (Centralbl. f. Bakt. Bd. **14**, S. 773) erhielt bei anaerober Züchtung farblose Kulturen des Micr. pyogenes α-aureus.

45. **Laurent** (Annal. de l'Inst. Pasteur 1890; K. J. Bd. **1**, S. 38). Bei Luftabschluß bildete der Bac. Kieliensis keinen Farbstoff mehr.

45a. **Christomanus** (Zeitschr. f. Hyg. Bd. **36** [1901], S. 258; K. J. Bd. **11**, S. 82). Bac. pyocyaneus gedeiht bei Sauerstoffabschluß und bildete dann die Leukosubstanz des Pyocyanins. Die Oxydation dieser ist nicht an lebende Bakterien gebunden. Sie kann auch in steriler Pyocyaneus-Kultur vor sich gehen. Durch zahlreiche Bakterien, denen das Pyocyanin als Sauerstoffquelle dienen kann, wird es reduziert.

46. **Neumann** (Archiv f. Hyg. Bd. **30** [1897], S. 1; K. J. Bd. **8**, S. 49). Kohlensäure- und Wasserstoffatmosphäre schienen den Pigmentverlust der untersuchten Bakterien (Micr. pyogenes α-aureus, Micr. aurantiacus, einer ursprünglich gelben Sarcina) nicht dauernd beeinflussen zu können.

47. **Luckhardt** (a. a. O. S. 192). Bei Luftabschluß wuchsen Bac. prodigiosus, Staphylococcus pyogenes und Bac. violaceus farblos.

G. Einfluß des Lichtes auf die Farbstoffbildung.

48. **Prove** (Cohns Beiträge zur Biologie der Pflanzen Bd. IV. [1887], S. 438) sah von Micrococcus ochroleucus im Dunkeln gezüchtet farblose Kulturen, im Licht gelbe. Auch bei direktem Sonnenlicht fand energische Farbstoffbildung statt.

49. **Grotenfeld** (Fortschritte der Medizin Bd. 7 [1889], S. 41). Manche Bakterien bilden ihren Farbstoff nur im Dunkeln aus. Bei Belichtung blieb die Rosenfarbe des auf Milch wachsenden Bact. lactis erythrogenes ganz aus.

50. **Laurent** (Annal. de l'Inst. Pasteur 1890; K. J. Bd. **1**, S. 38). Das direkte Sonnenlicht schädigte die Farbstoffbildung des Bac. Kieliensis, und so entstanden weiße Kolonien. Hatte die Besonnung eine Stunde gedauert, so wurden die Kolonien bereits in der folgenden wieder rosenrot, während das fünf Stunden besonnte Material tot war. Dagegen hatten die drei Stunden dem Sonnenlicht ausgesetzten Kulturen dauernd das Vermögen der Farbstoffbildung verloren, so daß sie auch in 32 späteren Generationen fortgesetzt nur weiße Kolonien gaben. An der Wirkung auf die Farbstoffbildung sind nur die sichtbaren Strahlen des Spektrums und zwar die am stärksten brechbaren am meisten beteiligt. Die farbstofffreie Kultur bildete aber auf Agar und Kartoffeln unter 25° wieder Farbstoff.

51. **Dieudonné** (Arb. aus dem Kais. Gesundheitsamt Bd. **9** [1894], S. 405; K. J. Bd. **5**, S. 101) fand bei Bac. prodigiosus und Bac. fluorescens putidus auf belichteten und dann im Dunkeln kultivierten Platten keinen Farbstoff. Erst nach zweimaligem Umzüchten auf Gelatine erlangten die Bakterien diese Fähigkeit wieder. Die Wärmestrahlen waren an diesem Ausfall nicht beteiligt.

52. **Beck** und **Schultz** (Zeitschr. f. Hyg. Bd. **23** [1896], S. 490; K. J. Bd. **7**, S. 52) geben an: Gaillard, der unter Anregung von Arloing arbeitete, kam mit Bac. fluorescens, Staphylococcus pyogenes aureus, Micr. prodigiosus, Bac. anthracis, Bac. typhosus, Penicillium glaucum, Oidium albicans und Rosahefe zu dem Schluß, daß Sonnenlicht der Produktion der Farbstoffe durch chromogene Mikroben wenig günstig ist.

Sie selbst fanden keine Wachstumshemmung durch einfarbiges Licht, wie sie Dieudonné gefunden hatte; doch scheint es bei einigen von Einfluß auf die Produktion der Farbstoffe zu sein. (Bei Bac. prodigiosus, Bac. pyocyaneus, Staph. aureus, Coccus ruber, Bac. coli, fluorescens, gelbe Sarcina usw.)

Diffuses Tageslicht begünstigt in allen Fällen die Entwicklung und Farbstoffbildung. Dunkelheit dagegen schädigt nach langdauernder Einwirkung bei Staph. aureus und Bac. fluorescens die Farbstoffbildung. Das direkte Sonnenlicht verhindert schon bei kurzer Einwirkung die Farbstoffbildung.

53. **Luckhardt** (a. a. O. S. 192). Bei Staph. pyogenes aureus störte Lichtabschluß nicht sichtlich die Farbstoffbildung, dagegen wuchs Staph. citreus unter dieser Bedingung regelmäßig farblos. Bac. violaceus wuchs auf

Kartoffel wie auf Agar mehr oder weniger ohne Pigmentbildung im Dunkeln.

54. **Oliver,** An experimental study of the effects of change of color upon pigment bacteria (American Journ. of Med. Science, T. **123** [1902], p. 647), fand Farbenänderungen sowohl in bezug auf die Intensität, wie auch die Art der Farbe, wenn er zahlreiche chromogene Bakterien dem Einfluß verschiedener Lichtstrahlen aussetzte. Oft ist Zurückbringen in alte Verhältnisse von einer Rückkehr zur alten Färbung begleitet. Die Farbenverschiedenheiten sind wahrscheinlich verschiedenen Methoden der Nahrungszufuhr, Eigenarten in der Art und Zuführung der Nahrung und Unregelmäßigkeiten in der Ausscheidung von Exkreten zuzuschreiben.

55. **O. Stoll,** Beiträge zur morphologischen und biologischen Charakteristik von Penicillium-Arten. (Diss. Würzburg 1905.) Verschiedene Färbungen in ihrer Abhängigkeit von äußeren Faktoren, S. 45. Die gelben Farbstoffe von Penicillium crustaceum und olivaceum verschwinden bald wieder, da sie lichtempfindlich sind.

56. **Milburn** (a. a. O. S. 193) erhielt durch Lichteinwirkung farblose Prodigiosus-Kulturen.

H. Einfluß der Nährsalze auf die Farbstoffbildung.

57. Nach **Gessard** (a. a. O. S. 193) soll durch Mangel an Phosphaten der fluorescierende Farbstoff des Bac. pyocyaneus unterdrückt und nur das Pyocyanin gebildet werden, während das Weglassen von Kalksalzen keinen Einfluß auf die Farbstoffbildung hatte.

58. **Thumm** (Arb. aus dem bakt. Inst. zu Karlsruhe 1895, Heft 2, S. 290; K. J. Bd. **6**, S. 77, mit eingehender Literaturzusammenstellung) kommt zu anderen Schlüssen. Nach ihm produzieren sämtliche fluorescierenden Bakterien denselben Farbstoff, dessen Nuance vom Ammoniakgehalt des Nährbodens abhängig ist, welches je nach der Zusammensetzung des Nährbodens verschieden stark gebildet wird. Die Ansicht Gessards, daß die Phosphorsäure bei der Farbstoffbildung eine Rolle spiele, ist falsch. Dagegen ist die Anwesenheit von Magnesium entscheidend. Ohne dieses bildeten alle untersuchten Stämme von Bac. pyocyaneus und Bac. viridans keinen Farbstoff, während bei Bac. fluorescens tenuis, -putidus, -albus, Bac. erythrosporus, Bact. syncyaneum Magnesiummangel die Farbstoffbildung stark herabdrückt, Mangel an Calcium sie schließlich ganz unterdrückt. (Weitere Einzelheiten können hier nicht angegeben werden.)

59. **Jordan, O.** (Journ. of experimental med. Vol. **4** [1899], p. 627; K. J. Bd. **10**, S. 52) hält Thumm gegenüber an einer Unterscheidung des blauen Pyocyanins und des gelben Fluoresceins fest, die er durch verschiedene Versuche belegt. Die Fähigkeit zur Pyocyaninbildung kann auf künstlichen Nährböden eher als die zur Fluorescensbildung verloren gehen.

60. **Jordan, E. O.** (Botanical gazette, Vol. **27** [1899], p. 19) bestätigte Thumms Ergebnisse über das Magnesiabedürfnis zur Farbstoff-

bildung und stellte die Minimalmengen desselben, die noch dazu ausreichen, fest.

61. **Woolley** (Johns Hopkins Medical Bull. Vol. **10** [1899], p. 129) gelang es nicht, eine Rasse von Bac. fluorescens zu finden, die Pyocyanin gab. Er bestätigte die Beobachtung, daß Mangel an Phosphorsäure die Fluoresceinbildung veranlaßte. Das Magnesium kann ohne Wirkung auf die Farbstoffbildung durch Aluminium ersetzt werden (?).
62. **Kuntze** (Zeitschr. f. Hyg. Bd. **34** [1900], S. 169) fand für Bac. prodigiosus dieselbe Abhängigkeit vom Magnesiumgehalt des Nährbodens, den Thumm für Bac. pyocyaneus festgestellt hatte. Auch der Schwefel in Form des SO_3-Jons ist dazu erforderlich.
63. **Noesske** (Archiv f. klin. Chir. Bd. **61** [1900], S. 266; K. J. Bd. **11,** S. 71) hält die Farbstoffbildung von Bac. prodigiosus und pyocyaneus für an die Anwesenheit von Magnesium und Schwefel gebunden, dagegen kommt es nach ihm im Gegensatz zu Kuntze nicht auf die Bindungsform an. Auch er nimmt für den Pyocyaneus die Bildung des Pyocyanins an.
64. **Luckhardt** (a. a. O. S. 192) hebt hervor, daß man „echte weiße Rassen" von Bac. prodigiosus auch durch gute Ernährung bei Gegenwart von Magnesiumsulfat nicht dazu bringen kann, Farbstoff zu bilden.
65. **Kossowicz** (Zeitschr. für das landwirtschaftl. Versuchswesen Österreichs Bd. **17** [1904], S. 404; K. J. Bd. **15,** S. 97) fand die Farbstoffintensität bei einigen Bakterien und Hefen vom Magnesiumsulfatgehalt abhängig.
66. **Samkow** (Centralbl. f. Bakt. II. Abt., Bd. **11** [1904], S. 305) schloß sich den vorstehenden Forschern bezüglich des Magnesiumbedürfnisses des Bac. prodigiosus zur Farbstoffbildung an. Der Farbstoff selbst soll aber kein Magnesium enthalten, was jedoch durch die kaum sehr genaue Arbeit dieses Forschers nicht bewiesen zu sein scheint.

XVI. Die Variabilität der Virulenz.

(Text S. 99.)

A. Pseudoformen virulenter Bakterien.

1. **A. Fischer,** Vorlesungen über Bakterien, S. 52. Die „Pseudo"bakterien sind allmählich eine schwere Crux der medizinischen Bakteriologie geworden. Wir verstehen darunter morphologisch und kulturell den hochvirulenten Krankheitserregern mehr oder weniger ähnliche Formen, die sich von ihnen sicher nur durch das Tierexperiment unterscheiden lassen. Hier versagen sie entweder vollständig, erweisen sich als avirulent, oder veranlassen schleppende, harmlos verlaufende Prozesse, die gewisse Anklänge an das Krankheitsbild, das die virulenten hervorrufen, gewähren. Man kennt Pseudodiphtherie,- Pseudotuberkel-, Pseudotetanus-, Pseudoanthraxbacillen, Pseudocholeravibrionen, Pseudogonokokken usw. Kurz alle pathogenen Bakterien tauchen gelegentlich in Pseudovarietäten auf, nicht mit den vergänglichen und separablen Eigenschaften der Laboratoriumsrassen, sondern mit rassenfester Beharrlichkeit ihrer Pseudoeigenschaften.

Die Fundorte dieser „Pseudo“bakterien sind nicht künstliche Kulturen, sondern z. B. Milch und Butter für Pseudotuberkelbacillen, Nase und Mund für Pseudodiphtheriebacillen usw., allgemein dieselben Orte, wo auch die Krankheitserreger vorkommen. Die Beurteilung dieser Pseudoformen schwankt, die einen erklären sie für besondere systematische Spezies, die mit den pathogenen Spezies nichts zu schaffen haben, die andern halten sie für deren Rassen, die bald fester, bald weniger fest ihre Pseudoeigenschaften bewahren, die bald nach der Seite der Virulenz, d. h. der Wachstumsfähigkeit in Warmblütern, bald nach der Seite der Giftproduktion unter ihre hochpathogene Stammform herabgesunken sind.

Man könnte auch den Spieß umkehren und die Pseudoformen als die ursprünglichen ansehen, aus denen erst durch mehrmalige Einnistung im Organismus, durch natürliche „Passage“ die virulenten Formen in allen Abstufungen sich entwickelt haben und sich immer wieder entwickeln, während aus dem kranken Körper hinausgeworfene pathogene, die nicht sogleich in einem anderen Körper weiter „konserviert“ werden, allmählich wieder harmloser werden.

2. **Simoni** (Centralbl. f. Bakt. I. Abt., Bd. **26** [1899], S. 673, 757).
3. **Gromakowsky** (Ibid. I. Abt., Bd. **28** [1900], S. 136).
4. **G. Mayer** (Ibid. I. Abt., Bd. **26** [1899], S. 321).
5. **Hölscher** (Arb. aus dem patholog. Institut Tübingen, Bd. **3** [1901]).
6. **Tavel** (Centralbl. f. Bakt. I. Abt., Bd. **23,** S. 538).
7. **Noguès** und **Wassermann** (Ibid. Bd. **26** [1899], S. 336).
8. **Babes** (Zeitschr. f. Hyg. Bd. **9** [1890], S. 323) beobachtete Varietäten des Typhusbacillus, die mit ihm in dieselbe Klasse gehören und die einen Übergang zum Kolibacillus bilden. Sie zeichnen sich durch größere Färbbarkeit aus und finden sich oft zusammen mit dem wahren Typhusbacillus, manchmal auch ohne ihn.
9. **Jäger** (Zeitschr. f. Hyg. Bd. **12** [1892], S. 525). Als Erreger der Weilschen Krankheit sind die Bakterien der pleomorphistischen Proteusgruppe anzusehen. Eine spezifische pathogene Gruppe ist nicht anzunehmen; vielmehr können alle Proteusarten in einem gewissen Grade als pathogen bezeichnet werden. Die Artmerkmale verwischen sich bei saprophytischen Existenzbedingungen relativ rasch. Die Pathogenität des Proteus unterliegt großen Schwankungen, die durch ihre äußeren Lebensbedingungen bestimmt werden. Für die pathogenen ist wichtig mehrmalige Tierpassage, hohe Temperatur, reicher Gehalt der Nährmedien an Stickstoff, vielleicht die Anwesenheit anderer Bakterien. Unter den erwähnten Bedingungen kann der Proteus eigentliche pathogene Eigenschaften annehmen, d. h. er kann ins Blut und die Gewebe des Tierkörpers eindringen und sich hier vermehren. Die Infektion des Flußwassers erfolgte in einem gegebenen Falle durch die Geflügelseuche, deren Proteus sich von dem der untersuchten Fälle nicht mehr unterschied. Die pathogen gewordene Proteusart konnte zur Zeit des Bestehens der Geflügelseuche in den betreffenden Wasserläufen nachgewiesen werden.

10. **Germano** und **Maurea** (Zieglers Beiträge Bd. **12** [1893], S. 494) beobachteten bei Typhusbacillen Schwankungen in bezug auf das pathogene Vermögen, die Fermentationsfähigkeit gegenüber der Milch und den verschiedenen Zuckerarten, wie in bezug auf die Säureabscheidung und das Reduktionsvermögen. Einige Typen nähern sich sehr dem Typhus selbst. Doch sind die Autoren von der Anerkennung des Ergebnisses von Rodet und Roux, daß in der Tat Übergang der Typhusähnlichen in Typhusbakterien stattfindet, noch weit entfernt. Als sicheres Mittel zur Unterscheidung wird die Gasbildung in 2% Traubenzuckeragar durch Typhusähnliche empfohlen. Doch gaben drei der Typhusähnlichen auch dieses Unterscheidungsmerkmal nicht. In bezug auf die Pathogenität hatten manche Typhusähnliche für Mäuse genau die gleiche Virulenzkraft.
11. **Fr. Neufeld,** (Kolle-Wassermann Handbuch der pathogenen Mikroorganismen Bd. II, S. 213) fand Kolistämme, die gleichfalls keine Gärfähigkeit zeigten. Durch schädigende äußere Einflüsse können Kolibakterien wenigstens vorübergehend der Gärfähigkeit beraubt werden. Die durch Kolibakterien hervorgerufene Milchgerinnung wird von einigen Stämmen nicht veranlaßt. Durch ungünstige Wachstumsbedingungen können sie auch diese Eigenschaft einbüßen.
12. **Malvoz** (Hygienische Rundschau **1894,** S. 19).
13. **Lösener** (Arb. aus dem Kaiserl. Gesundheitsamt Bd. **11** [1895], S. 207).
14. **A. Pasquale** (Zieglers Beiträge zur pathologischen Anatomie Bd. **12** [1893], S. 433) fand bei einer vergleichenden Untersuchung über Streptokokken, daß sowohl die morphologischen wie kulturellen Charaktere, als auch die Ergebnisse des Tierversuchs für die Streptokokken des Erysipels, der Eiterung, der Diphtherie, der Pneumonie usw. nicht derartige sind, um eine sichere Unterscheidung derselben zu gestatten (S. 489). Doch hat er nicht die Absicht, ohne weiteres zu behaupten, daß diese Streptokokken auch dem Menschen gegenüber absolut identisch sind. Er klassifiziert in vier Arten: 1. Kurze, saprophytische Streptokokken, 2. lange, nicht virulente Streptokokken, 3. lange, pathogene Streptokokken, 4. kurze, höchst infektiöse Streptokokken. Es dürfte wohl keinem Zweifel unterliegen, daß vom phylogenetischen Standpunkte aus betrachtet die ersten Streptokokken kurz waren (S. 490) und daß sie in saprophytischen Bedingungen gelebt haben. Unter diesen muß man solche unterscheiden, die in der äußeren Umgebung, d. h. bei einer relativ hohen Temperatur zu leben vermögen, und andere, die sich dem halbparasytischen Leben auf den Schleimhäuten der Warmblüter angepaßt haben. Von den kurzen stammen die langen Streptokokken ab, die kein pathogenes Vermögen besitzen, von diesen wieder lange, die mit solchem begabt sind. Der höchste Grad von Infektiosität kombiniert sich mit der Rückkehr zu der mehr oder weniger ausgesprochenen Bildung von kurzen Ketten.
15. **F. Sanfelice** (Zeitschr. f. Hyg. Bd. **14** [1893], S. 339) hebt den großen Pleomorphismus der Anaeroben hervor. Er zeigte, daß ein Anaerober

(IX.), der sich vom Tetanus nur durch das Fehlen der pathogenen Eigenschaften unterscheidet, nachdem er im Tetanusgift gewachsen ist (d. h. auf Agar, der mit durch Porzellanfilter filtrierter Tetanuskultur versetzt war) und der dann wieder davon befreit wurde, toxische Eigenschaften annimmt. Dies ist ein anderer Grund für die aufgestellte Hypothese, daß der Pseudobacillus des Tetanus ein Tetanus ist, der die Toxität verloren hat. — Ebenso verhält sich der Pseudobacillus des malignen Ödems, d. h. er wirkt auch tetanuserzeugend, wenn er vorher auf tetanushaltigem Substrat gewachsen war. Mit dem Gift des malignen Ödems ließen sich solche Resultate nicht erzielen. **Monti** fand, daß der Fränkelsche Diplokokkus seine verlorene Virulenz wieder annimmt, wenn man ihn mit den Produkten des Stoffwechsels von Proteus vulgaris oder mit anderen Saprophyten zusammen einimpfte.

16. **Bataillon** und **Terre** (Compt. rend. de l'Acad. T. **124** [1897], S. 1399) fanden einen Tuberkelbacillus, der bei gewöhnlicher Temperatur wächst und der sich sonst wie Tuberkelbacillen z. B. in Kolonien verhält. Manchmal ist er auf kaltblütigen Tieren pathogen. Sie halten ihn für eine saprophytische Rasse des Tuberkelbacillus.

17. **Slawyk** und **Manicatide** (Zeitschr. f. Hyg. Bd. **29** [1898], S. 181) konnten die Beobachtung von **Leo Zupnik** (Über Variabilität des Diphtheriebacillus, Berl. klin. Wochenschr. 1897, Nr. 50), der die morphologische Einheit der Diphtheriebacillen leugnet — und nebenbei bei ihnen Eigenbewegung beobachtet haben will — nicht bestätigen. Von 42 isolierten Formen ergaben sich 4 als Pseudodiphtheriebakterien. Die 38 echten zeigten auf einfachem Agar verschiedene Entwicklungsformen: entweder es treten transparente, platte bzw. wenig erhabene glanzlose Kulturen auf, oder es entwickelten sich undurchsichtige, grauweiße erhabene glänzende Kulturen. Zwischen diesen beiden Formen bestehen zahlreiche Übergänge, so daß aus dem gelegentlichen Wachstum nach der einen oder der anderen Richtung hin konstante Differenzen sich nicht ergeben. Die Diphtheriebacillen wachsen im allgemeinen um so üppiger auf Agar, je länger sie auf demselben gezüchtet werden. Alle 38 Stämme waren virulent. Interessant ist, daß Kultur XII, welche ursprünglich pathologisch war, ihre Virulenz im Laufe der Untersuchung verlor und trotz wiederholter Versuche nicht wiedererlangte.

18. **Zupnik,** Bericht über die 69. Versammlung deutscher Naturforscher und Ärzte Braunschweig 1898 (Centralbl. f. Bakt. I. Abt., Bd. **23** [1898], S. 660), demonstriert eine ganze Anzahl von Diphtheriekulturen, die verschiedenes Wachstum zeigen. Er spricht deshalb nicht mehr von einheitlichen Diphtheriebakterien, sondern von einer Gruppe derselben.

19. **St. Ruzicka** (Archiv f. Hyg. Bd. **34** [1899], S. 149; K. J. Bd. **9**, S. 56). Zwischen dem Bac. pyocyaneus und fluorescens liquefacicus besteht große Ähnlichkeit. Der Verfasser konnte auf Grund eingehender Prüfungen zeigen, daß zwischen dem pathogenen Pyocyaneus und dem

Wasserbacillus in der Tat kein grundlegender Unterschied besteht. Er gibt an, daß der Bac. pyocyaneus im Wasser aufgefunden wurde, daß er atypische Kolonien von Fluorescenz beobachtete, die blaugrüne Farbstoffe bildeten und die bei 37° besser als bei niederer Temperatur wuchsen. In gelüfteten Wasserproben fand er andererseits Kolonien des Bac. pyocyaneus, die die blaue Farbe ganz verloren hatten. Pyocyaneusstämme gedeihen im Wasser sehr gut, ja ausgesprochen besser als Liquefaciensstämme unter denselben Bedingungen. Durch Injektion wurde mit beiden Arten eine Fieberkurve erhalten, die nur geringe Abweichungen zeigte.

20. **Grassberger** und **Schattenfroh** (Archiv f. Hyg. Bd. **60** [1907], S. 40) berichten eingehend über den Zusammenhang zwischen Buttersäure- und pathogenen Bakterien, und Rauschbrand und Gasphlegmonbakterien.

B. Verlust der Virulenz.

21. **Toussaint** (Compt. rend. de l'Acad. T. **91** [1880], p. 135) war der erste, der Milzbrand künstlich abschwächte, indem er defibriniertes Milzbrandblut 10 Minuten auf 55° erhitzte.

22. **Pasteur, Chamberland** und **Roux** (Compt. rend. de l'Acad. T. **92** [1881], p. 429) haben gezeigt, daß Pestbacillus bei 42—43° kultiviert, die Sporen verliert und nach und nach avirulent wird.

23. **Chamberland** und **Roux** (Compt. rend. T. **96** [1883], p. 1410) erreichten die Abschwächung durch den Zusatz von Antisepticis. Auf 1% Carbolsäure war die Kultur nach 29 Tagen für Meerschweinchen und Kaninchen avirulent. Durch 2—5‰ Kaliumbichromatzusatz kann man dasselbe erreichen. Die Kulturen sind dann für Hammel ungefährlich und töten selbst die Meerschweinchen nicht mehr. Die Abschwächung beider Eigenschaften (Virulenz und Sporenbildungsvermögen) ist konstant; die Kultur bringt die Virulenz nicht zurück, während Pasteur durch die Arbeit von Toussaint gezeigt hat, daß bei 10 Minuten langem Erhitzen auf 55° die Veränderung nur vorübergehend ist, und

24. **Chauveau** (Compt. rend. de l'Acad T. **96** [1883], p. 553) durch 2—3 tägiges Erhitzen auf 47° Kulturen gewann, die einen großen Teil der Virulenz wiedererlangten. Andere Antiseptica wirken ebenso, und man kann durch verschiedene die Virulenz gegen einige Tiere abschwächen und gegen andere erhalten.

25. **Gaffky** und **Löffler** (nach Sobernheim, Kolle-Wassermann, Handbuch der pathogenen Mikroorganismen Bd. II, S. 37) konstatierten dasselbe und sie zeigten den Weg, um den Grad der Abschwächung in jedem Falle mit Bestimmtheit zu fixieren. Die Abschwächung bleibt konstant und wird auf Bouillon auch bei 35—37° nicht verändert. Selbst Tierpassage gibt nur ausnahmsweise Rückkehr zur Virulenz.

26. **Wosnessenski** (Compt. rend. de l'Acad. T. **98** [1884], p. 314). Nach Paul Bert ist Sauerstoff bei hoher Spannung ein tödliches Gift für Bac.

anthracis. Nichtsdestoweniger führt eine allmähliche Steigerung der Sauerstoffspannung nicht zum Verlust der Vitalität des Bacillus. Bis zu 3 Atmosphären Sauerstoff widersteht der Bacillus der Wärme besser, je nachdem die Kulturen in tiefer oder hoher Schicht den Drucksteigerungen ausgesetzt sind. Niedere Schicht verstärkt immer den Einfluß. So wird die Kultur in niederer Schicht nach 12 Tagen bei 42—43° stark in ihrer Virulenz abgeschwächt.

27. **W. Zopf.** Die Spaltpilze (Breslau, E. Trewendt 1885, S. 35). Veränderungen in der Temperatur können bei manchen Spaltpilzen wesentliche Veränderungen in den physiologischen Eigenschaften bewirken. Als Beispiel möge der Milzbrand dienen.

28. **Phisalix** (Compt. rend. de l'Acad. T. **120** [1895], p. 801). Durch komprimierten Sauerstoff schuf Phisalix eine neue Form des Bac. anthracis, die dem gewöhnlichen morphologisch durchaus ähnlich ist und mehr an Tetanus erinnert. Diese Form ist avirulent. Immerhin konnte auf Hammel gezeigt werden, daß sie noch zu einer gewissen Immunitäführt, die dem Bac. anthracis zukommt. Der Bac. anthracis claviformis ist daher keine bloße Spielart, eine bloße Manifestation des Polymorphismus, sondern eine wahrhafte Transformation einer fixen Spezies.

29. **Migula.** (System der Bakterien Jena 1897, S. 227). Der Bac. pneumoniae verliert seine Virulenz auf künstlichen Nährböden schon nach einigen Wochen vollkommen, und es gelingt dann nicht mehr, durch künstliche Überimpfung auf Tiere das Bakterium virulent zu machen. Ähnliche Verhältnisse liegen bei den virulenten Formen des Milzbrandbakteriums vor.

30. **E. v. Hibber** (Centralbl. f. Bakt. I. Abt., Bd. **25** [1899], S. 593; Schon Th. Kitt. (Ibid. Bd. **18** [1895], S. 168) fand, daß man Anaerobe in größeren Mengen Bouillon im offenen Kolben züchten kann. Sie verlieren nach v. Hibber dabei die Virulenz, wenn man nicht auf ganz geeignete Nährböden abimpft. Ein solcher ist z. B. die leicht zersetzliche Hirnsubstanz.

31. **R. Weil** (Diss. München 1899; K. J. Bd. **11** [1900], S. 93) erzielte durch Erhitzen Milzbrandbakterien, die gegen Mäuse avirulent sind. In künstlichen Nährmedien kamen sie wieder zur normalen Entwicklung und Virulenz.

32. **W. Kolle,** Bericht über die Peststation des Instituts für Infektionskrankheiten (Zeitschr. f. Hyg. Bd. **36** [1900], S. 397) fand kulturell veränderte Pestbacillen, die ihre Virulenz eingebüßt hatten; sie konnte aber durch zehnmalige Tierpassage zurückgewonnen werden.

33. **Belfanti** und **Coggi** (Gion. d. R. Soc. Ital. d'Igene 1902, p. 169; K. J. Bd. **13**, S. 447) gelang es, Tuberkelbacillen durch Erhitzen auf 85° in wenigen Minuten ihrer Pathogenität für Meerschweinchen zu berauben.

34. **H. Preisz,** Über Varietäten des abgeschwächten Milzbrandvirus (Centralblatt f. Bakt. I. Abt. **1908,** S. 585).

34a. **A. Fischer** (Vorlesungen über Bakterien S. 49) gibt an, daß auch direktes Sonnenlicht die Virulenz des Milzbrandbacillus abschwächt.

35. **Cornet** und **Meyer** (in Kolle-Wassermann, Handbuch der pathogenen Mikroorganismen S. 117) erzielten eine bedeutende Abschwächung des Tuberkelbacillus.

C. Steigerung und Erwerbung der Virulenz.

36. **W. Kruse** (Zieglers Beiträge zur pathologischen Anatomie Bd. **12** [1893], S. 344). Nicht zweifelhaft ist, daß eine Steigerung der Virulenz auch durch Tierpassage stattfinden kann, wenn die anfängliche Virulenz des betroffenen Organismus nicht für das empfindliche Tier maximal gewesen ist. In diesem Falle ist die Passage durch ein beliebiges Tier, vorausgesetzt daß in demselben ein Wachstum erfolgt, immer von Steigerung des infektiösen Vermögens begleitet. Wenn aber das Maximum der Virulenz für empfängliche Tiere schon bestanden hat, so ist es, nach den ausgedehnten Versuchen mit Diplokokkus der Pneumonie zu urteilen unmöglich, die Virulenz für relativ immune Tiere weiter zu steigern. Für andere Bakterien mag das vielleicht anders liegen. Der Vorgang, auf dem die Verstärkung der Virulenz, d. h. des lytischen Vermögens beruht, ist völlig dunkel, und man hilft sich mit dem Ausdruck Anpassung.

37. **Charrin** und **Nittis** (Compt. rend. de la Soc. de Biol. 10 ser., T. **5** [1897], p. 721; K. J. Bd. **9** [1898], S. 55) gelang es, den Tod von Meerschweinchen zu erzielen, indem sie sich eines durch Tierpassage pathogen gemachten Bac. subtilis bedienten; oder indem sie Bac. subtilis verwandten, der auf an Blut reich und reicher werdenden Nährmedien oder solchen, die mehr und mehr Gifte, wie Diphtherietoxin, enthielten, herangezogen worden war.

37a. **H. Roger** (nach Charrin und Nittis) impfte ein Meerschweinchen unter die Haut mit einer Maceration faulenden Fleisches. Das Tier starb. Sein Blut enthielt einen Mikroben, der nur einmal noch auf Meerschweinchen übertragen werden konnte.

38. **H. Vincent** (Annal. de l'Inst. Pasteur T. **12** [1898], p. 785) gelang es schlecht, dem Bac. subtilis durch Einimpfung auf junge Tiere oder Vergemeinschaftung mit anderen Bakterien pathogene Eigenschaften zu geben. Auch auf mit Kaninchenblut vermengter Bouillon wuchs er schlecht. Der Autor verwandte dann in Rouxschen Kollodiumsäckchen Bac. megaterium und Bac. mesentericus vulgatus, die unzweifelhaft ungefährlich und saprophytisch sind.

Die auf Bouillon herangezogenen Kulturen gaben, nachdem einmal die Schwierigkeit, den Bacillus in Säckchen zum Wachstum zu bringen, überwunden war, stark virulente Bakterien, die allerdings durch Kultur auf Bouillon ihre pathogenen Eigenschaften wieder verloren. Bac. megaterium war ausgesprochen pathogen geworden. Auch erzeugten seine Kulturen, in geringerem Maße eingeimpft, die Fähigkeit, im Kaninchenblut den Bacillus zu agglutinieren. Bei Bac. vulgatus gelang dasselbe in sieben Passagen, noch stärker nach der achten

Passage in Säckchen. Die versporte Kultur, welche durch Erhitzen auf 100° von vegetativen Zellen befreit worden war, hatte bei nochmaliger Kultur im Säckchen nichts von ihrer Virulenz eingebüßt. Diese war daher nicht vorübergehend, sondern sie wurde durch Vererbung übertragen.

Durch die Kultur in Säckchen wurden beide Bakterien auch morphologisch verändert. Beim ersten Bakterium bildete die vierte Passage nicht mehr das für das Bakterium charakteristische Oberflächenhäutchen, sondern sie trübte die Bouillon durch und durch. Sie hatte sich dem anaeroben Wachstum angepaßt. Bei dem zweiten Bakterium ist das noch viel ausgesprochener der Fall. Auch hier verschwindet das Oberflächenwachstum, die Kultur wird ganz auffallend arm an Sporen. Auch das Wachstum auf Gelatine und Kartoffel ist stark verändert. Erst nach fünf Generationen auf Bouillon nimmt es die alte Form wieder an.

Die Anpassung an das anaerobe Leben geht so weit, daß indigosulfosaures Natrium reduziert wird und daß die Säckchenkulturen den charakteristischen käsigen Geruch der Anaeroben ausströmen. Weiterhin bemerkt man, daß man den Bacillus sogar in der durch die Pumpe geschaffenen Luftleere züchten kann, wobei man normale Formen ohne Involution erhält.

Durch die Anpassung an die Virulenz kann man sich das Auftreten neuer Krankheiten und die Wiederkehr verloren gegangener, wie z. B. der Pest, gut erklären.

38a. **Ph. Kuhn** und **Woithe.** (Medizinische Klinik, V. Jg. 1909. S. 1709.)

39. **F. Döflein,** Die Protozoen als Parasiten und Krankheitserreger (Jena 1901, S. 6). Schon was die Ernährungsweise anlangt, sind viele der freilebenden Protozoen nicht sehr verschieden von ihren parasitischen Verwandten. Alle Protozoen sind ja zunächst Feuchtigkeitsbewohner, und diejenigen, welche faulende Substanzen bewohnen, unterscheiden sich in der Lebensweise nicht von den Kommensalen des Enddarmes oder der Kloake vieler Tiere.

Immerhin können wir bei anderen Familien bedeutende Abweichungen der Ernährungsweise gegenüber den freilebenden oder den nicht so gut an den Parasitismus angepaßten Verwandten feststellen. Für viele Formen müssen wir annehmen, daß sie sich nur durch Osmose ernähren, denn bei ihnen ist die Mundöffnung vollkommen rückgebildet. Auch werden keine Nahrungsvakuolen mehr gebildet.

Außer dem Verlust der Vorrichtung zur Aufnahme der Nahrung ist noch eine andere Rückbildung bei den parasitischen Protozoen bemerkenswert (S. 7). Die Rückbildung der Bewegungsorgane ist ein charakteristisches Kennzeichen der hoch angepaßten Parasiten. Wir sehen, daß bei ihnen die vegetativen Zustände unbeweglich sind, und nur in der Fortpflanzungsperiode tritt wieder das Bedürfnis nach Beweglichkeit und damit die Ausbildung der nötigen Organe: Pseudopodien, Geißeln, Cilien ein.

Ebenso auffallend ist, daß z. B. bei Myxomyceten, Coccidien und Flagellaten Vermehrungsvorgänge, die sich sonst in Cysten abspielen, frei vor sich gehen.

Neue Anpassungen. Auch bei Protozoen treten die charakteristischen Hakenbildungen und Saugscheiben auf, welche bei so vielen Metazoen vorhanden sind. Dazu kommen noch Bohrformen und Spitzen, welche gewissen Zellparasiten das Eindringen in die Zellen ermöglichen.

Auch in der Fruchtbarkeit übertreffen die parasitischen Protozoen bei weitem ihre freilebenden Verwandten. Gewöhnlich kommt bei ihnen an Stelle einfacher Teilungen eine multiple Vermehrungsweise vor. Auch pflegen die einzelnen Vermehrungsphasen sehr rapid aufeinanderzufolgen.

Entstehung und Entwicklung des Parasitismus bei den Protozoen (S. 11). Wenn wir uns überhaupt eine Organismenart aus einer anderen entstanden denken, so liegt das am allernächsten bei den Parasiten. Denn diese sehen wir durch kontinuierliche Übergänge des Baues und der Lebensweise vielfach mit ihren freilebenden Verwandten verknüpft. Ja es gelingt sogar bei den Bakterien, saprophytisch lebende Arten experimentell zu Parasiten zu machen.

Ganz so einfach liegt es zwar bei den Protozoen nicht. Aber auch bei ihnen sind die vermittelnden Formen zahlreich. In einzelnen Fällen liegt alles viel schwieriger, und es erscheint unmöglich, sich ein Bild der Entstehung des Parasitismus sowohl als auch seines Wirtswechsels zu machen. Dies hat offenbar seinen Grund darin, daß zu gleicher Zeit mit den Parasiten auch Wirte und Zwischentiere ihre Phylogenie hatten. Wenn aber die Stufen der Entwicklung der einen nicht mehr vorhanden sind, so können wir über diejenigen der anderen auch keine Aussagen machen.

Amöben. Für keine sind besondere Anpassungen an den Parasitismus nachgewiesen. Allerdings ist auch von keiner parasitischen Amöbe nachgewiesen, daß sie nur ein fakultativer Parasit ist, d. h. daß sie auch frei vorkommt und zum Leben außerhalb des Wirtes befähigt ist.

D. Umzüchtung tierpathogener Formen zu menschenpathogenen und umgekehrt.

40. **Dieudonné** (Arb. aus dem Kaiserl. Gesundheitsamt Bd. **9** [1894], S. 497) versuchte Milzbrandbakterien auf Frosch und Taube (Eigenwärme 42°) virulent zu machen. Nach der Literatur sind die meisten Forscher einig, daß beim Frosch schon Erhöhung der Eigenwärme genügt, um den Bac. bei ihm virulent zu machen, d. h. die Immunität gegen Milzbrand aufzuheben. Die Frage, ob die Frösche durch die hohe Temperatur getötet werden, oder ob die Bakterien gefördert werden, war jedoch noch unentschieden.

Dieudonné fand zuerst keine Abnahme der Virulenz von Milzbrand, der auf Fröschen gehalten war. Dagegen war die längere Zeit an 12° angepaßte Milzbrandkultur virulent auf Fröschen, die sie nach 48—56 Stunden tötete. Die Krankheitserscheinungen waren ganz ähnlich denen der warm gehaltenen Frösche, ein Beweis, daß Unterschiede, wie sie in der Temperatur des Tierkörpers und der Wachstumstemperatur der Bakterien gegeben sind, unter Umständen für das Zustandekommen der Infektion von wesentlichem Einfluß sind.

41. Nach **Ernst** (Zieglers Beiträge zur pathologischen Anatomie Bd. **8**, 1890) sind diese interessanten Untersuchungen eine Umkehrung der Versuche von

42. **Petruschky** über die Virulenz auf Fröschen bei höherer Temperatur. Er hatte bei der Frühjahrsseuche der Frösche den Erreger derselben, den Bac. ranicida, isoliert, welcher für die Versuchstiere im Frühjahr sich als hochgradig pathogen erwies, während im Sommer ausgeführte Infektionsversuche ohne jeden Erfolg blieben. Die Frösche konnten auch im Sommer empfänglich gemacht werden, wenn sie bei niederer Temperatur (16°) gehalten wurden. Umgekehrt verloren die sonst im Frühjahr empfänglichen Frösche bei einer Zimmertemperatur von 20° ihre Empfänglichkeit gegen die Infektion.

Nach Dieudonnés Versuchen erleiden die Milzbrandbakterien auf Tauben bei der Passage durch den Tierkörper eine bedeutende Steigerung der Virulenz. Gegen an 42° angepaßten Milzbrand waren die Tauben verhältnismäßig immun. Immerhin war ein gewisser Erfolg zu erzielen, da anfängliche Vermehrung stattfand. Die Virulenzverstärkung im Taubenkörper war jedenfalls nicht ausschließlich der höheren Temperatur zuzuschreiben.

43. **Lubarsch** (Zeitschr. f. Hyg. Bd. **31** [1899], S. 190). Beim Impfen von Tuberkelbakterien in den Lymphsack von Fröschen gelangen sie rasch in die inneren Organe, wo sie nach 8—10 Tagen, aber auch nach 2—3 Monaten nachweisbar sind. Knöllchenbildung fehlt gänzlich. Waren die Bakterien 2—3 Wochen im Froschkörper, dann waren sie noch in allen Organen infektiös für Meerschweinchen, nicht mehr jedoch nach 6—8 Wochen. Er konnte die Kultur wieder an höhere Temperatur gewöhnen, worauf sie wieder virulent war.

44. **Bataillon** und **Terre** (Compt. rend. de l'Acad. 1897, p. 1399) berichten, daß es ihnen gelang, Säugetier- und Hühnertuberkulose mittels Tierpassage schon in 11—14 Tagen saprophytisch zu machen.

45. **Möller** (Therapeut. Monatshefte, Nov. 1898) vgl. S. 149 unter Verschiebung der Kardinalpunkte der Temperatur.

46. **Nocard** (Annal. de l'Inst. Pasteur T. **12** [1898], p. 561) gelang es durch Verwendung von Kollodiumsäckchen, die im Bauchfell eingenäht wurden, eine Umzüchtung der Hühnertuberkulose aus Menschentuberkulose zu erzielen, wenn er die Operation dreimal vornahm. Die Bakterien, welche die Wandungen des Säckchens nicht durchdringen können, werden durch die eindringenden Säfte angepaßt. Sie sind der Einwirkung der Phagocyten nicht ausgesetzt. Am Ende der Operation nach 2—3 Monaten ist im Säckchen nur eine Flüssigkeit vorhanden, die ganz mit diesen Bakterien angefüllt ist.

Schon die Kultur auf Glyceringelatine oder Kartoffel hat ganz die Charakteristik der Hühnertuberkulose. Noch deutlicher zeigt sich das in bezug auf die Virulenz. Beim Einimpfen auf Hühnern tritt der Tod bald ein, während andere Tiere, Kaninchen usw., ganz in der Art einer Hühnertuberkulose sterben.

E. Variabilität der Pflanzenpathogenität.

47. **Laurent** (Annal. de l'Inst. Pasteur T. **13** [1899], p. 1).

Die Botrytis cinerea lebt auf Kosten abgestorbener Pflanzenreste. Aber unter gewissen Umständen sieht man sie wirklich parasitisch werden und wahrhafte Epidemien unter wilden Pflanzen und Kulturgewächsen hervorrufen. Schon de Bary (Botan. Ztg. **1886**, Nr. 22—27) machte eine Beobachtung über die parasitische Anpassung der Sclerotinia. Eine Spore, die in reinem Wasser keimte, kann eine lebende Pflanze nicht angreifen. Nachdem die Keimfäden einige Zeit saprophytisch gelebt haben, werden sie fähig, in lebende Gewebe einzudringen.

Nach Laurent kann man für Pflanzen nicht parasitischen Bac. coli communis, der sich weder auf Kartoffeln noch auf Rüben oder anderen Knollenpflanzen entwickelt, parasitisch machen, wenn man ihn auf Kartoffel züchtet, die für einige Zeit in alkalische Lösung gelegt wurde. Durch Wiederholung dieser Behandlung wird die Virulenz vermehrt. Sie verschwindet wieder durch Kultur auf anderen Knollen, ebenso wie auf abgetöteten Kartoffeln. In Kultur wie in der Natur ist die Einbuße der Widerstandsfähigkeit der Wirtspflanzen durch ungünstige Witterungsbedingungen häufig; sie muß der Ausgang der saprophytischen zu parasitischen Bakterien sein. So war es bei Karotten und Kartoffeln, die auf stark gekalktem Boden gezogen wurden. Dieselben Beobachtungen wurden auch mit Bac. fluorescens putidus gemacht, während im Gegensatz dazu auf gut mit Kali und besonders Phosphat gedüngtem Boden gezogene Pflanzen auch gegen virulent gemachte Bakterien resistenter waren.

Dagegen wird Topinambur der Kartoffelfäulnis durch Sclerotinia Libertiana mehr ausgesetzt. Das ist auch erklärlich. Das Eindringen der Parasiten kommt durch Enzyme zustande, die die Mittellamellen der vegetabilischen Zellen auflösen, durch Enzyme, die verschieden sind bei den durch Bac. coli angegriffenen Kartoffeln und dem durch Sclerotinia angegriffenem Topinambur. Die einen wirken in sauren, die anderen in alkalischen Medien.

Die Landwirtschaft wird nach Laurent durch die Evolution der saprophytischen Organismen bedroht. Die Variabilität niederer Organismen, die allmähliche Anpassung an die parasitische Lebensweise sind heutzutage nicht mehr abzuleugnen.

Noch leichter war nach Laurent der Typhusbacillus für Pflanzen pathogen zu machen.

48. **Nobbe** und **Hiltner** (Centralbl. f. Bakt. II. Abt., Bd. **6** [1900], S. 449; K. J. Bd. **11**, S. 272) wollen einen Beweis für ihre Anschauung liefern,

daß die Knöllchenbakterien der verschiedenen Leguminosengattungen nicht verschiedene Bakterienarten, sondern nur verschiedene Anpassungsformen ein und derselben Spezies, des Bact. radicicola, darstellen. Sie haben mit Erfolg versucht, die Bakterien von Erbsen an Bohnenpflanzen anzupassen. Mit Erbsenbakterien geimpfte Pflanzen von Phaseolus vulgaris zeigten die Entwicklung von zahlreichen aber kleinen Knöllchen, welche jedoch unwirksam geblieben waren. Aus diesen Knöllchen wurde ein Impfmaterial gewonnen, welches an Bohnen nicht nur Knöllchen, sondern annähernd die Wirkung der echten Bohnenbakterien hervorrief. Es war der ursprünglichen Wirtspflanze in entsprechendem Maße entfremdet.

49. **Gerlach** und **Vogel** (Centralbl. f. Bakt. II. Abt., Bd. **20** [1907], S. 70) fanden die am kräftigsten wirkenden, d. h. am stärksten an die Virulenz angepaßten Knöllchenbakterien am schlechtesten auf Agar wachsend.

F. Vererbung der Immunität.

50. **Paul Ehrlich** (Zeitschr. f. Hyg. Bd. **12** [1892], S. 183) stellte Versuche an Mäusen unter Verwendung der giftigen Eiweißstoffe Ricin und Abrin an. Er fand 1., daß das Idioplasma des Sperma nicht imstande ist, die Immunität zu übertragen; 2. bei Weibchen war 4 Wochen nach der Geburt eine ausgesprochene Immunität der Nachkommenschaft nachzuweisen. Diese Immunität beruht auf einer Mitgabe materner Antikörper. Durch Paarung der zweiten Generation jedoch wurde nachgewiesen, daß ebensowenig wie das Spermatozoon die Eizelle Immunität übertragen kann und daß somit eine erbliche Übertragung der Immunität hier im eigentlichen Sinne nicht stattfindet.

51. **Everard, Demoor** und **Massart** (Annal. de l'Inst. Pasteur T. **7** [1893], p. 165). Da im Blut geimpfter Tiere die ausgewachsenen Leukocyten vorherrschen, muß man annehmen, daß bei ihnen die weißen Blutkörperchen schneller durch die verschiedenen Stadien der Entwicklung durchgehen, um schneller das Stadium zu erreichen, in dem sie wirksam gegen die Mikroorganismen ankämpfen können. Sie unterscheiden sich von denen der ungeimpften Tiere nicht nur durch ihre chemotaktischen Fähigkeiten, sondern vor allem durch ihre schnellere Entwicklung; sie wurden schneller erwachsen und sind in diesem Zustand viel geeigneter, um die Mikroben zu englobieren.

Die Leukocyten haben ein sehr vorübergehendes Leben: diejenigen, welche auf die Immunität des geimpften Tieres hinwirken, sind nicht die, welche während der Impfung beeinflußt wurden, sondern deren Deszendenten; man muß daraus schlußfolgern, daß die Leukocyten ihren Nachkommen die neu erworbenen Eigenschaften überliefern. Da nun das Tier durch seine Sexualzellen keine widerstandsfähigen Eigenschaften überträgt, bewahren gewisse dieser somatischen Zellen durch eine ganze Reihe asexueller Generationen die neuen, ihnen durch die Impfung überlieferten Eigenschaften.

Alle diese Eigenschaften unterliegen den allgemeinen Gesetzen der Evolution, nach denen jede nutzlose Eigenschaft verschwindet; daher

muß man, damit die Ökonomie ihrer Immunität bewahrt bleibe, den Leukocyten Gelegenheit geben, von Zeit zu Zeit ihren hochgespannten Phagocytismus auszuüben.
52. **Ehrlich** und **Hübener** (Zeitschr. f. Hyg. Bd. **18** [1894]).
53. **Vaillard** (Annal. de l'Inst. Pasteur T. **10**, 1895).

Die Bedeutung der Amphimixis.

(Text S. 120.)

1. **Weismann,** Vorträge über Deszendenztheorie. Jena 1904, Bd. II, S. 221.
2. **Maupas,** Arch. de zool. expérimentale et générale, T. **6**, série 2; vgl. **Verworn,** Allgemeine Physiologie S. 347.
3. **Jost,** Vorlesungen über Pflanzenphysiologie. Jena 1908, S. 451.
4. **Strasburger,** Die stofflichen Grundlagen der Vererbung. Jena 1905, S. 66.
5. **Rosen,** Anleitung zur Beobachtung der Pflanzenwelt. Leipzig 1909, S. 41.
6. **Hertwig,** Allgemeine Biologie. Jena 1906, S. 345; nach ihm zitiere ich
6a. **Spencer.**
7. **Boveri,** Das Problem der Befruchtung. Jena 1902.

Namenregister.

Die gewöhnlichen Zahlen beziehen sich auf den Text, die Kursivzahlen auf die Literatur.

Sachregister.